今日から モノ知り シリーズ

トコトンやさしい

発電・送電の本

第2版

発電設備で電気をつくり、送配電設備で需要家に届ける「安定供給のための電力システム」について、社会情勢、国の施策、新しい試みまでを含めて紹介する本。基本原理・知識から構成要素、最新設備、維持管理まで、この重要なインフラ技術をわかりやすく丁寧に解説します。

福田　遵

B&Tブックス
日刊工業新聞社

はじめに

２０１４年に本著の初版を出版しましたが、それ以降、電力に関する一般の人の認識は大きく変化してきたといえます。具体的には、２０２０年秋には、我が国は「２０５０年カーボンニュートラル」を目指すことを宣言しましたので、産業界や物流分野での電化が進められることが明白になっています。一方、ロシアのウクライナ侵攻を機に、化石燃料の高騰によって電力やガスの価格上昇が顕著になり、エネルギーセキュリティの脆弱さが多くの人に認識されるようになりました。また、円安によって物価も高騰し、一般の人たちの生活に大きな影響を及ぼしています。

こういった変化を受けて、石炭火力発電所の廃止なども続いていますし、他の燃料の火力発電所の新設も、２０５０年のカーボンニュートラルを考えると簡単には決定できないため、電力不足の問題は長期化しそうな気配を示しています。そういった状況を鑑みて、政府でも、既存原子力発電所の運転延長や火力発電所の新設を促す措置の検討を進めています。

そういった社会的な動きを反映して、本著の初版では、従来の発電設備の技術的な内容だけを説明していたのに対し、今回の改訂では、２０３０年から２０５０年を見据えて、新しい技術や政策を反映した内容を加えています。そのため、まだ試験的な導入にとどまっている技術や、新規設備の状況を含めた内容に改変していますので、ここに示された技術が現在の主流の技術だけではない点は認識して、本著を読んでいただきたいと思います。

なお、内容を読む際に強く認識してもらいたい点として、電気は発電した時点で消費しなければならない商品であるという根本的な性質、いわゆる同時同量という特性があります。言い換えると、電気は在庫ができない商品といえます。かつては、生の魚などの生鮮食料品がそういった商品の1つでしたが、最近の冷凍・冷蔵技術によってそれは緩和されています。それに対して、電気は今でも需要量と供給量が常に一致しなければならない商品なのです。そういった点は、一般の利用者にはこれまであまり意識されていませんでした。その理由は、つい最近まで日本の年間停電時間は非常に短くなっており、電気はいつでも安定して供給されるものという認識になっていたからです。それが最近では、供給量が逼迫した際には、消費者に使用量を抑えるお願いが出されるなど、変化してきています。そういった点では、電力の安定供給のためには、供給者だけでの努力では不十分で、消費者側での対応も今後求められるようになると考える必要があります。

電力システムは発電設備や送配電設備の複合体ですが、個々の技術や設備に関しては深く記述した専門書籍が数多く出版されています。本著は、そういった専門家のための書籍ではなく、どういった設備が構成要素となっているのか、また、それらを適切に運用し、維持管理するために何がなされているのかを知ってもらうための内容としました。そのため、本著の読者としては、これまで専門的に電気の知識を学んだ経験のない方を想定しており、第1章では電気分野の非常に基礎的な内容から説明を始めています。電気的な勉強をされた読者にはやさしすぎるかもしれませんが、復習と思って読んでいただければと思います。

電力システムは社会インフラとして重要な位置づけにあり、今後もその重要性は変わらないと考えますので、本著をガイド役として、多少なりとも電力システムに興味を持ってもらえればと考えます。

最後に、このような機会を与えてくださった、日刊工業新聞社出版局の鈴木徹氏に心から感謝申し上げます。

2023年9月

福田　遵

トコトンやさしい

発電・送電の本

第2版

目次

目次 CONTENTS

第1章 電力システムを知るための基礎知識

第2章 熱を使って電力を生み出すしくみ

第5章
需要家に電気を的確に配るために

第6章 電気の安全と品質を守るための苦労

第7章 電力の安定供給を実現するためのしくみ

【コラム】

第1章

電力システムを知るための基礎知識

1 電気の基本用語である電圧と電流

電圧と電流の関係を決める抵抗

電力システムを説明する上で欠かせない電気用語がいくつかありますので、ここではその確認をしておきます。電気の基本は電圧と電流になります。ここでは理解がしやすい電池と抵抗の回路を使って、電圧と電流の関係を説明します。電流は一般的にIで表しますが、電流は電圧が高い方から低い方へと流れます。それは、水の流れと似ています。水を止めているバルブを開けると、水が上の池から下の池に流れるように、回路に設けられたスイッチを閉じると、電圧の高い方から低い方に電流が流れます。また、水の場合には水圧が高いと水流が多くなりますが、電気も同様に電圧が高ければ、電流も大きくなります。なお、電圧(V)と電流(I)は比例関係にあり、その比例定数を抵抗(R)といいます。

ただし、実際にはマイナスの電荷を持った電子が、電圧の低い方から高い方に向かって流れていますので、通常表記する電流とは逆向きに電子が移動しています。それを拡大してみると、左頁の真中の図のように、電子は、導体を形成する金属格子のなかを流れています。金属格子を形成する金属イオンは、ただじっとしているわけではありませんので、移動する電子は金属イオンとどうしても衝突してしまいます。そのため、電子の流れが阻害されます。それが抵抗になります。ですから、導体である電線にも抵抗がありますす。一般に使われる銅はその抵抗値が低いので、電気材料として広く使われます。

通常の電気回路の場合には、導線の抵抗分は無視して、負荷の中に含まれる抵抗分のみを表記します。それは、通常の回路では電線の長さが短いため、負荷の抵抗値に比べて電線の抵抗値が小さいので、無視できるからです。抵抗値は電気抵抗率(ρ)と導線の長さ(L)に比例し、断面積(S)に反比例します。電力を送電する場合には送電距離が非常に長いので、送電線の抵抗は無視できなくなります。

要点BOX

- ●電圧(V)=抵抗(R)×電流(I)である
- ●抵抗値は電気抵抗率と導線の長さに比例し、断面積に反比例する

電気回路と水の循環の比較

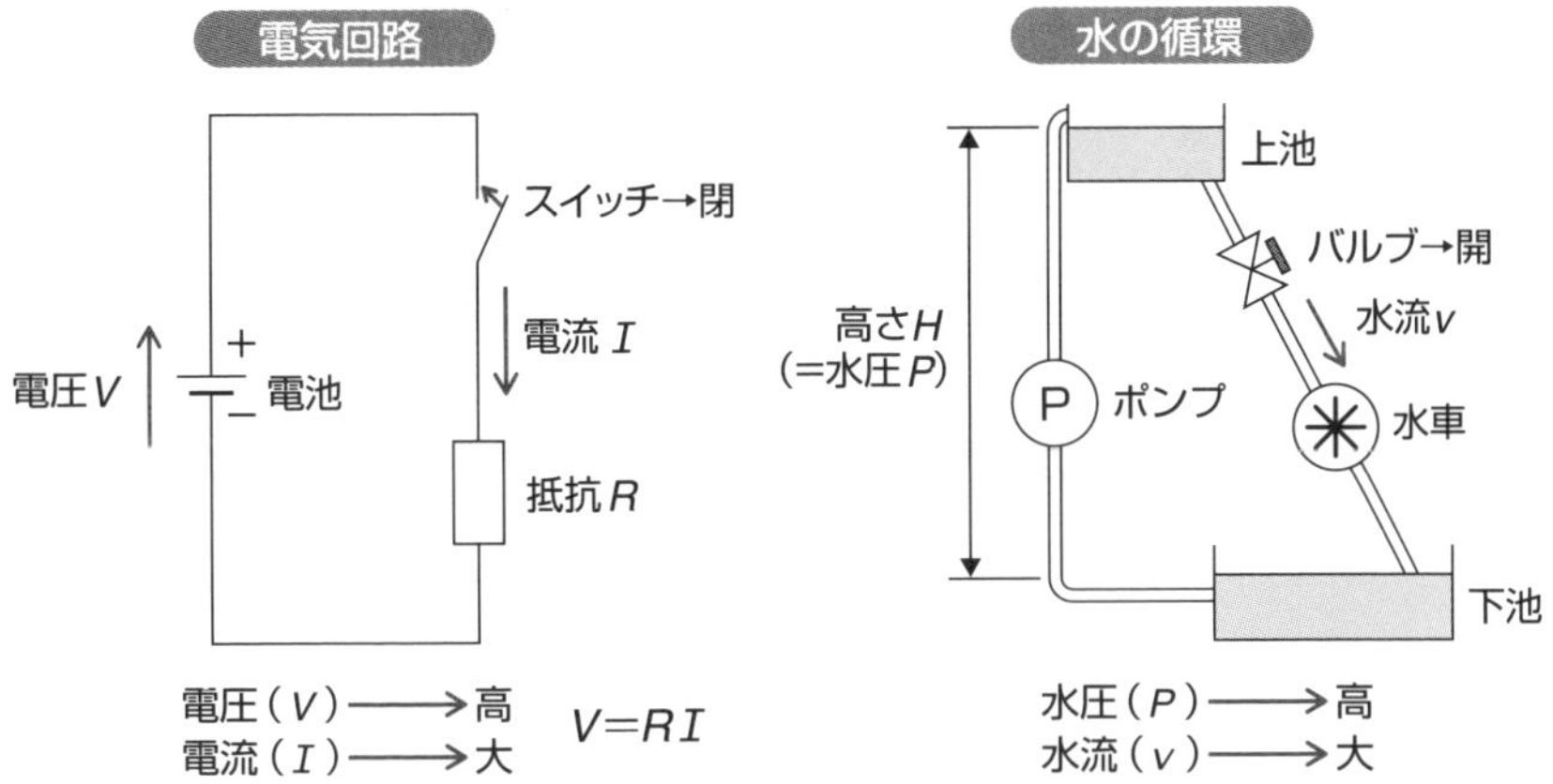

電流の流れと電子の流れ

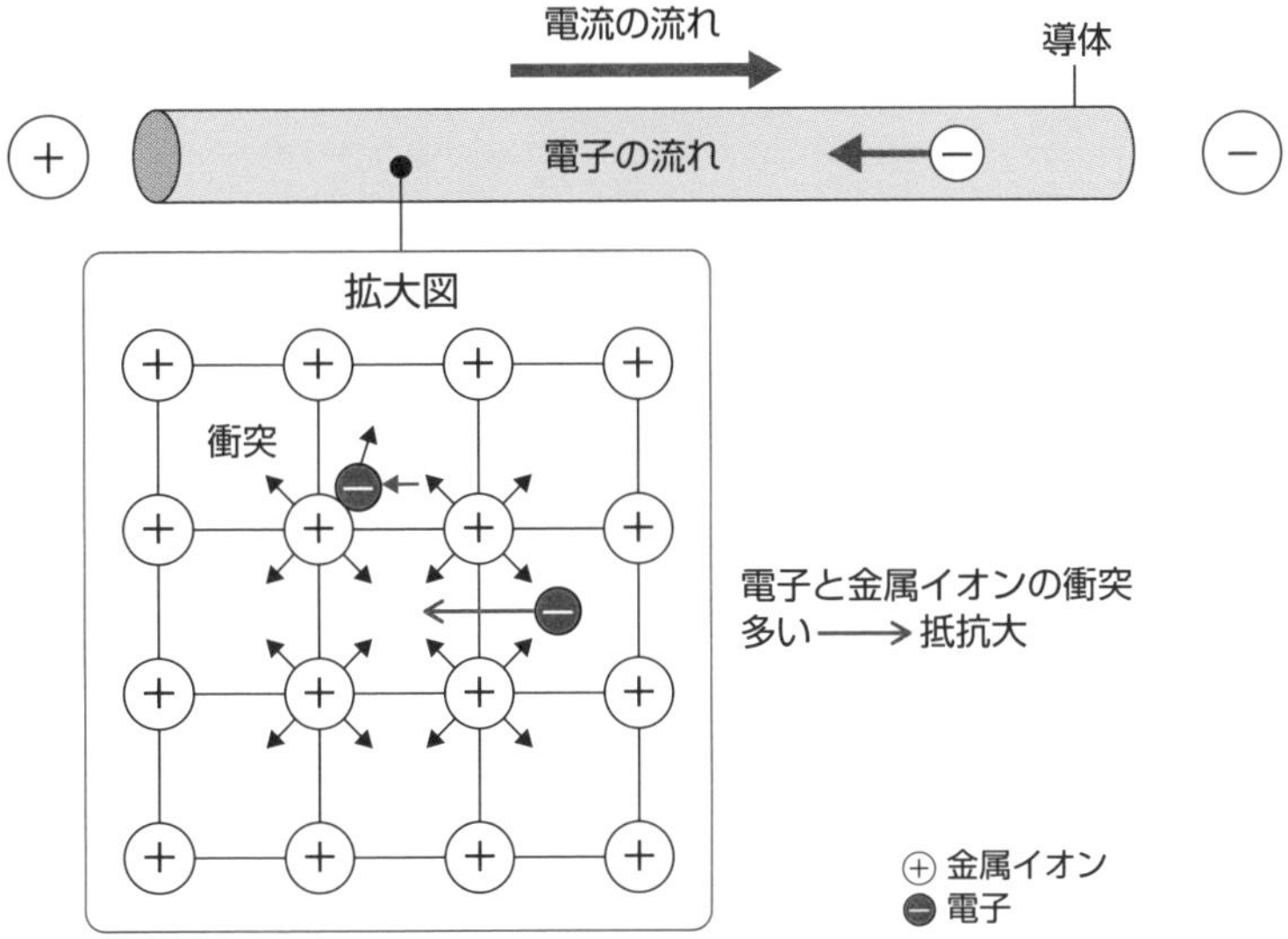

抵抗値

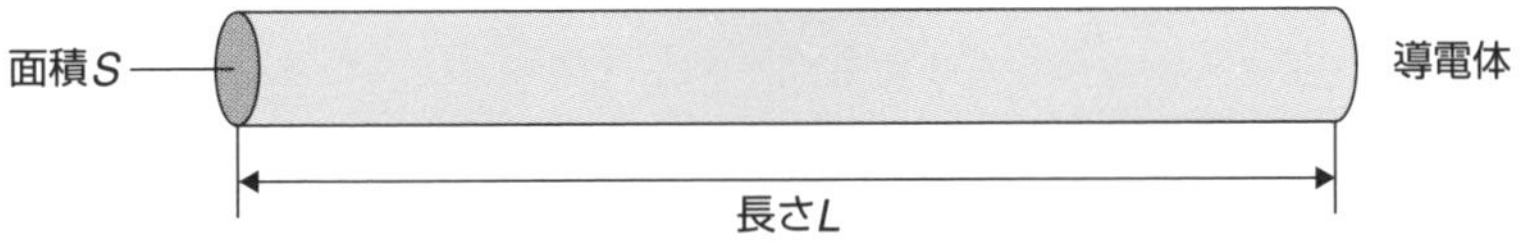

抵抗値$(R)=\rho\dfrac{L}{S}$　　ρ: 電気抵抗率

2 一定の流れと脈動する流れ

電流の波形による電気の違い

電気には直流と交流があります。直流とは、時間の変化に対して、流れる向きが変化しない電流をいいます。直流を英語で言い換えるとDirect Currentとなりますので、DCという記号を電圧に付加して表現することもあります。電池は直流電流を発生する装置になりますし、パソコンや携帯電話などの電子機器は直流電圧駆動の装置になります。情報機器の多くは、交流電源につないで使用または充電しますが、装置内部には直流で動作をする回路が多くあります。

一方、交流は時間の変化とともに、周期的に流れる向きが変わる電流をいいます。交流を英語で言い換えるとAlternating Currentとなりますので、ACという記号を付加して表現することもあります。通常、電力会社から需要家に配電されている電気は交流です。家庭内では、100V ACのコンセントが各部屋に設けられています。電気を多く使用する住宅機器である空調機などでは、200V ACのものも使われていますので、200Vコンセントも住宅には設けられるようになっています。

交流と直流の大きな違いは、交流が定期的に0を通過するのに対して、直流は0を通過することがありません。交流の場合には、周期的に電流の向きが変わりますが、その形状は正弦波（サインカーブ）で表します。電圧や電流が1秒間に向きを変える回数を周波数といいます。日本では、東日本で50Hzが使われていますが、西日本では60Hzが使われています。

交流の場合には、大きさを表すいくつかの値があります。その瞬間の値を表す瞬時値を正弦波の式で表す場合には、最大値に正弦波を掛けた式となります。これとは別に、実効値という値があります。実効値は、瞬時値の二乗平均の平方根という定義になりますが、わかりやすく説明すると、同じ抵抗に直流を流して発熱した熱量と同じになる交流の値といえます。一般的には、この実効値を使うことが多くなります。

要点BOX

- ●電気には直流と交流がある
- ●日本で使用されている周波数には50Hzと60Hzがある

直流と交流の違い

直流DC

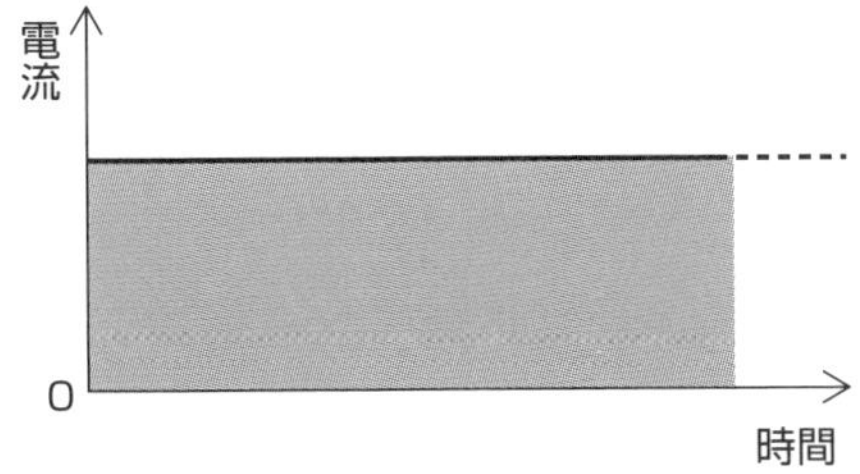

交流AC(正弦波交流)

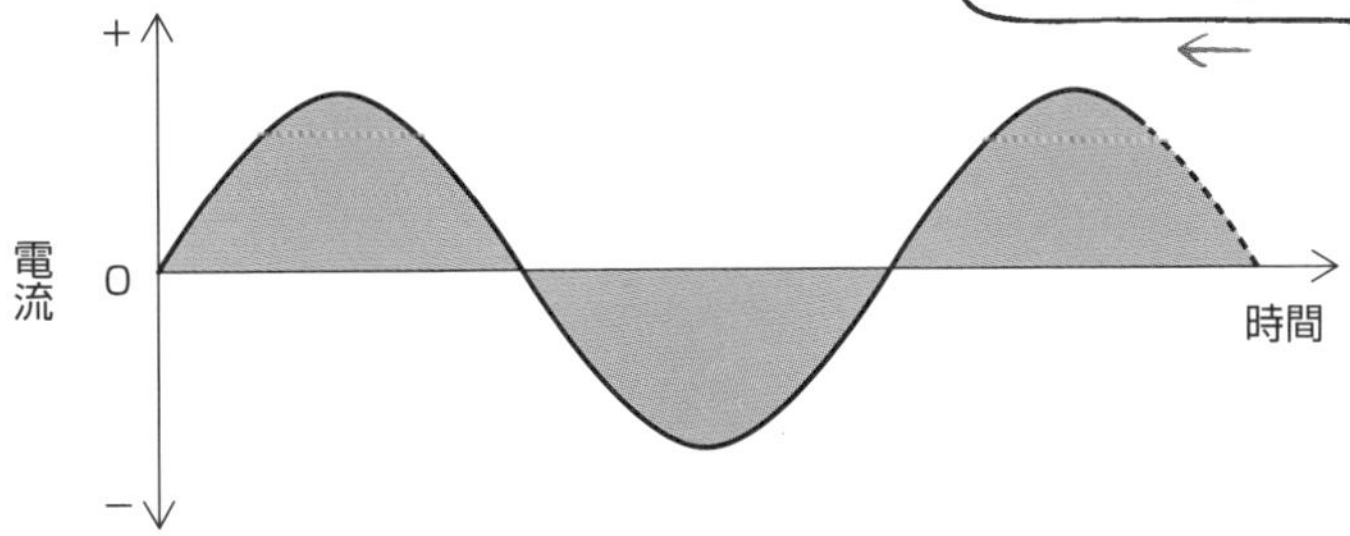

周波数

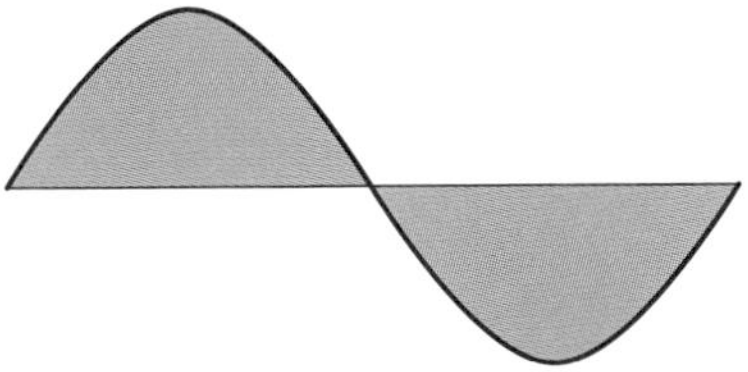

50Hz

×50回 / 秒(東日本)

60Hz

×60回 / 秒(西日本)

最大値と実効値

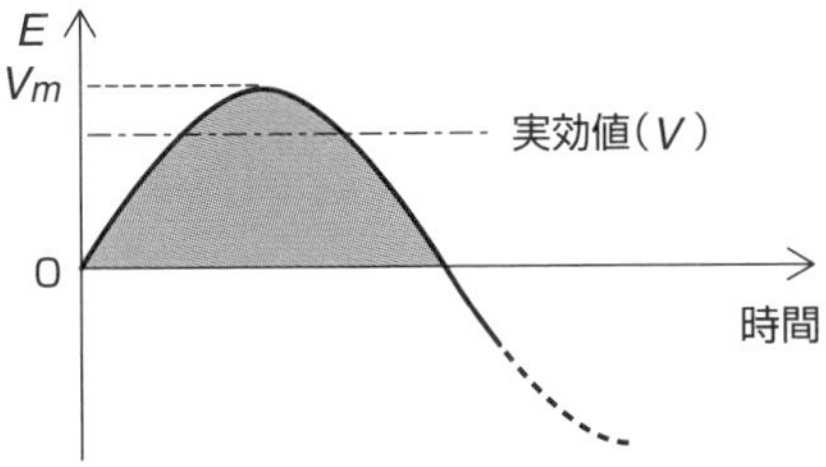

交流電圧の式

$E = V_m \sin 2\pi f t$

E：瞬時値　f：周波数

V_m：最大値　t：時間

$$実効値(V) = \frac{V_m}{\sqrt{2}}$$

3 電気のエネルギー量はどうやって測るの

電力[W]と電力量[Wh]の違いは何？

電力は、単位時間に発電機等で発生する電気エネルギー、または機器や装置で消費される電気エネルギーなどをいいます。電力（P）の単位はワット[W]で、直流の場合には直流電流と直流電圧の積で表せます。電流と電圧は、1項で説明したとおり比例関係にありますので、電力は抵抗と電流の式または抵抗と電圧の式でも表せます。

電力を理解するために、照明の消費電力を例に説明すると、60ワットの電球に100Vの電圧をかけると0・6Aの電流が流れます。消費電力が大きなトースターを例にすると、1000ワットの電熱線には10Aの電流が流れることになります。

交流電力の場合には、電圧の位相と電流の位相が同じではなく、それらの間に位相差を生じる場合が多くあります。その位相差による位相角をθとすると、交流電力は、電圧と電流の積にコサインθを掛けた値になります。電力システムの場合には、大きな電力の値を扱いますので、ワットでは単位が小さいため、その千倍のキロワット[kW]や、さらのその千倍のメガワット[MW]を用います。コンバインドサイクルの火力発電所では、50万kW程度の発電電力になります。これだけ大きな電力を送るとすると、損失を少なくするために、電圧は非常に高くしなければなりません。それでも、送電する電流が大きなものになります。

なお、電力に関しては、一定の電力をある時間使用した場合の電気エネルギーを表す電力量であるワット時[Wh]がありますので、ワット[W]との違いをここで説明しておきます。たとえば、10kWの発電機で現在8kWの発電をしているとします。この状態を10時間継続すると、80kWhとなります。それを図で示すと左頁図（1）のグラフのようになります。赤く示した部分が電力量のkWhです。実際の発電では、時間によって発電している量が変化しますので、面積は同図（2）のようになります。

要点BOX
- ●電力[W]は単位時間の電気エネルギー
- ●電力量[Wh]は電力[W]をある時間使用した場合の電気エネルギー

電気エネルギー

直流の場合

電力 $P=VI$

$V=RI$ なので

$$P=VI=RI^2=\frac{V^2}{R}$$

V：電圧　I：電流　R：抵抗

交流の場合

電圧　$e(t)=\sqrt{2}\,V\sin 2\pi ft$

電流　$i(t)=\sqrt{2}\,I\sin(2\pi ft-\theta)$

電力 $P=VI\cos\theta$

V：電圧(実効値)　I：電流(実効値)

f：周波数　θ：位相角

kWとkWhの違い

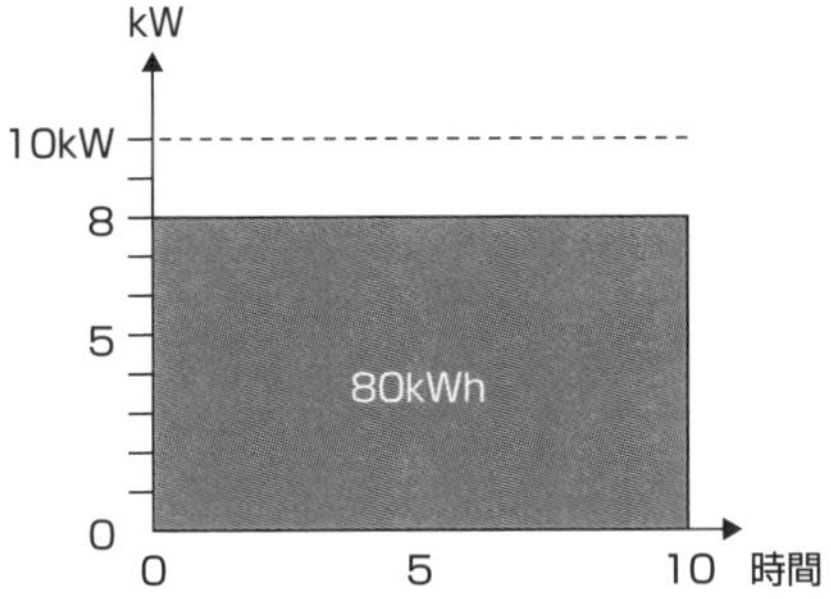

(1)

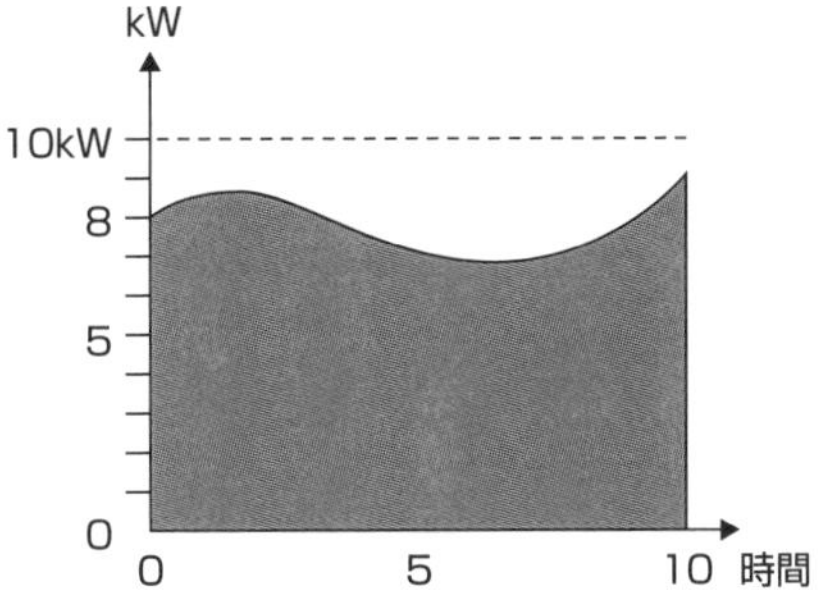

(2)

4 電気はどうやって作っているの？

電気を生み出す電池と発電機の基本原理

電気を作る方法としていくつかありますが、電気化学的な手法としては化学電池があります。化学電池は、電極と電解質を組合わせて化学的に電気を作る装置です。最近では、充放電できる二次電池が携帯電話などの電源として広く用いられています。その他には、太陽光を電気に直接変換する太陽電池や、温度差で熱起電力を発生する物理電池もあります。

現在、電気を作り出す方法として広く用いられているのが、回転エネルギーを電気に変換する発電機の仕組みです。その基本原理となるのが、フレミングの右手の法則です。フレミングの右手の法則を言葉で説明すると、『磁場内で磁力線に垂直においた導線を磁場に垂直に動かした場合に、右手の人差し指を磁場の方向、親指を導線の運動方向としたときに、中指の方向に誘導電流が流れる。』というものです。言葉ではわかりにくいので、左頁の真中の図を見てください。右手の人差し指を磁力線の向きに合わせ、導線を親指の向きに動かすと、中指の方向に電流が発生します。この図のように平面的な動きでは継続的に電気を発生できませんので、電気を継続して発生させる方法として、ループ状の導線を回転させる方法が用いられます。ループ状の導線で発生した電流はブラシを通して外部に引き出して使用します。これが直流発電機の原理になります。

実際の発電装置としては、直流発電機よりも交流発電機が広く用いられていますが、交流発電機も基本的にはこの原理を用いた発電装置になります。

発電に使われる回転運動を作り出すためのエネルギー源として水の位置エネルギーを利用するのが水力発電になります。また、化石エネルギーなどを燃焼させて発生させた熱による蒸気で回転運動を発生させるのが、火力発電や原子力発電になります。最近では、自然の大気の動きを回転運動にする風力発電が、再生可能エネルギーとして注目されています。

要点BOX
- ●化学的に電気を生み出す電池
- ●磁場内で導線を動かすと電流が発生する
- ●回転運動を電力に変換するのが発電機

化学電池

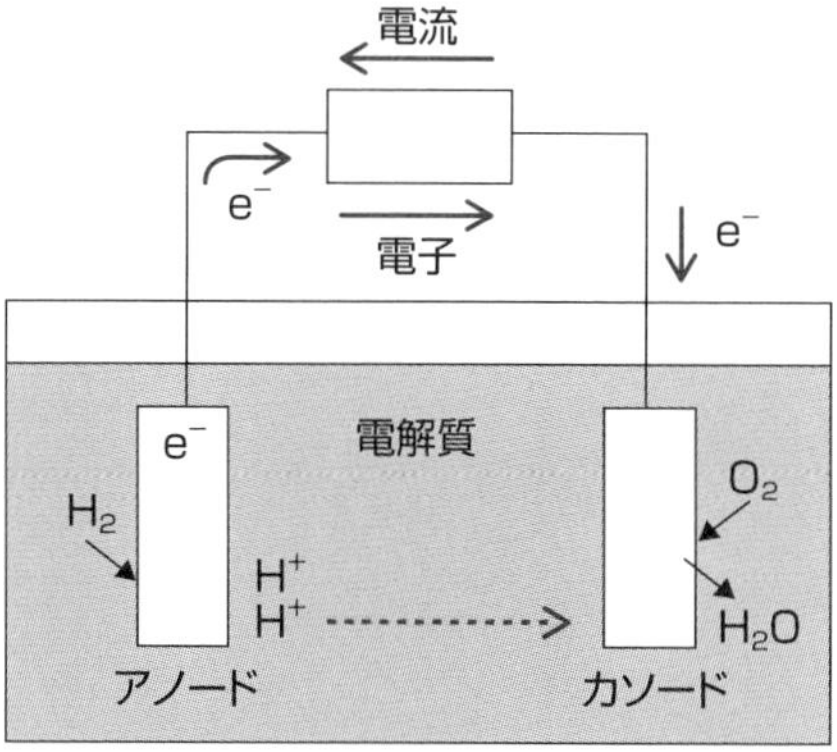

フレミングの右手の法則

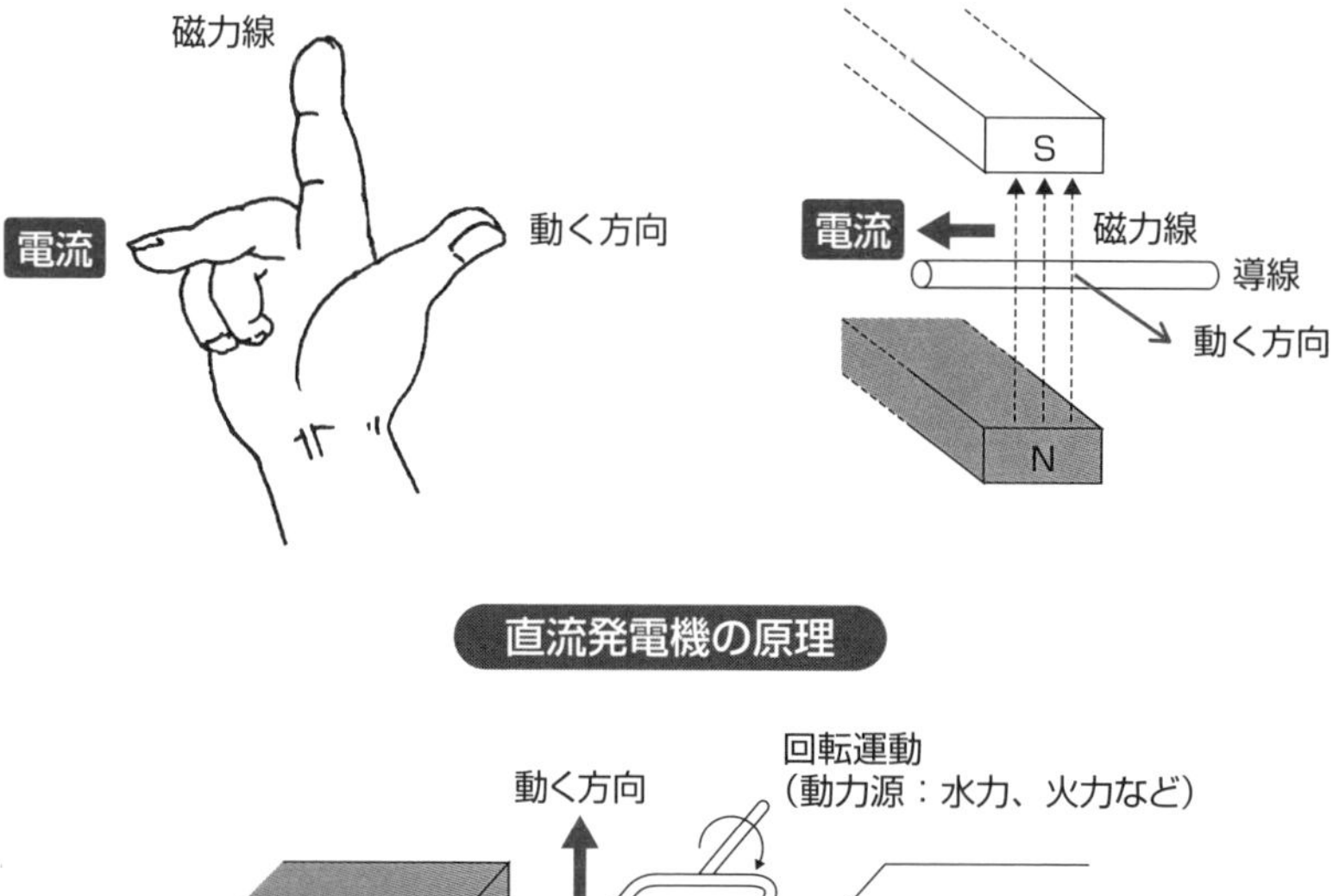

直流発電機の原理

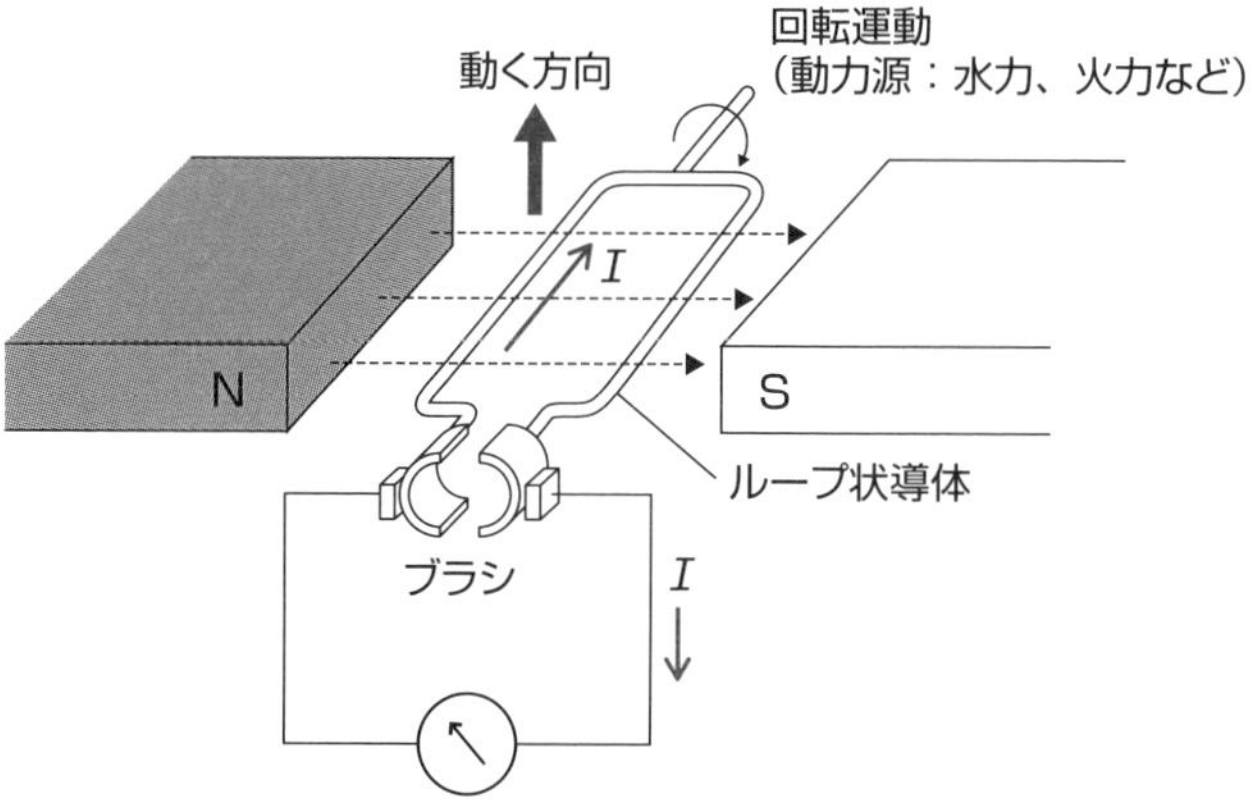

5 発電機の軸の向きと標準回転速度

回転運動による摩擦熱を冷却する方法

回転運動を電気に変換するのが発電機です。発電機には回転子の軸が垂直な立軸形と水平な横軸形があります。水力発電や風力発電では、立軸形と横軸形の両方が使われていますが、火力発電や原子力発電、地熱発電では横軸形が主に使われています。

発電機の回転数は周波数に比例し、極数に反比例します。50Hzの周波数で極数が2の場合には、1分間に3000回転となりますし、60Hzの場合には3600回転となります。極数が4の場合には、それぞれ半分の回転数となります。なお、風力発電の場合には、風車の回転数は毎分数十回転程度ですので、増速ギアを介して発電機の回転数まで増速する必要があります。風速が弱いとエネルギー変換効率が悪くなるため、風力発電では極数を切り換えて変換効率を改善する方法を採用する場合が多くなっています。

回転運動によって摩擦熱が発生しますので、発電機には冷却装置が必要です。水力発電の場合には空気冷却方式が用いられています。空気冷却方式には、単純に空気を吸い込んで排出する開放形以外に、風洞を設ける管通風形や、発電機を閉じた空間に置いて冷却空気を循環させる全閉内冷形があります。

一方、火力発電の場合には、空気冷却以外に水素冷却や液体冷却の方式があります。水素の比熱は空気の約14倍ありますが、密度は0・28倍ですので、冷却能力としては空気の4倍程度となります。冷却能力だけを見ると、水冷却が空気冷却の50倍程度冷却能力が高くなります。また、水素冷却では回転子と空気間の摩擦による損失を空気冷却の10分の1程度に低減できますので、発電機の出力が増加します。ただし、水素濃度がある範囲では爆発の危険性がありますので、それを防ぐために水素濃度を90％以上に維持する必要があります。一方、水冷却方式は冷却能力が高い反面、構造が複雑となるため、現在のところ、水素冷却方式が主流となっています。

要点BOX
- ●発電機には立軸形と横軸形がある
- ●水力発電では空気冷却方式、火力発電では水素冷却方式が主流である

発電機

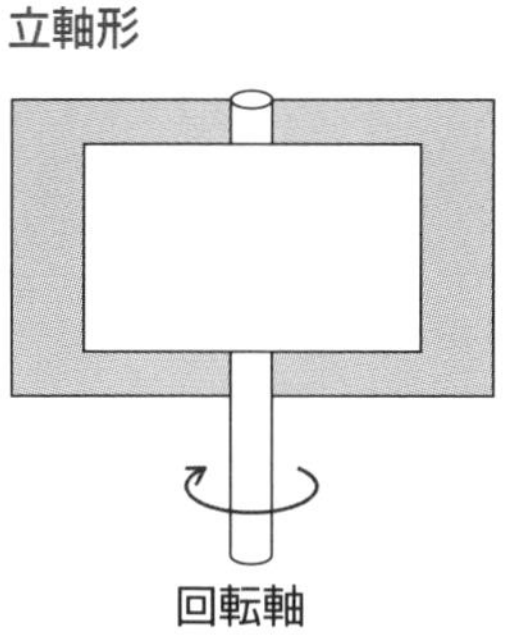

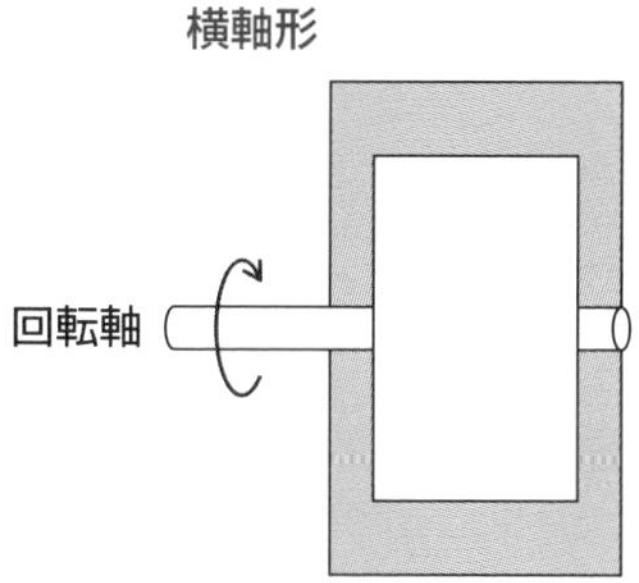

$$N = \frac{120f}{P}$$

N：回転数[回／分]
f：周波数[Hz]
P：極数

発電機の標準回転速度(回／分)

極数	50Hz	60Hz
2	3000	3600
4	1500	1800
6	1000	1200
8	750	900
10	600	720
12	500	600
14	429	514
16	375	450
18	333	400
20	300	360

極数	50Hz	60Hz
24	250	300
28	214	257
32	188	225
36	167	200
40	150	180
48	125	150
56	107	129
64	94	113
72	83	100
80	75	90

発電機に一般に使用される極数

発電機の種類	極数
蒸気タービン発電機	2極機
ガスタービン発電機	2極機
原子力タービン発電機	4極機
水車発電機	6～48極機
風力発電機	4～8極機

6 電圧を自在に変える装置の価値

交流方式が主流となった理由

電力網では、目的に応じてさまざまな電圧に変電して送配電が行われます。その電圧変換に用いられるのが変圧器です。変圧器に利用されている原理はアンペールの法則とレンツの法則です。アンペールの法則を図示すると、左頁の上の図になります。また、レンツの法則は、動作を伴いますので説明を加えた形で左頁に図示しました。動作のステップに沿って説明すると、①磁石をコイルに近づける⇓②コイル内を貫く磁石による磁力線の量が増加する⇓③磁力線の増加を阻止するように閉回路が磁力を発生させようとする⇓④磁力線の増加を阻止する磁力線を発生させる電流が流れる、となります。

変圧器の基本構成は、同一鉄心に巻かれた一次巻線と二次巻線になります。交流方式では、電流が周期的に変化するため、変圧器の一次巻線に電流を流すと、鉄心内にアンペールの法則に従った磁界が発生します。その鉄心内の磁界は交流周波数の変化に伴って増減しますが、その変化が、レンツの法則に従って、二次巻線に電流を発生させます。

変圧器の電圧の関係は、一次巻線と二次巻線の巻線数比によって決まりますので、両方の巻線数を変えることによって、一次電圧に対する二次電圧が定まります。変圧器は、鉄心と巻線だけが構成要素ですので、構造的にはシンプルな装置のため、製造する技術や費用の面で普及しやすい装置といえます。

現在の社会で交流が広く利用されているのは、この変圧器を用いて容易に電圧が変えられるという理由からです。電力網においては、変圧する場所が非常に多いために、電力システム全体としては多くの変圧器が利用されています。変電所で用いられる大きな変圧器を見る機会は少ないでしょうが、街中にある電柱の上には「柱上トランス」と呼ばれる変圧器が設置されています。街中で電柱を見つけたら、ぜひ一度見上げてみてください。

要点BOX

- 電磁誘導によって電圧の変換ができる
- 変圧器はシンプルな構造であるので交流方式が普及した

アンペールの法則

ループ状導線に流れる電流によって発生する磁界は右ねじの方向がN極となる

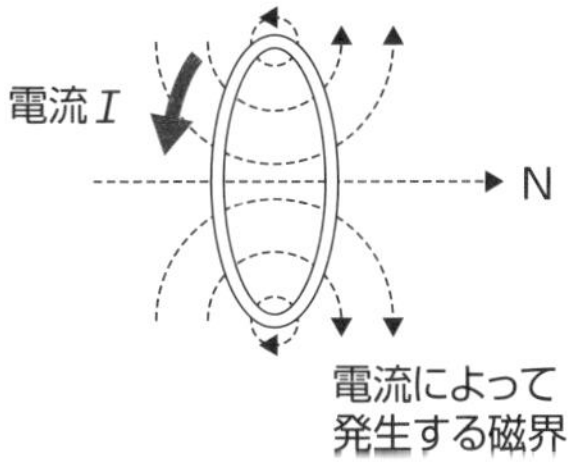

定常電流(I)が流れている導線を囲む半径Rの任意の閉曲線に沿って磁束密度を線積分すると電流Iに比例する

レンツの法則

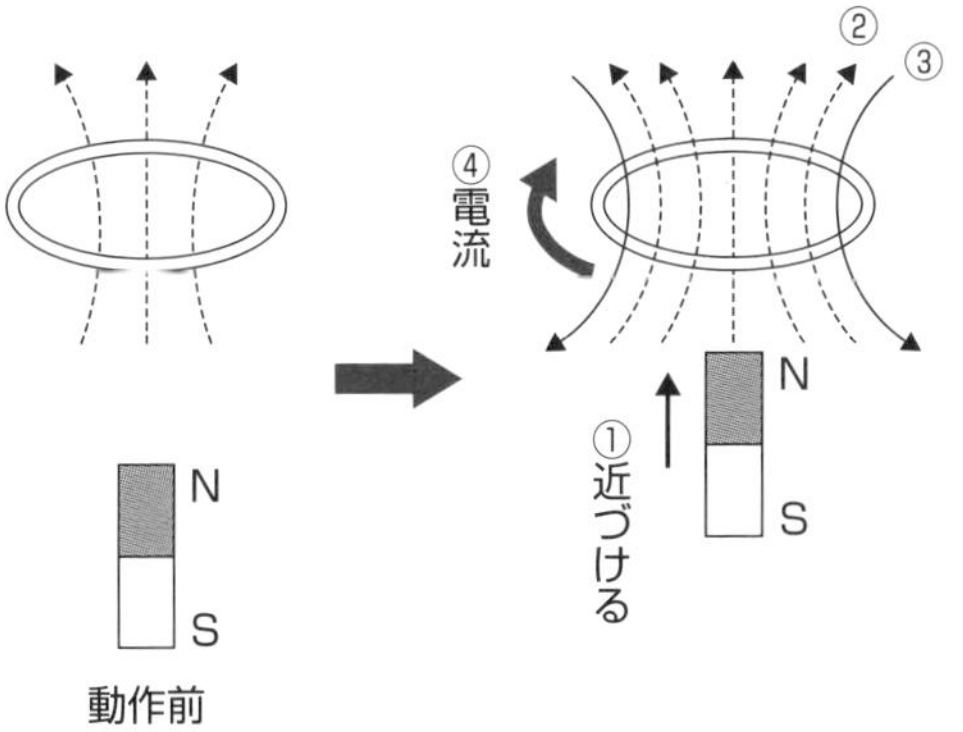

①磁石を近づける
②磁力線が増加する
③磁力線の増加を阻止する磁力線を発生させようとする
④電流が流れる

変圧器の原理

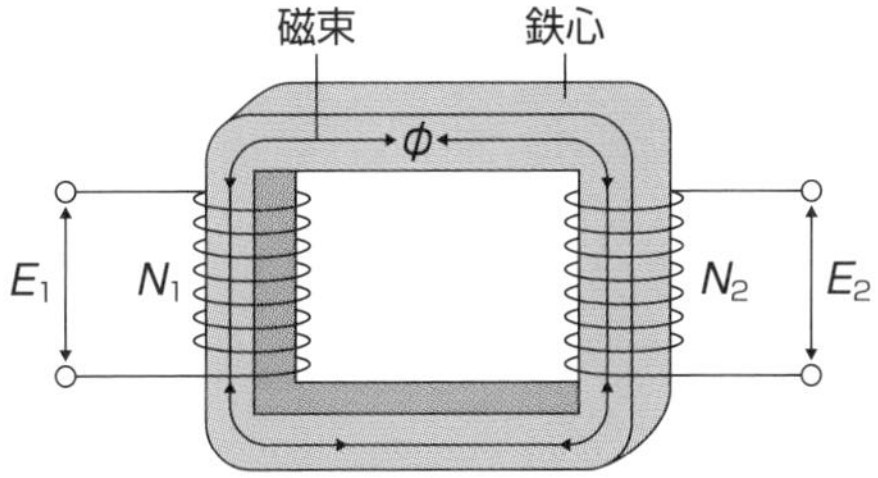

N_1：一次巻線数
N_2：二次巻線数
E_1：一次電圧
E_2：二次電圧

巻線と電圧の関係

$$\frac{E_1}{E_2} = \frac{N_1}{N_2}$$

7 電気を安定して供給していくためにすべきこと

電圧と周波数を安定させる

交流電力システムを安定的に運用していくには、電圧と周波数を安定させなければなりません。実際の電力系統においては、さまざまな外乱や負荷変動などが発生しますので、その状況に合わせて対応していくことが求められます。

電力システムにおいては、さまざまな電圧が用いられています。その電圧については、電気設備技術基準の第2条に次の3つの区分が定められています。

①低圧：直流にあっては750V以下、交流にあっては600V以下のもの

②高圧：直流にあっては750Vを、交流にあっては600Vを超え、7000V以下のもの

③特別高圧：7000Vを超えるもの

なお、低圧の標準電圧については、電気事業法施行規則第44条に、「その電気を供給する場所において標準電圧に応じて、次の値に維持すること」という定めがあり、下記に示す値が示されています。

①標準電圧100Vの際に維持すべき値：101±6V

②標準電圧200Vの際に維持すべき値：202±20V

電圧がこの範囲を超えて変動すると、機器に悪影響を及ぼしますし、電子機器の誤動作の原因にもなります。さらに、電気設備の技術基準の解釈第一四三条に屋内電路の対地電圧の制限が定められており、150V以下となっています。

一方、周波数に関しては法的な数字の規定は条文では示されていませんが、実際には、50Hz地域において50Hz±0・2Hzで制御されているようです。周波数は、発電電力と需要電力のアンバランスが生じると変動します。具体的には、需要電力が発電電力を上回ると、周波数は低下していきます。その逆に発電電力が需要電力を上回ると、周波数は上昇していきます。周波数の変動は、負荷の機器へ悪影響を及ぼすだけでなく、最悪の場合には、停電にまで発展する危険性があります。

要点BOX

●電圧には標準電圧が定められている
●電力の需要と供給のアンバランスによって周波数は変動する

電圧の種別

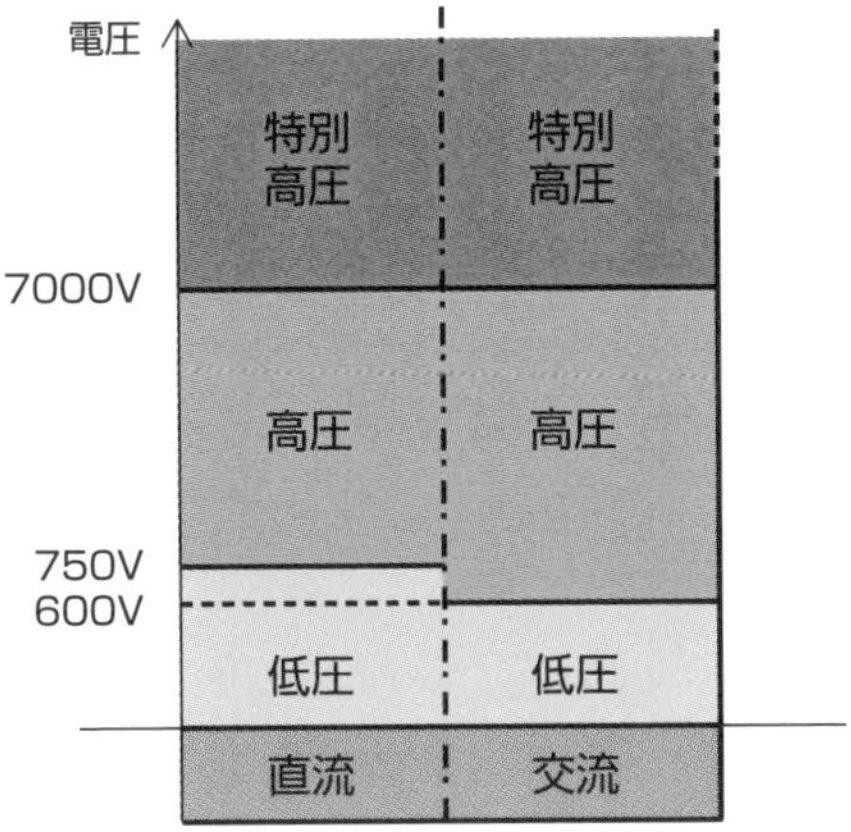

1000V以下の標準電圧

公称電圧〔V〕
100
200
100/200
415
240/415

維持すべき電圧値

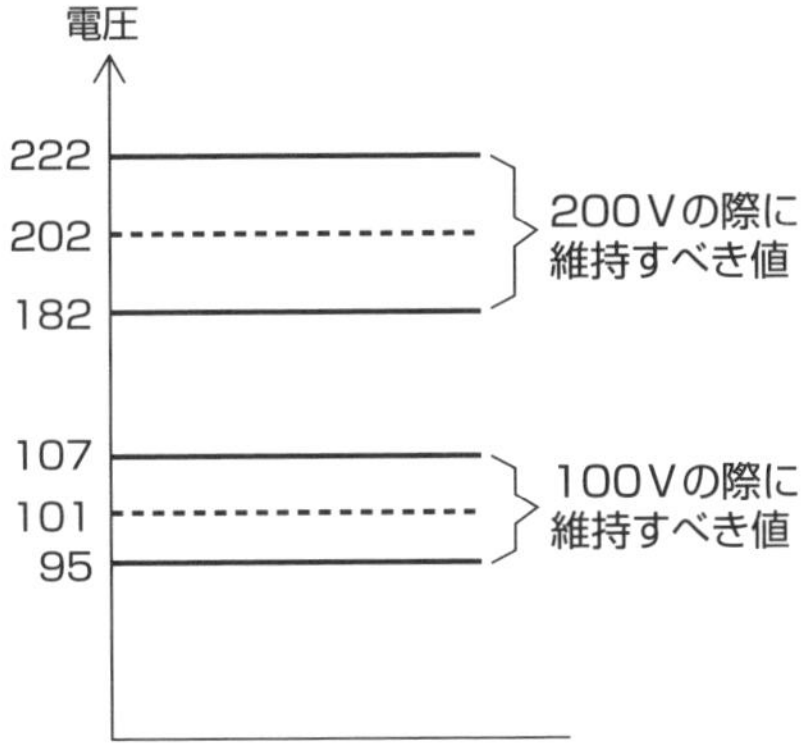

電力バランスと周波数変化

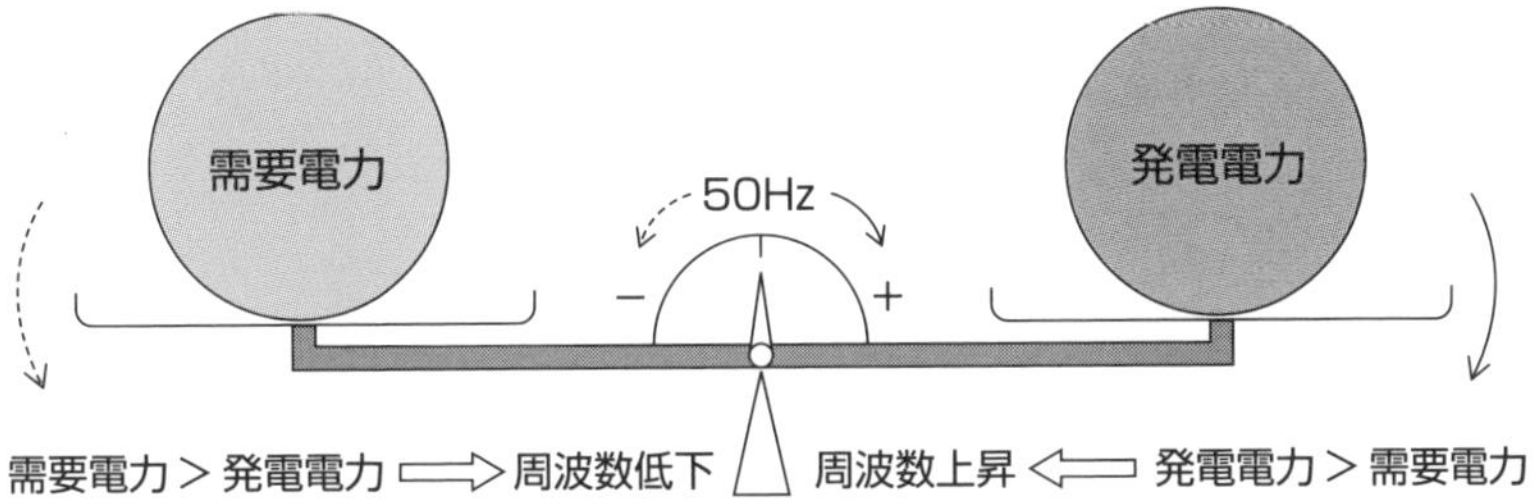

8 周波数を自在に変換する技術とは

パワーエレクトロニクスの活躍の場

世の中で使われている電流には直流と交流がありますが、最近では、直流で発電する電源装置も増えていますし、負荷においても直流で駆動する機器も多くなってきていることから、交流と直流を相互に変換する要求や、交流を他の周波数に変換したいというニーズは増えています。そのため、直流と交流を自在に変換する技術が欠かせなくなってきています。また、日本では50Hzと60Hzが併用されているため、それらを相互に連系するために周波数変換所があります。交流を直流に変換する装置を順変換器（コンバータ）、直流を交流に変換する装置を逆変換器（インバータ）と呼びます。

(1) コンバータの原理

左頁の図で、正弦波がプラス側（上半分）のときには、Ⓐ→①→②→③→④→⑤→⑥→Ⓑと電流が流れ、半周期終わって正弦波がマイナス側（下半分）になったときには、Ⓑ→⑥→⑦→③→④→⑤→⑧→①→Ⓐと流れます。そのときの④のメーター部では、山形の波形がプラス側にだけできます。このままでは直流とはいえないので、コンデンサを使って平滑して直流とします。

(2) インバータの原理

左頁の下の図で、ⓐがプラス、ⓑが0になっているとします。このときに、2つのスイッチAがONしている際に2つのスイッチBがOFFしており、2つのスイッチAがOFFしたと同時に2つのスイッチBがONするような動作をするとします。スイッチAがON（スイッチBがOFF）しているときには、電流はⓐ→①→③→Ⓧ→Ⓨ→④→⑥→ⓑと流れます。次に、スイッチAがOFF（スイッチBがON）したときには、電流はⓐ→②→④→Ⓨ→Ⓧ→③→⑤→ⓑと流れます。これを波形で表すと、プラスとマイナスを行き来する波形になります。この波形を方形波といいますが、これを整形して交流電力とします。

要点BOX
- ●交流を直流にするコンバータ
- ●直流を交流にするインバータ
- ●パワーエレクトロニクスは電力の重要技術

周波数変換手順

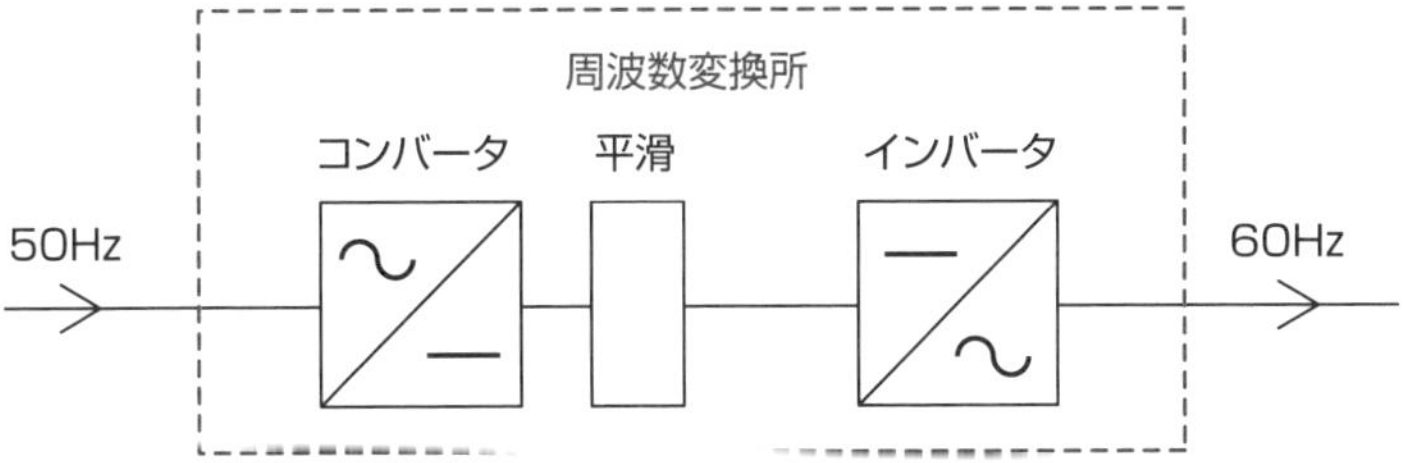

コンバータの原理

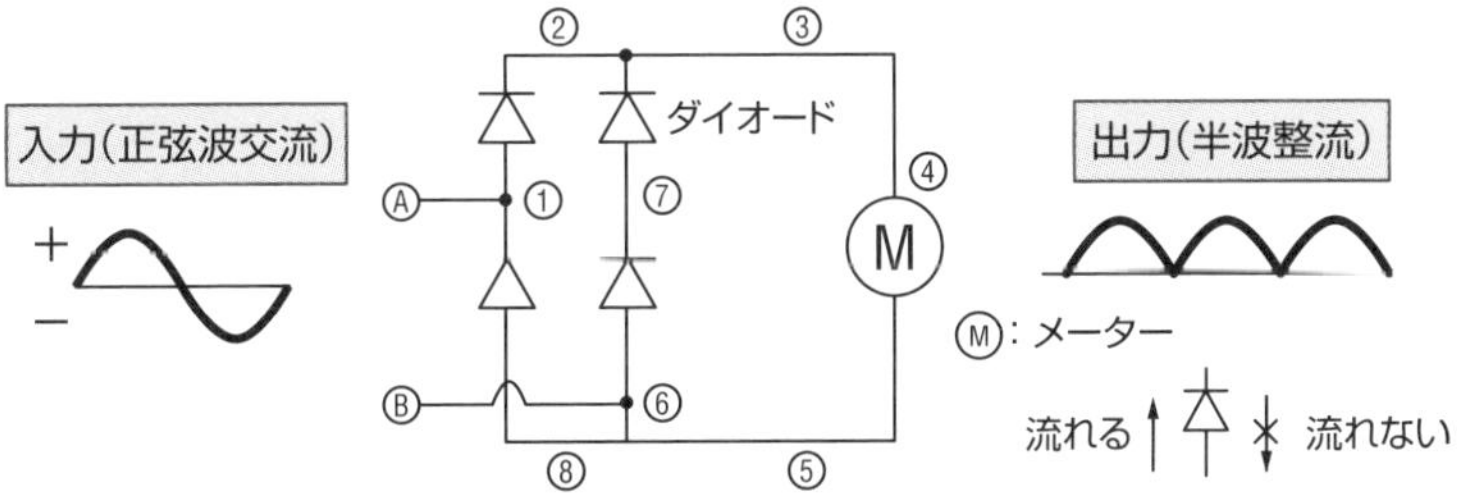

コンデンサによる平滑作用

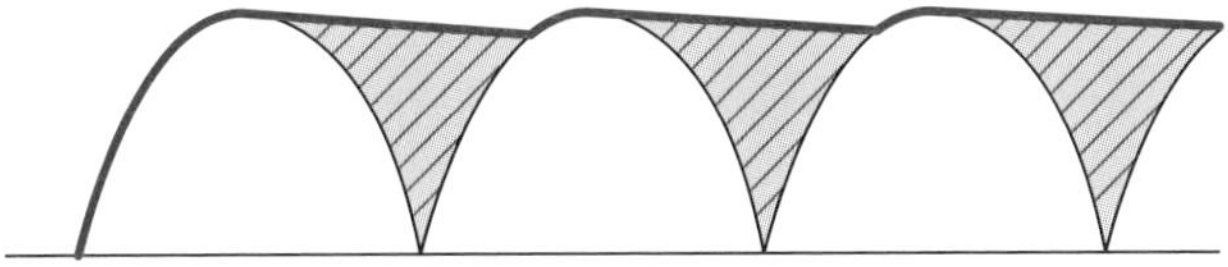

インバータの原理

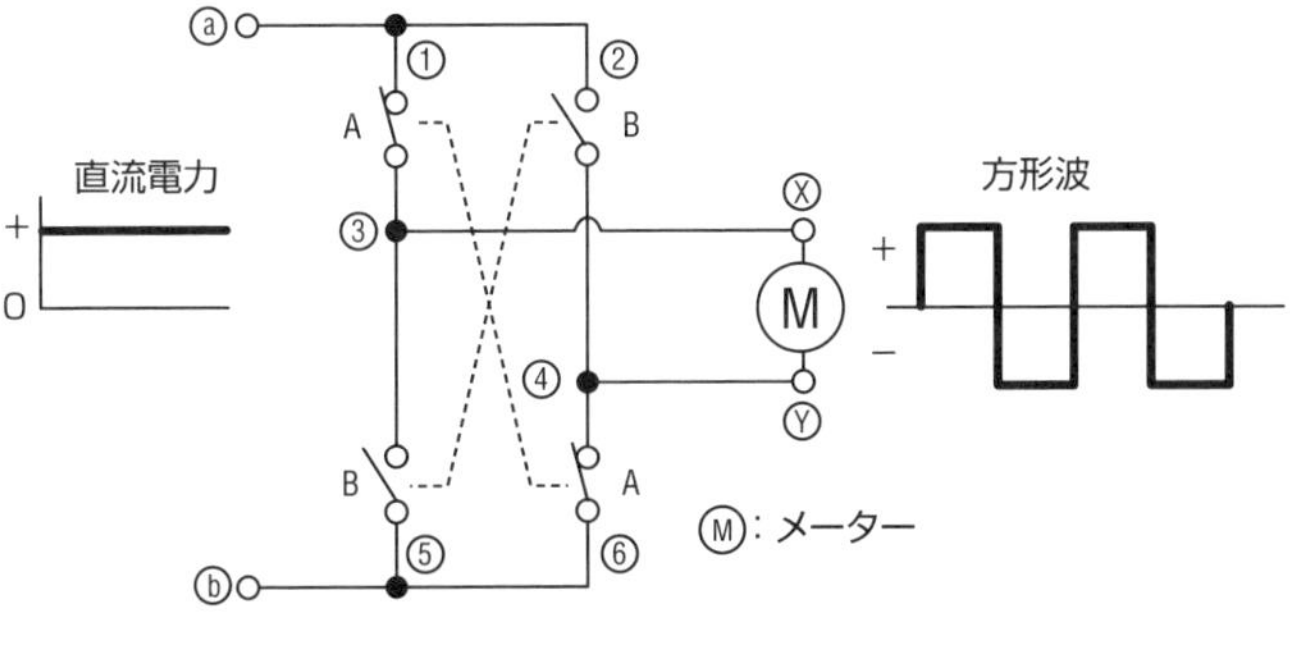

9 カーボンニュートラルの世界に向けて

待望されるカーボンリサイクル技術

2050年のカーボンニュートラルに向けて、世界が動き出そうとしていますが、実際にはCO_2排出量が現在でも増加しています。そのため、2023年には、2035年頃までにカーボンニュートラルを実現する必要があるとの主張が強まってきています。

一方、化石燃料の消費を減らすためには、今以上に社会の電化が進んでいくと考えられます。そのため、電力の需要はますます高まっていくでしょう。それに対して、非化石エネルギーの導入拡大が進められていますが、それだけでは脱カーボン化は進みませんので、省エネルギーの強化も併せて進められていく必要があります。しかし、それでも十分とはいえませんので、一部は化石エネルギーの利用が残ってしまいます。そこで発生するCO_2を大気中に排出してしまったのでは脱カーボンは実現できませんので、残存するCO_2を大気に放出しない次のような技術が検討・実証されています。

①CO_2回収・貯留（CCS）
②分離・貯留したCO_2利用（CCUS）
③空気中のCO_2を直接回収（DACCS）
④CO_2を油田に圧入して原油回収率を高める（EOR）
⑤CO_2と水素でメタンを合成するメタネーション

このように、脱カーボンを実現するためには、残存するCO_2をリサイクルしていく工夫が欠かせないというのがわかります。そういった点では、大気からその主成分ではないCO_2を回収するというのは、経済的に考えても効果的とはいえません。一方、火力発電所や製鉄所などのCO_2排出源の直近で、排出されたばかりのCO_2を回収して、それをリサイクルするというのが効果的なのは間違いありません。そういった点で、火力発電所にカーボンリサイクル施設が併設される時代がまもなく到来するという可能性は高いと思います。そういった柔軟な発想も、カーボンニュートラル時代には必要となってきます。

要点BOX
●非化石エネルギーの導入拡大
●省エネルギーの強化
●残存するCO_2の活用技術開発

需要側のカーボンニュートラルに向けたイメージと取組の方向性

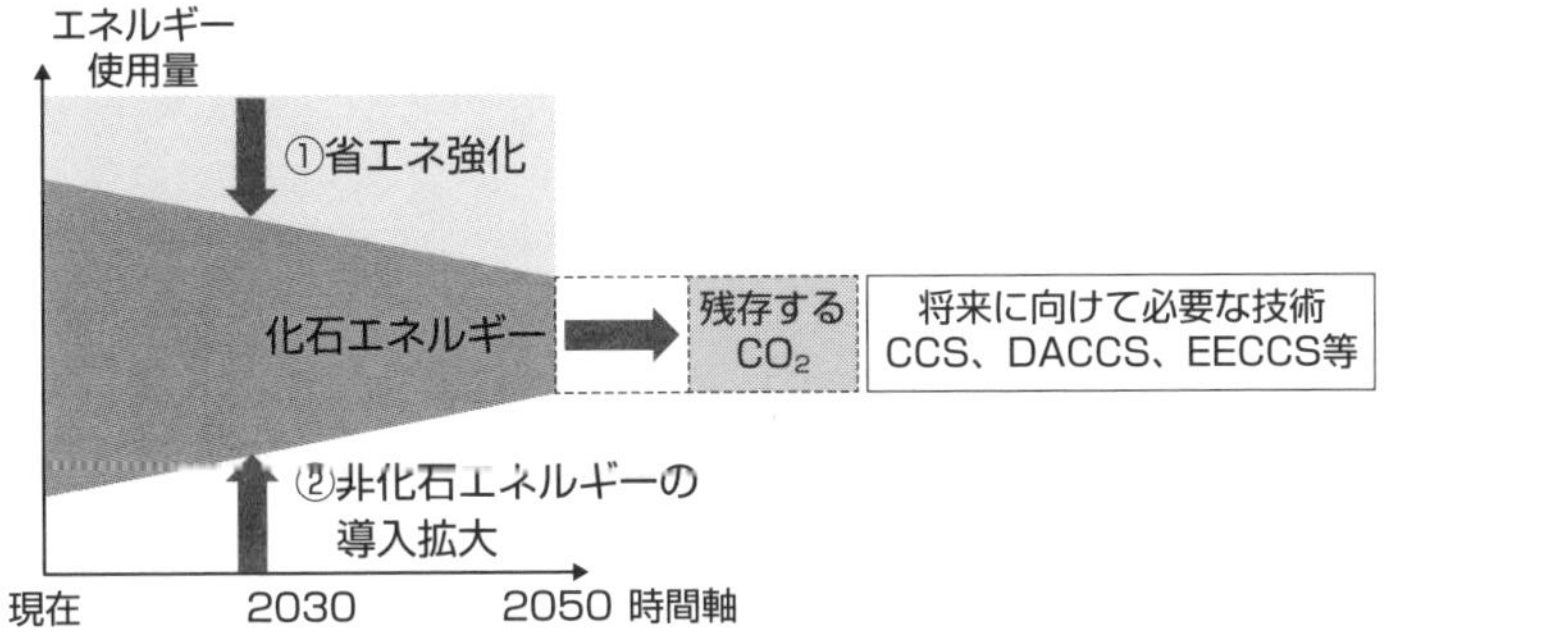

出典：省エネルギー小委員会2021年6月30日資料

CCUS／カーボンリサイクル

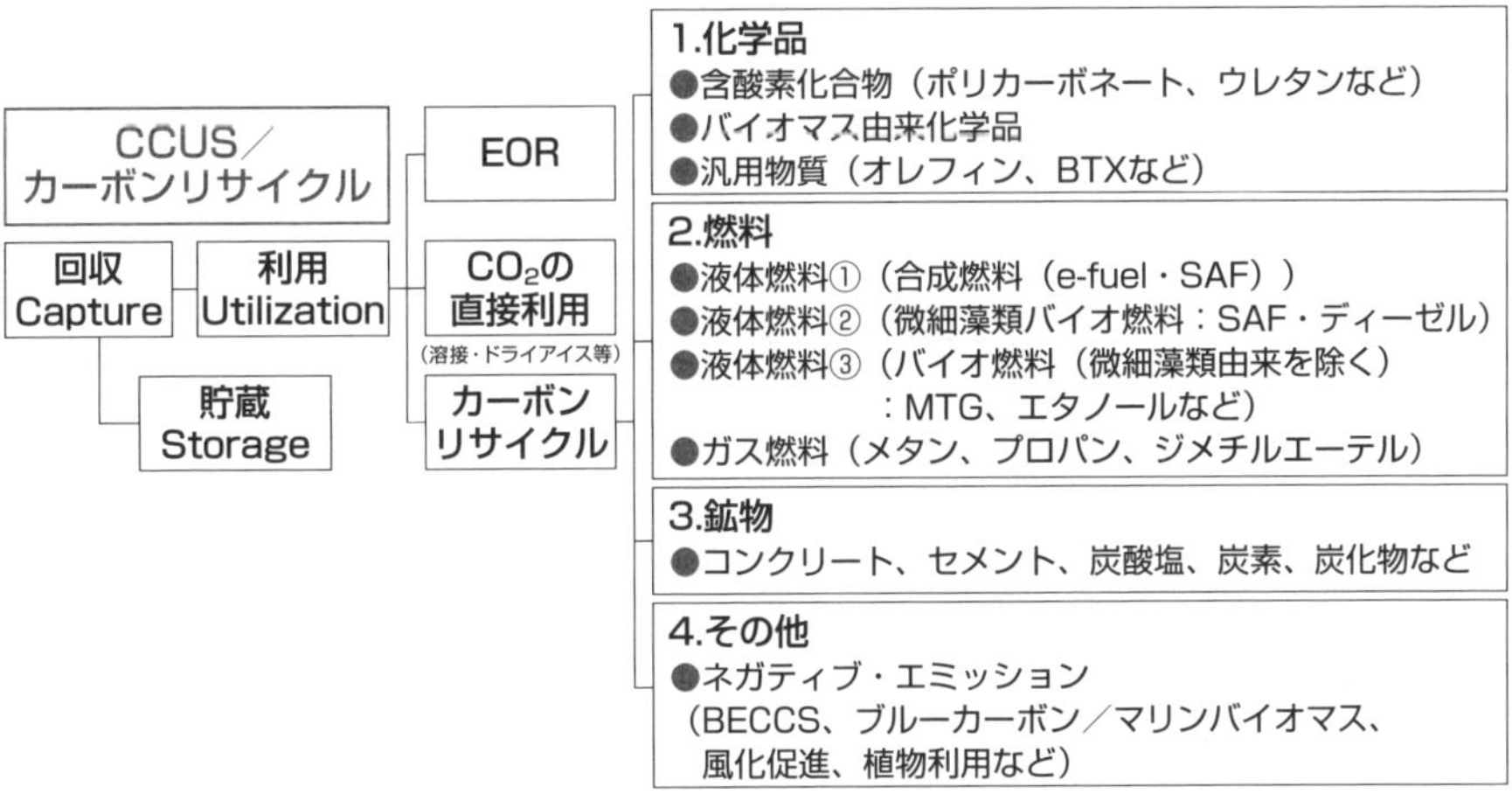

出典：カーボンリサイクル技術ロードマップ（経済産業省他）

メタネーション

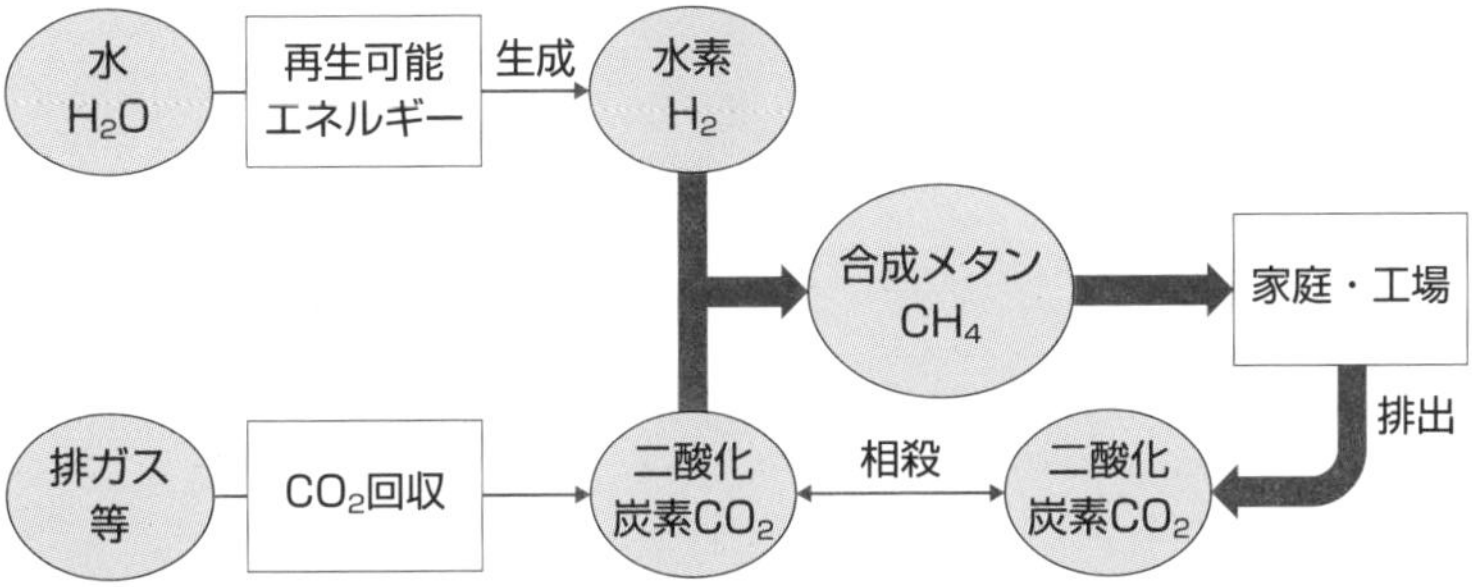

Column

1880年代から続く電流方式のせめぎ合い

トーマス・エジソンは1979年に白熱電球を開発していますが、この電球を使った白熱灯に電気を供給するため、直流送電を主張していました。一方、一時期エジソンの会社で働いていたニコラ・テスラは、エジソンの会社を辞め、ジョージ・ウェスティングハウスとともに、交流方式を主張していました。これが1880年代に起きた電流戦争です。

当時の発電の主流は水力発電ですが、水力発電所は電力の需要場所である都市から離れたところに計画されるため、送電による損失を少なくするためには、高い電圧で送電する必要があります。また、当然、利用時には低い電圧にして需要者に供給する必要があります。そのため、昇圧・降圧という操作をどうしても繰り返し行う必要があります。電圧を変換する場合には、6項で説明した変圧器が有効となりますが、そのためには交流方式が適しています。また、大容量高電圧の電流を遮断する直流遮断器の開発は困難であったため、容易に製作できる交流遮断器が使える交流送電が主流となりました。その結果、交流で動作する機器や設備中心の社会が形成されていきました。

今後は、再生可能エネルギーが主流の時代となろうとしていますが、そのうちで太陽光発電は直流発電装置になります。また、二酸化炭素を発生しない発電装置である燃料電池も直流発電装置になります。さらに、再生可能エネルギーの不安定さを補う目的で検討されている電力貯蔵用電池も、直流で充電・放電をする装置になります。このように、電力の世界でも直流を扱う場面は非常に多くなっています。

また、コンピュータや通信の分野での電力需要は増え続けていますが、そういった情報機器の電力消費の多くは直流負荷になっています。そういった直流負荷を駆動させる部分では交流から直流への変換が行われており、電力の損失が発生しています。

さらに、送電の観点から見ても、大きな電力を長距離に送電する場所では、直流送電が用いられており、発電、送電、需要家のすべてで直流の利用が欠かせなくなっています。そういった現状から、直流電力システムへの移行が専門家の間で提案されるようになってきています。社会インフラの1つである電力システムの根本的な変更は簡単ではありませんが、省エネルギーの観点から今後さらに検討が進められていくでしょう。

第2章

熱を使って電力を生み出すしくみ

10 資源を燃やして電気を生み出す技術

現在主力の発電設備と二酸化炭素排出量

2020年度現在で、わが国の発電設備構成で主力となっているのは火力発電で、約77％もの比率を占めています。福島第一原子力発電所の事故発生以前は、約60％の比率でしたので、増加しています。

地球温暖化対策として脱炭素化を今後進めていかなければなりませんが、2030年度の計画においても約40％の比率を占めており、主力電源となっている点は変わりません。最近では、再生可能エネルギーの活用が推進されていますが、日本では、水力発電を含めても、まだ約20％に止まっています。

火力発電とは、石炭や石油、天然ガスなどの燃料が持っているエネルギーで熱を発生させて、機械エネルギーを介して電気エネルギーを発生させる発電設備です。日本では化石エネルギー資源を輸入しなければならないために、燃料の受け入れが容易な臨海部に火力発電設備は設けられています。また、原子力発電よりも危険性が低いことから、都市部近郊に火力発電設備は立地しています。

発電に利用する燃料はそれぞれ特徴を持っており、1kg当たりの発熱量が一番多いのはLNGになります。最近では地球温暖化問題の観点から二酸化炭素排出量の少ない燃料の使用が求められていますが、そういった点でも天然ガスが優れています。経済性の面では、産出される資源の世界的な偏りが少なく、単価が安い石炭が最も優れていますが、二酸化炭素の排出量が多いために、欧州では石炭火力発電所の全廃を主張しています。一方、わが国では石炭にアンモニアを加えて混焼する技術の開発を進めており、継続使用を考えています。

火力発電は、用いられる原動機の種類やその組合せによって、汽力発電、内燃力発電、ガスタービン発電、コンバインドサイクル発電に分類されます。なお、わが国においては火力発電の主力は汽力発電になっています。

要点BOX
- ●火力発電は熱エネルギーを電気エネルギーに変換する
- ●LNG火力は二酸化炭素排出量が少ない

一般電気事業用発電電力量比率

（単位：%）

	石炭	石油	LNG	原子力	水力	新エネルギー	水素・アンモニア	合計
2020年度の電源構成	31.0	6.4	39.0	3.9	7.8	12.0	0	100.0
	合計 = 76.4%							
2030年度の電源構成計画	19	2	20	20〜22	11	25〜27	1	100.0
	合計 = 41%							

出典：2020年度：エネルギー白書2022（資源エネルギー庁）
2030年度：2030年におけるエネルギー需給の見通し（資源エネルギー庁）

資源別の発熱量（目安）

資源	1kg当たりの発熱量
LNG（液化天然ガス）	13,300kcal
石油	10,000kcal
石炭	7,000kcal
乾燥木材	4,500kcal

二酸化炭素排出ガス量の比較

	石炭	石油	天然ガス
二酸化炭素（CO_2）	100	75	55

出典：特定排出者の事業活動に伴う温室効果ガスの排出量の算定に関する省令
（経済産業省・環境省）

各種電源の発電量当り二酸化炭素排出量

発電の種類	二酸化炭素排出量（g-CO_2/kWh）
石炭火力	943
石油火力	738
天然ガス火力	474

出典：日本における発電技術のライフサイクルCO_2排出量総合評価2016年7月
（電力中央研究所）

11 発生させた蒸気力を電気に変える技術

蒸気タービンで発電するしくみ

汽力発電は蒸気の力を使って発電する装置で、その基本原理をわかりやすく説明する例として、蒸気が出ているやかんを想像してみてください。やかんで水を沸騰させ続けていると、やかんの口から勢いよく蒸気が発生します。この蒸気に風車を近づけると、蒸気の力に押されて風車が回転しますが、その回転運動を使って発電機を回転させて電気を作るのが汽力発電の基本的な原理になります。

実際の汽力発電所の基本的な構成設備としては、蒸気を発生させるボイラ、その蒸気の力を使って回転運動を作るタービン、タービンを運動させた後の蒸気を水に戻す復水器、それにタービンの回転運動を使って電気を発生させる発電機になります。発電効率は蒸気圧力が大きいほどよくなりますので、蒸気圧を高めるさまざまな工夫がなされています。

蒸気を発生させる燃料としては、石炭などの固体燃料、重油などの液体燃料、天然ガスなどの気体燃料が使われます。それぞれの燃料によって、発生エネルギー量も違いますが、排熱に含まれる副産物も変わってきます。環境の面からこれらの副産物の除去が求められており、排気ガス処理装置としてガス中の窒素酸化物を取り除く脱硝装置、硫黄酸化物を取り除く脱硫装置、それと煤じんを取り除く電気集じん器などの補助装置が付属設備として設けられます。

窒素酸化物には、一酸化窒素と二酸化窒素があります。また、窒素酸化物には、燃料中の窒素成分から発生するフュエルNOxと、燃焼中に空気中の窒素から発生するサーマルNOxがあります。そのため、どの燃料を使っても窒素酸化物は発生しますので、脱硝装置は必ず必要となります。一方、硫黄酸化物は燃料中の硫黄分によって発生しますので、硫黄分を含んでいないLNGを燃料とした場合には脱硫装置は必要なくなります。また、天然ガスでは煤じんも発生しませんので、電気集じん器も必要ありません。

要点BOX
- 汽力発電はボイラで蒸気を発生させる
- 火力発電では排気ガスの環境対策が行われている

汽力発電の原理

汽力発電のしくみ

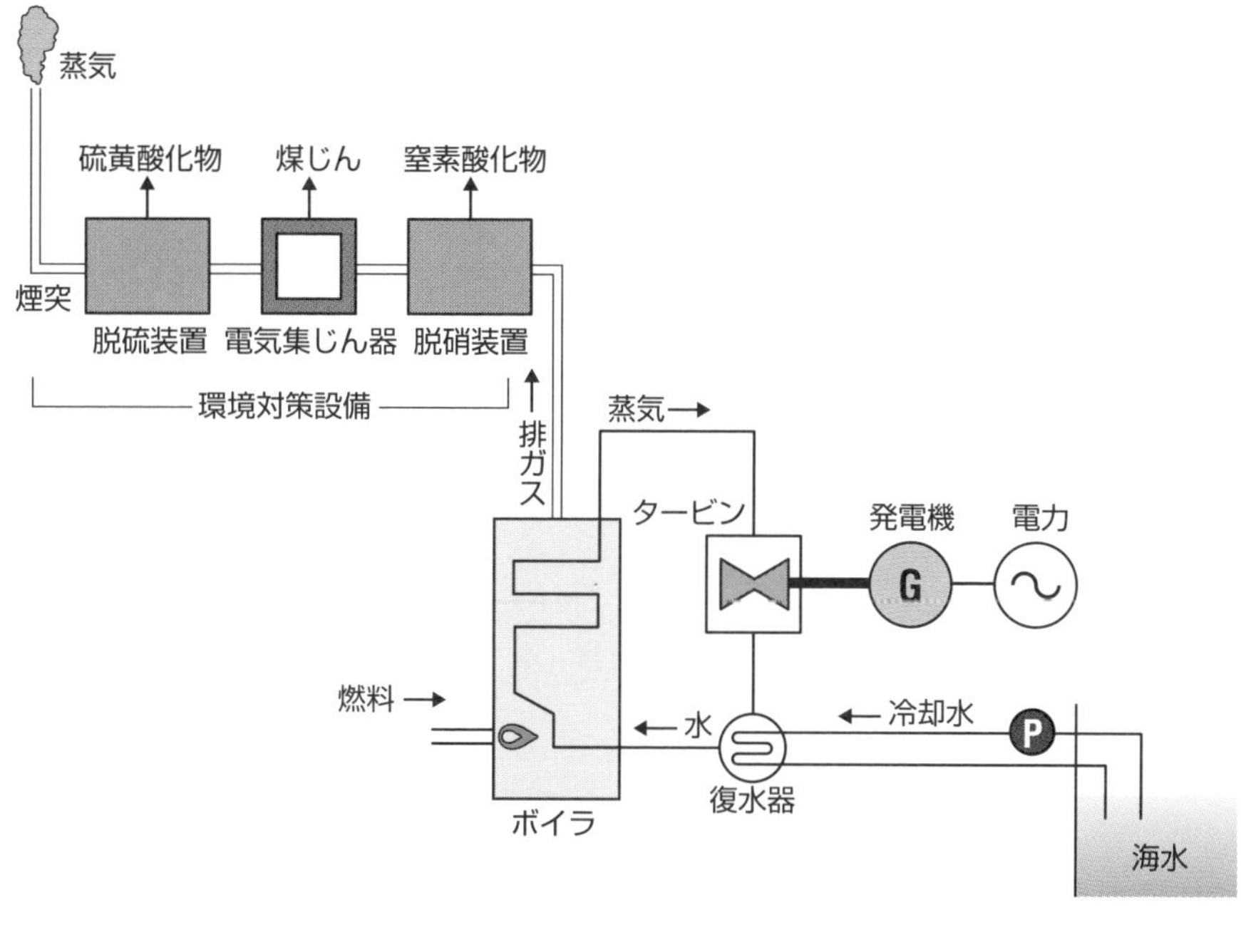

12 連続燃焼熱機関の燃焼ガスで電気を作る技術

ガスタービンで発電するしくみ

　ガスタービンは、内燃式の連続燃焼熱機関であるガスタービンを原動機として用いる発電設備です。基本的なプロセスとしては、大気から空気を吸入した後に圧縮して高圧にし、その空気に燃料を入れて燃焼させて高温高圧のガスを発生させます。そのガスをタービンに送って回転運動をさせ、その回転運動を使って発電機を回して電気に変換します。ガスタービンで仕事をしたガスは排気ガスとして大気中に放出されます。このプロセス自体は、自動車に使われているエンジンと同様ですので、エンジンの1つといえます。ただし、ガスタービンが自動車のエンジンと違うのは、エンジンの場合には、空気の吸気、圧縮、燃焼、膨張、排気の過程を順次行わせてピストン運動を回転運動に変えますが、ガスタービンの場合には、それらのプロセスを同時に連続的に行わせる点です。

　ガスタービンは、圧縮機と燃焼器、タービンから構成されています。最初の圧縮機では、数気圧から数十気圧まで加圧を行います。その後に燃焼器で噴射された燃料を連続的に燃焼させてタービンに送ります。タービン入口におけるガス温度は1100～1500℃にまで達しますが、これをタービンで膨張させてローターを回転させます。このように、燃焼器以降のタービン翼部分は高温の燃焼ガスが通過するため、構造体として十分な耐熱性を必要とします。

　ガスタービンの出力はタービンを通過する空気流量に比例します。吸気の温度が上がると空気密度が小さくなりますので、その結果、空気の重量流量が低下し、ガスタービンの出力は低下します。

　ガスタービンは、汽力発電に比べて起動や停止が迅速に行えますので、電力の需要が増した際には、それに追従した起動が行えますから、電力の安定化に寄与します。また、運転操作も比較的容易であり、単位出力当たりの重量が軽く、容積も小さいため、簡便な発電装置といえます。

要点BOX
- ●ガスタービンと自動車エンジンは同様のプロセス
- ●ガスタービンは単位出力当たりの重量が軽く容積も小さい

エンジンのプロセスフロー

エンジンの動作とガスタービンのプロセスフロー

エンジンの動作

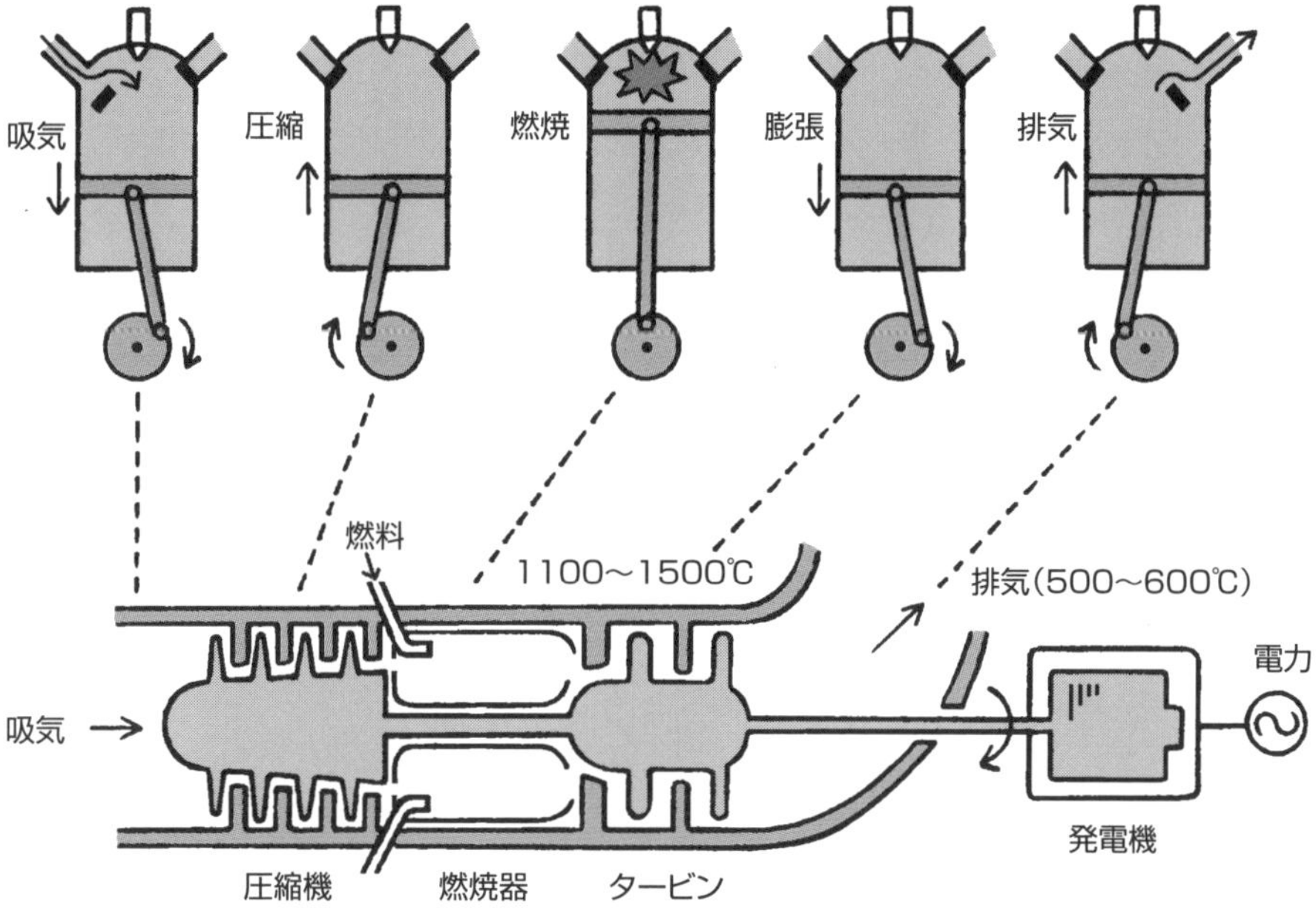

ガスタービンのプロセスフロー

ガスタービンのシステム構成図

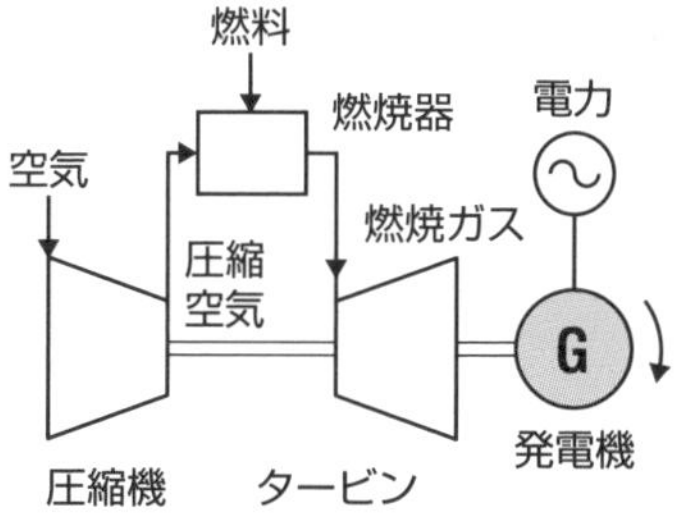

13 発電効率を上げるために工夫してみました

コンバインドサイクル発電の効果

これまで、火力発電で用いられる2つの発電方式を説明してきましたが、それらの発電効率はあまり高くありません。汽力発電の熱効率が41％程度というのも低いと思いますが、ガスタービンに至っては29〜33％程度とさらに低くなっています。その理由は、ガスタービンの排気温度は前項目の図でも示した通り、500〜600℃と高いため、結果として、多くのエネルギーを捨てているからです。このように、2つの方式共に半分以上、あるいは3分の2のエネルギーを発電する際に捨てています。エネルギー資源が乏しい日本では、せっかく費用をかけて運んできた燃料で発生するエネルギーの多くを無駄にしてしまうというのは、いかにも「もったいない」という観点から考え出されたのが、コンバインドサイクル発電です。

コンバインドサイクル発電は、ガスタービンの排気ガス温度が高い点に注目し、燃焼ガスの高温部の熱を使ってガスタービンで発電し、そこから排気される低温部の熱を蒸気タービンに送って発電する方式です。コンバインドサイクル発電では、熱効率が50％を超えています。コンバインドサイクルの熱効率を上げるためには、ガスタービンの入口のガス温度を上げて、ガスタービンの排気ガス温度を上げると効果があります。ガスタービンの排気ガスは、そのまま汽力タービンの入熱量となるからです。当初は、1100℃級コンバインドサイクル発電が作られていましたが、その後、1300℃級から1500℃級へと上げられ、1600℃級も運転されています。

コンバインドサイクル発電には、次のような方式があります。

① 排熱回収サイクル
② 排気助燃サイクル
③ 排気再燃サイクル
④ 過給ボイラサイクル
⑤ 給水加熱サイクル

要点BOX

- 一般火力発電では半分以上のエネルギーを捨てている
- コンバインドサイクルには5つの形式がある

コンバインドサイクル発電の基本構成図

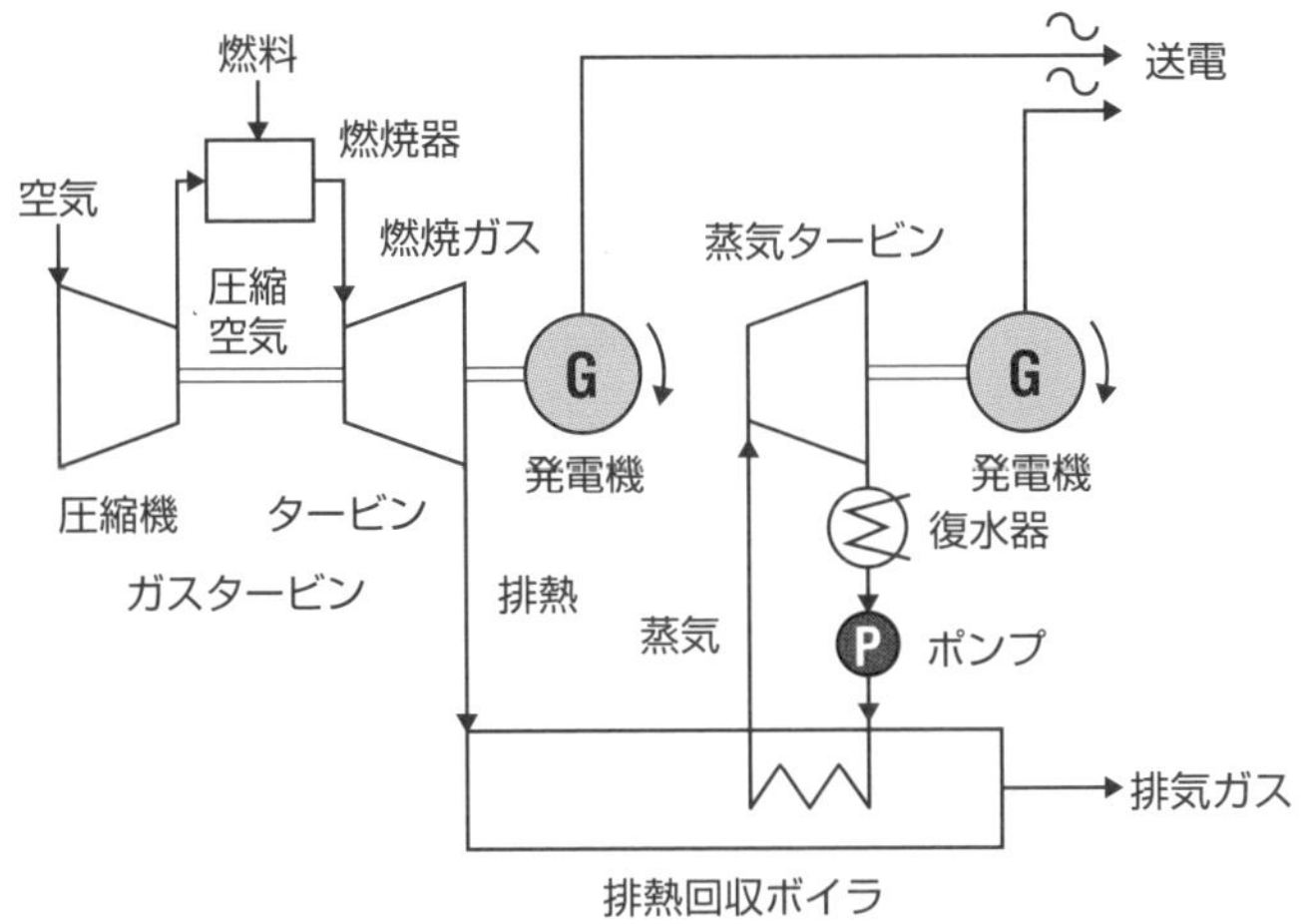

コンバインドサイクル発電の形式

形式	システム構成	特徴
排熱回収サイクル	ガスタービン排気を排熱回収ボイラに導入し、そこで得られた蒸気で蒸気タービンを駆動する。コンバインドサイクル発電で主流の方式である。	コンバインドサイクル発電の中で最も高い熱効率で、ガスタービンの出力比が高い。起動時間が短くシステム構成は簡単であるが、蒸気タービンの単独運転はできない。
排気助燃サイクル	ガスタービンから出る蒸気を排熱回収ボイラに導入する前に助燃燃料を供給して、燃焼によってガス温度を高める。	助燃燃料が多い場合には、熱効率が下がり温排水も増えるが、蒸気タービンの出力比は増加する。起動停止時間は排熱回収サイクルよりも長く、蒸気タービンの単独運転はできない。
排気再燃サイクル	ガスタービンの排気に残存する酸素を汽力ボイラに導き、燃焼空気として利用する。ガスタービン排気温度が高いので、通常の汽力ボイラに設けられる空気予熱器が不要である。	蒸気タービンの出力比が高く、蒸気タービンの単独運転も可能であるが、システムの構成は複雑になり、運転制御も複雑化する。
過給ボイラサイクル	ガスタービンに接続された圧縮機を使って、吐出空気を加圧ボイラに導き、燃料を加圧燃焼させた排ガスをガスタービンに導く。	ガスタービンの排気ガスの予熱を、蒸気タービンの給水加熱に利用する。蒸気タービンの出力比は高いが、単独運転はできない。ボイラが加圧状態となるため、炉体積を小さくできる。
給水加熱サイクル	ガスタービンの排気ガスを用いて蒸気タービンのボイラ給水を加熱する。	システムは簡単で、蒸気タービンの出力が増加する。既設の発電所の改修に適しており、蒸気タービンの単独運転もできる。

14 環境にやさしい燃料への転換のために

水素とアンモニアの活用に向けて

現在、わが国で主要発電施設となっている火力発電所は、二酸化炭素を多く発生しているために、今後は対策が必要となります。また、火力発電所の同期発電機は周波数を安定化させるために必要なため、カーボンニュートラルの時代になっても、一定量の利用が必要と考えられます。

(1) 水素の混合燃焼

水素の重量当たりの発熱量はメタンに比べて高いのですが、体積当たりの発熱量はメタンの3分の1です。メタンが主成分である天然ガスを使ったガスタービン発電において、水素を混合燃焼させると二酸化炭素の排出量を減らすことができます。将来的には、水素だけの専焼にする必要があるのですが、メタンに比べて燃えやすさが1桁大きく、火炎温度も高くなりますので、燃焼器の開発が必要です。

(2) アンモニアの混合燃焼

アンモニアの発熱量はメタンに比べて小さく、燃焼速度もメタンに比べて遅いので、燃えにくい燃料といえます。しかし、常温で気体ですので、扱いやすいため、火力発電としての利用が検討されています。具体的には、石炭火力での混合燃焼が計画されています。2030年代には20％の混合比での燃焼が計画されており、二酸化炭素の排出量が多い石炭火力の排出量の削減に貢献すると考えられています。

水素の生成方法としては、次の方法がありますが、できた水素は色を使って表現されています。

①化石燃料ベースで製造：グレー水素
②化石燃料ベースで製造し、二酸化炭素回収・利用・貯留技術と組み合わせる：ブルー水素
③再生可能エネルギーで水分解：グリーン水素

将来的には、グリーン水素の火力発電への利用が理想となります。なお、アンモニアは、水素と空気中の窒素を使って製造しますので、同様にグリーンアンモニアの利用が望まれます。

要点BOX
●天然ガスと水素の混焼発電
●石炭とアンモニアの混焼発電
●使う水素には色がある

各燃料の特性

	水素	アンモニア	天然ガス
主な成分	H_2	NH_3	CH_4
液体となる温度	−253℃	−33℃	−162℃
毒性／腐食性	なし	あり	なし
最大燃焼速度	速い(2.91m／s)	遅い(0.07m／s)	普通(0.37m／s)
最低自着火温度	500℃	651℃	537℃
高位発熱量	高い(141.8MJ／kg)	低い(22.4MJ／kg)	普通(55.5MJ／kg)

石炭＋アンモニア混合バーナー

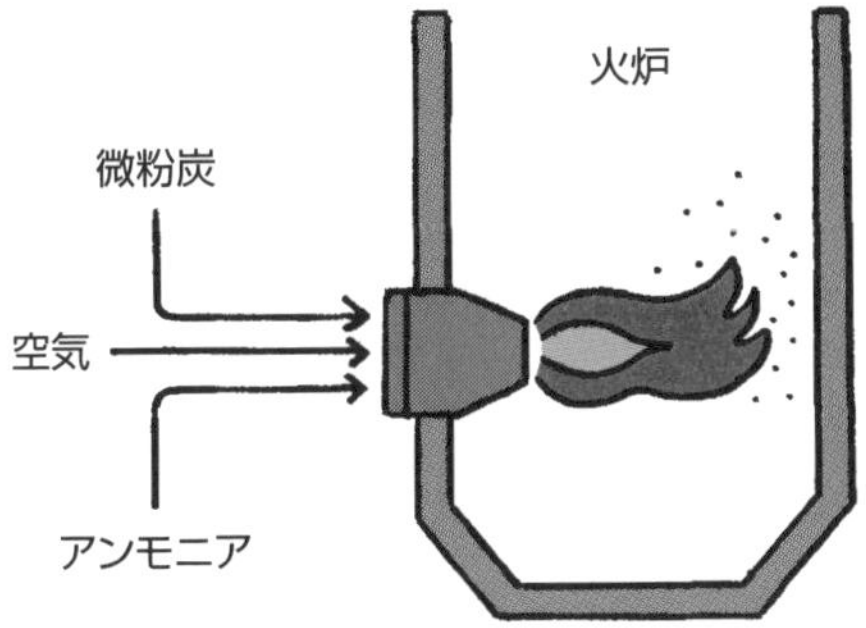

石炭火力発電所でのアンモニア混焼によるCO_2排出量削減効果

ケース	20%混焼	50%混焼	専焼
CO_2排出削減量	約4,000トン 電力部門の 排出量の約1割	約1億トン 電力部門の 排出量の約2割5分	約2億トン 電力部門の 排出量の約5割
アンモニア需要量	約2,000トン	約5,000トン	約1億トン

出典：資源エネルギー庁

水素の色とその製造方法

水素の色	製造方法
グレー水素	化石燃料ベースで製造された水素(製造時にCO_2排出あり)
ブルー水素	製造で生じた二酸化炭素を回収･利用･地下貯留した化石燃料ベースの水素
グリーン水素	再生可能エネルギーで水分解して製造した水素
ピンク水素	原子力発電の電気で水分解して製造した水素

15 核分裂反応を適切に制御して発電する技術

原子力発電のしくみ

原子力発電は、二酸化炭素の排出が少ない発電技術です。ウラン－235の1グラムで、火力発電で消費する石油2トン分に相当する発電が行えます。原子力発電は、核分裂反応を制御して所定のエネルギーを作り出す装置です。核分裂を連鎖的に行わせるには、それに必要な最少の量があり、それを臨界量といいます。臨界量以下では連鎖反応は起きませんが、臨界量以上では反応が増加し、最終的には爆発にいたってしまいます。そういった核分裂反応を適切に制御し、安定して核分裂反応を継続させる設備が原子炉になります。原子炉は、原子燃料、減速材、冷却材、制御材、反射体などで構成されています。

発電用原子炉には、構成体の違いによって、軽水炉形、重水炉形、黒鉛ガス炉、高速増殖炉などがありますが、原子力発電所の80％以上は軽水炉形になります。軽水炉形で現在広く用いられている原子炉には、次の2種類があります。

(1) 沸騰水形原子炉（BWR）

沸騰水形原子炉は、減速材と冷却材に軽水を使った軽水炉形原子炉で、蒸気発生器がなく、原子炉容器内で直接蒸気を作り、その蒸気でタービンを回して発電を行いますので、直接サイクルと呼びます。沸騰水形原子炉は、原子炉容器内に再循環ポンプやジェットポンプを備え、原子炉内の水を強制的に循環するものが多く用いられており、その再循環量の調整によって、原子炉の出力調整が可能であるという特長を持っています。

(2) 加圧水形原子炉（PWR）

加圧水形原子炉は、減速材と冷却材に軽水を使った軽水炉形原子炉で、一次冷却系と二次冷却系が蒸気発生器を介して分離されていますので、間接サイクルと呼ばれます。加圧水形原子炉は、一次系統の放射能が二次系統には移行しませんので、タービン系統の保守が容易であるという特長を持っています。

要点BOX

- 沸騰水形原子炉は直接サイクルと呼ばれている
- 加圧水形原子炉は間接サイクルと呼ばれている

原子炉の主な構成要素

構成要素	目的	材料・状態
原子燃料	原子炉の燃料。	ウラン-235を3～5%に濃縮した低濃縮ウランを燃料棒や燃料板に成型加工し、原子燃料と冷却材が接触しないように、それを被覆材で密封する。
減速材	高速中性子を熱中性子にまで減速させる。	衝突時に中性子エネルギー損失が大きくなる質量数が小さい原子核を持った、軽水、重水、黒鉛、ベリウムなどが用いられる。
冷却材	原子燃料を冷却すると同時に、発生した熱エネルギーを原子炉外に取り出す。	中性子の吸収が少なく、被覆材の腐食作用がなく、熱の輸送効率が良く、誘導放射能が小さい、軽水、重水、液体ナトリウム、空気、炭酸ガス、ヘリウムなどが用いられる。
制御材	原子炉内の中性子の密度を制御する。	中性子吸収断面が大きい、カドミウム、ボロン、ハフニウムなどが用いられるが、それらをステンレス鋼で被覆して棒状にする。
反射体	炉心から漏れてくる中性子を炉心内に戻す。	散乱面積の大きな材料である必要があるので、減速材と同じ、軽水、重水、黒鉛、ベリリウムなどが用いられる。

沸騰水形原子炉(BWR)

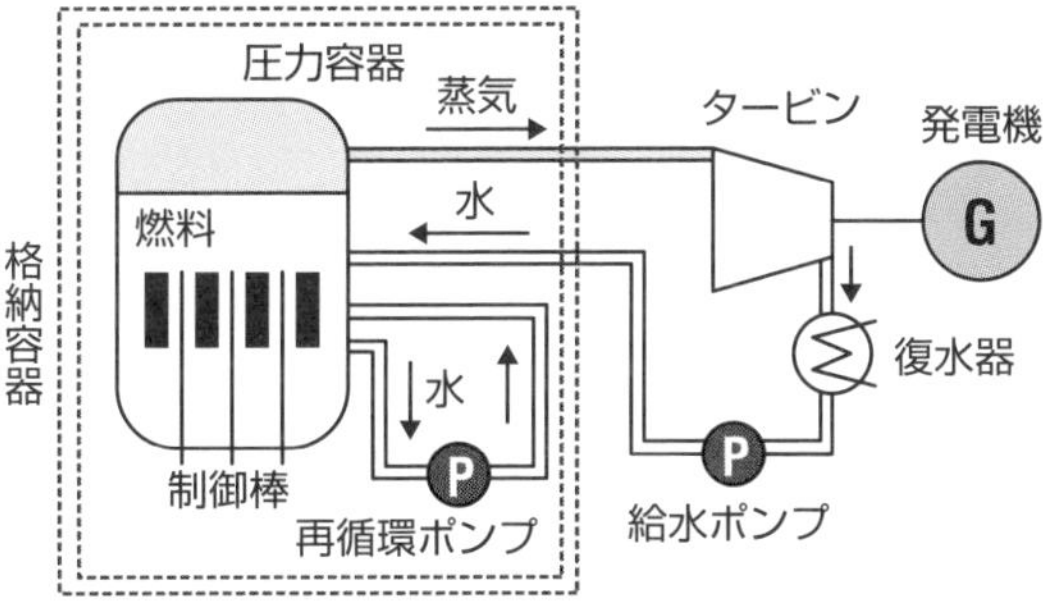

加圧水形原子炉(PWR)

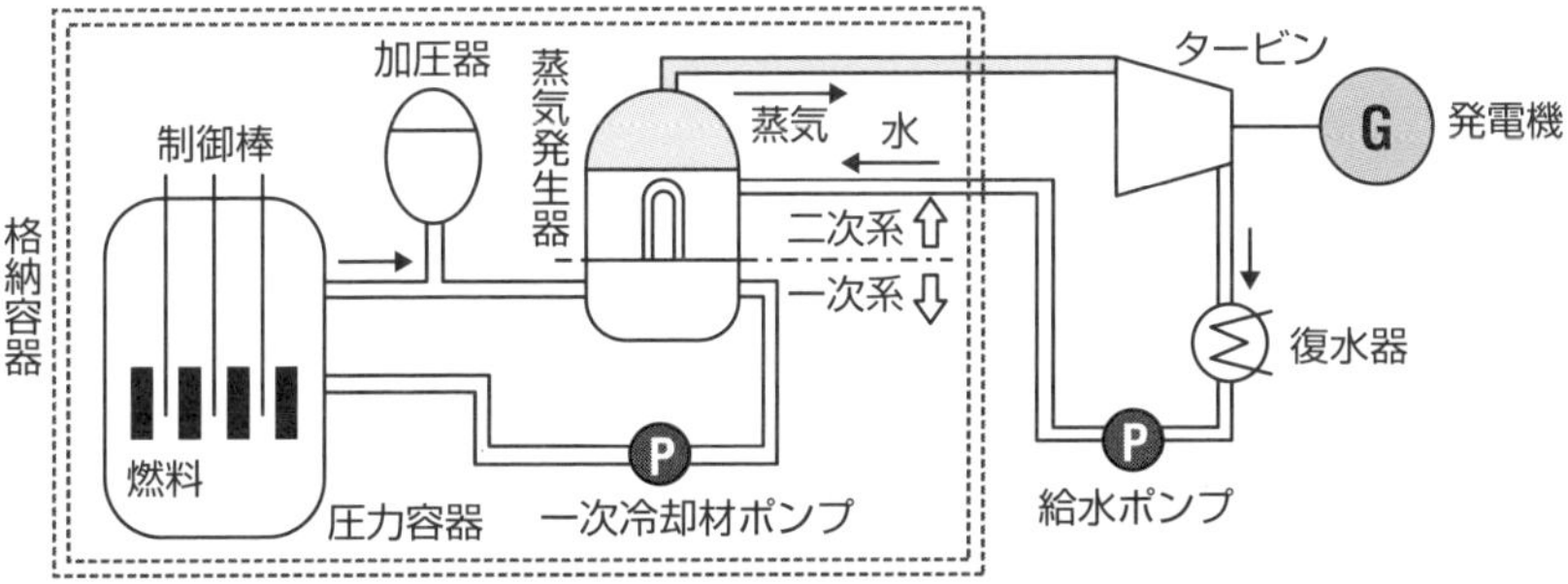

16 地熱の利用は温泉だけじゃもったいない

わが国の有望な国産エネルギー

地熱発電の原理は、LNGなどの化石エネルギーを使った火力発電と同様です。地熱発電では、燃料をボイラなどで燃やして蒸気を作るのに替えて、地球内部の高温の蒸気を使ってタービンを回して発電を行います。地熱井から取り出した地熱の蒸気でタービンを駆動しますので、二酸化炭素を排出しない発電システムではありますが、立地の制限があります。また、火力発電に比べるとタービンに送ることができる蒸気の温度と圧力が低いために、火力発電のような大容量の発電ができないという欠点もあります。しかし、昼夜を問わず発電できますので、原子力発電に代わるベース発電設備として期待されています。

地熱発電では、地熱井から取り出した水蒸気を気水分離器に入れて分離します。分離された熱水はいろいろな物質を含んでいるため、再び還元井から地下に戻します。また、地熱蒸気の中には、微量の不純物ガスも含まれています。ガスの主成分は二酸化炭素、硫化水素、酸素、窒素、メタン、アンモニアなどで、それらを適切に処理する必要があります。

これまでに設置されている地熱発電の設備利用率は70％を超えており、風力発電（約20％）や太陽光発電（約13％）に比べると数倍の利用率になっています。そのため、安定的に利用できる再生可能エネルギーの1つになります。日本は世界でも有数な火山国ですので、地熱エネルギーの資源国です。しかし、地熱エネルギーの立地の8割程度が国立・国定公園内にあり、法律によって開発規制がなされているため、これまでは容易に施設を建設できないという状況にありましたが、それが緩和されつつあります。

なお、地熱流体の温度が低く少量の蒸気しか得られない場合には、水よりも沸点が低い熱媒体を蒸発器で加熱沸騰させて、その蒸気でタービンを回すバイナリーサイクル発電方式が用いられます。タービンで仕事をした熱媒体は、再び蒸発器に送られます。

要点BOX

- ●地熱発電はベース発電設備として期待される
- ●日本は地熱発電資源国である
- ●地熱温度が低いときはバイナリー発電

地熱発電方式（例）

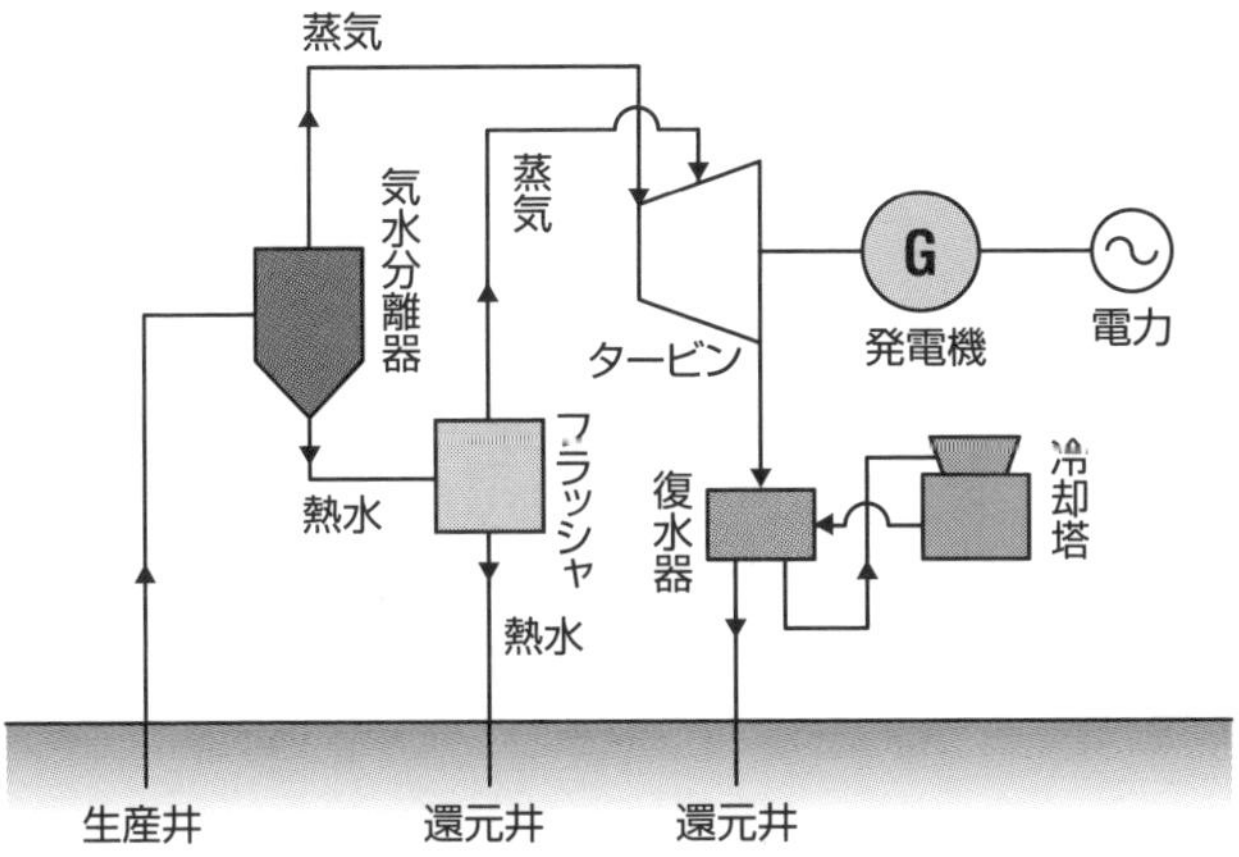

地熱発電の特徴

1	純国産のエネルギーであり、エネルギーセキュリティの面で優れている
2	二酸化炭素を排出しない新エネルギーである。
3	枯渇の心配が少ない再生可能エネルギーである。
4	開発コストが採算にのる新エネルギーである。
5	季節や天候に左右されない安定した自然エネルギーである。
6	地域分散型のエネルギーである。
7	電気だけではなく熱も利用できるエネルギー源である。

世界の地熱発電導入量

全体総量：約1,408万kW

順位	国名	2020年末時点 比率（%）
1	アメリカ	18.4
2	インドネシア	15.1
3	フィリピン	13.7
4	トルコ	11.5
5	ニュージーランド	7.0
6	メキシコ	6.4
7	ケニア	5.9
8	イタリア	5.7
9	アイスランド	5.4
10	日本	3.7
11	その他	7.3

出典：エネルギー白書2022

世界の地熱資源量（2010年）

順位	国名	地熱資源量 （万kW）
1	アメリカ	3,000
2	インドネシア	2,779
3	日本	2,347
4	ケニア	700
5	フィリピン	600
5	メキシコ	600
7	アイスランド	580
8	エチオピア	500
9	ニュージーランド	365
10	イタリア	327

出典：エネルギー白書2022

Column

水素利用に伴う臨海部の産業復興期待

発電分野だけではなく、高温の熱を大量に使う鉄鋼業界などでも水素の利用が検討されています。そういった施設で使う水素は再生可能エネルギーから製造されたグリーン水素が理想となりますが、国土が狭い日本においては、大量の水素を作るための再生可能エネルギー施設を設ける場所がありません。そのため、海外で安く大量に発生させられる再生可能エネルギー由来の電力を使って作った水素を、海上輸送して利用することが考えられています。水素の輸送方法としては、主に下記の方法があります。

①液体水素として輸送

マイナス253℃以下に冷却し、液化して輸送する方法で、すでに豪州から神戸港への海上輸送の実績があります。今後は大型運搬船の実用化が進められる計画になっていますので、受け入れ基地やガス化施設の建設が進められると考えます。

②トルエン等に結合させて輸送

水素とトルエンを結合させたメチルシクロヘキサン（液体）を海上輸送する方法で、ブルネイから川崎まで輸送した実績があります。受け入れ後に水素とトルエンは分離され、トルエンは再び海上輸送されて、水素と結合されます。すでに実証プラントが豪州で稼働するところまできています。この方式では、従来のタンクやタンカーが利用できますので、実用化が早い方法とされています。

③アンモニアとして輸送

アンモニアは8気圧以上にすると液化しますので、それを輸送する方法です。アンモニアはそのまま火力発電に使えるというメリットはありますが、毒性が強く、刺激臭が強いので、それらの対策が必要です。また、アンモニアを大量製造しなければなりませんので、そういった製造技術の開発が必要となります。

このように、水素やアンモニアの海外からの輸入が行われるようになると、それらを運搬する海運業、海岸部の受け入れ基地などの建設で、火力発電所や製鉄所などが位置する地域には、新たな産業が興ってくると考えられます。当然、水素やアンモニアのコストの低減が必要となりますが、エネルギー白書2022では、現在は100円／Nm^3の水素コストは、30年までに30円／Nm^3まで低減すると示されています。なお、50年には20円／Nm^3まで低減されると示されていますので、水素やアンモニアの専焼で火力発電する時代が来ると考えられます。

第 3 章

自然の力を使って電力を生み出すしくみ

17 大規模ダムを造って水の力を電気に変える技術

流れ込む水を使った水力発電のしくみ

　水力発電は、水が持つ位置エネルギーを利用して水車を回転させ、その回転力を発電機に伝えて発電を行います。上池の取水口の水位と下の放水口の水位差を総落差と呼びますが、総落差には水車の位置や水路の摩擦分に相当する損失落差が含まれています。それらを引いたものが、発電できる有効落差になります。

　水力発電所では、自然から供給される水の量が年間を通じて一定ではありませんので、ダムを築いて水を貯めます。その水力発電所における最大の出力[kW]と年間発電量[kWh]から利用率が求められます。水が持つエネルギーを回転運動に変えるのが水車になります。水車には、いくつかの形式がありますので、代表的なものを紹介します。

(1) ペルトン水車

　ペルトン水車は、ノズルから流出したジェット水流をランナに作用させて回転運動を発生させます。ランナはディスク部とバケット部からなり、通常は16～30個のバケットがディスク部に取り付けられています。ペルトン水車が適用できる落差は150～800mです。

(2) フランシス水車

　フランシス水車は、水圧管から導入された圧力水を、ケーシング部によって効果的にランナ部に流入させます。流水はランナの半径方向から流入し、ランナ内で軸方向に向きを変えて下流に流出させます。フランシス水車が適用できる落差は40～500mです。

(3) 斜流水車

　斜流水車は立軸形水車であり、流水がランナ軸に対して斜め方向から流入し、軸方向に流出します。斜流水車が適用できる落差は40～180mです。

(4) プロペラ水車

　プロペラ水車には立軸形と横軸形があり、流水が軸方向に通過する水車です。プロペラ水車が適用できる落差は5～80mです。

要点BOX
- ●流れ込む水を貯めて電力を作る
- ●水車は位置エネルギーを回転力に変える
- ●水車の形式によって適用落差が違う

水力発電

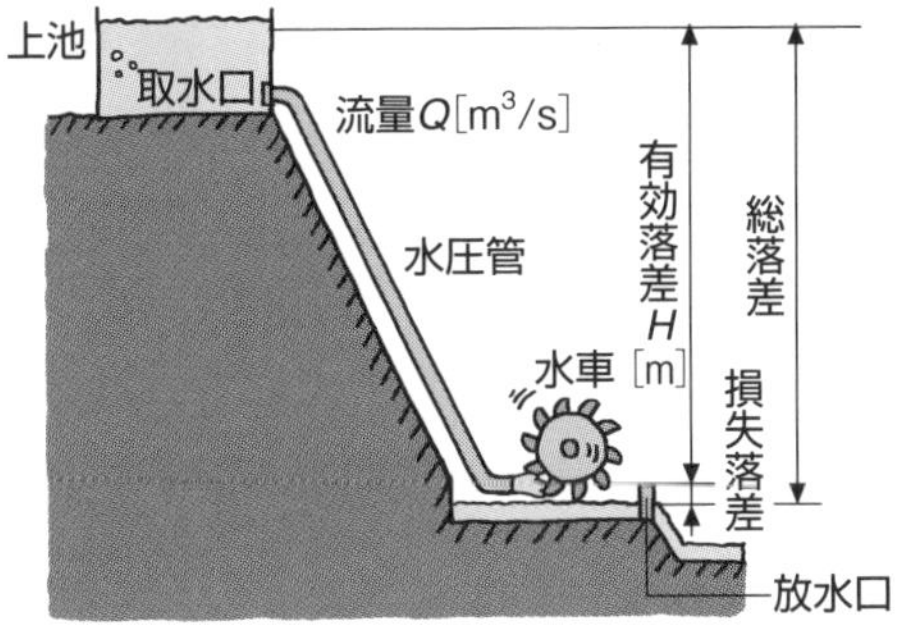

$$\text{理論水力}(P)=9.8QH\,[\text{kW}]$$

$$\text{水力発電所の利用率}=\frac{\text{年間発電量}[\text{kWh}]}{\text{最大出力}[\text{kW}]\times 24[\text{h}]\times 365[\text{日}]}$$

ペルトン水車

(a)水車ランナ部

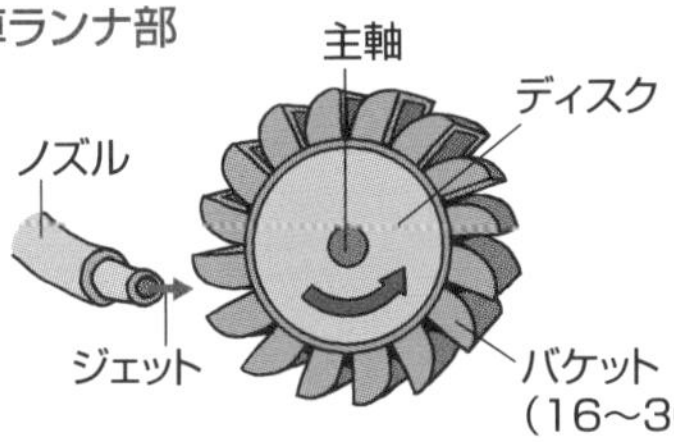

(b)バケットの構造

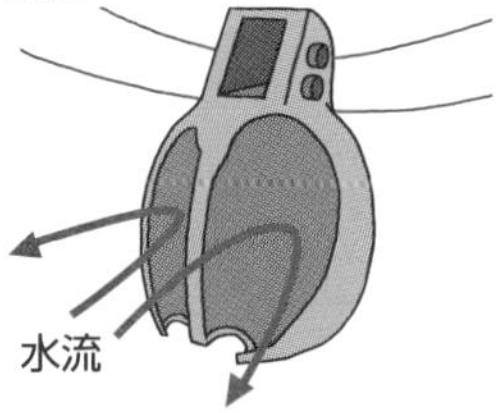

フランシス水車

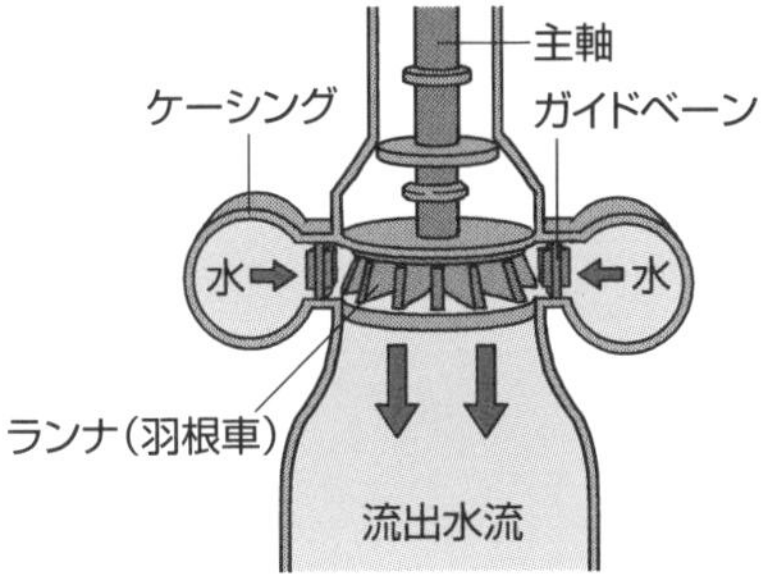

斜流水車

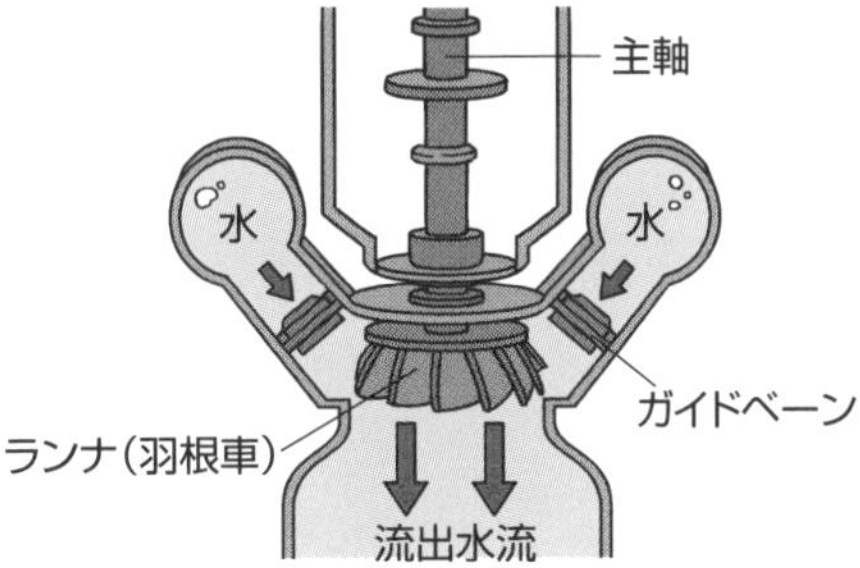

プロペラ水車

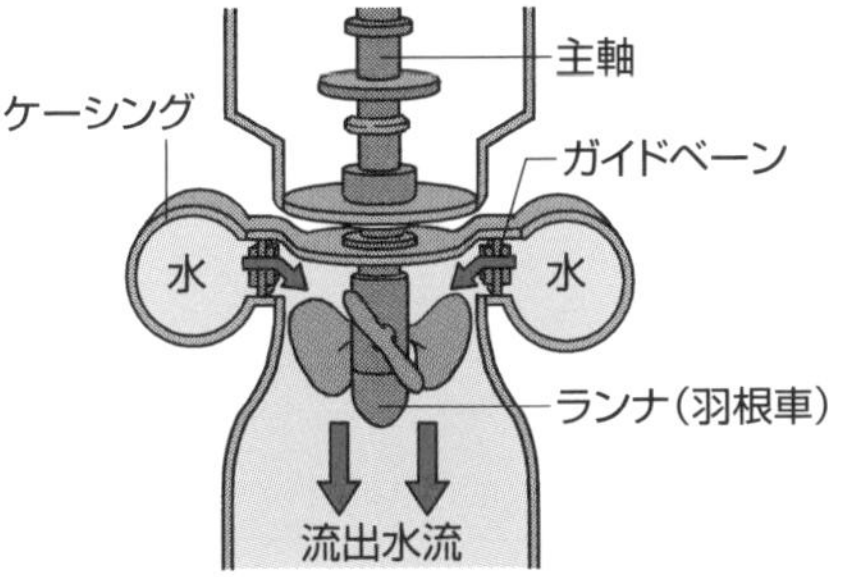

18 未利用な水や時間シフトで電力を生み出す

水のエネルギーのさらなる活用方法

(1) 揚水発電

揚水発電は、新たな電力を発生させる施設というよりは、電力が余る時間帯にポンプを動作させて下池から上池に水を揚げ、不足する時間帯に水車を動かして発電する蓄電施設です。揚水用ポンプと発電機が必要ですが、ポンプと水車を別に用意する別置式と、発電機と電動機を兼ねた発電電動機を利用して同軸上にポンプと水車を結合するタンデム式があります。また、反動水車を逆回転させてポンプとして機能させるものをポンプ水車と呼びますが、経済的に優れているので広く用いられています。

(2) 小水力発電

最近では、地球温暖化の影響から、未利用エネルギーの活用が求められており、小水力発電が注目されています。小水力発電用に用いられる水車には次のようなものがあります。

(a) クロスフロー水車

クロスフロー水車のランナは、30枚程度のブレードを円形の側板2枚で挟み込んだ円筒かご形をしています。水流はランナ軸に対して垂直方向から流入し、ランナの下部方向に流出します。

(b) ターゴインパルス水車

ターゴインパルス水車の基本構造はペルトン水車と同様ですが、この水車では、ノズルから噴出したジェット水流がバケットに約25度の角度で入射します。

(c) 円筒水車

円筒水車は、20m以下の低落差用に用いられるプロペラ水車です。流水が流れる円筒形のケーシング内部に発電機と水車が設置されています。

(3) 水車発電機

水車発電機には一般的に同期発電機が用いられますが、小容量の発電機には誘導発電機が用いられる場合もあります。水力発電機の標準回転速度[rpm]は、火力発電機よりも遅くなっています。

要点BOX

- 揚水発電は電気を蓄える蓄電施設
- 未利用エネルギーを使って小水力発電を行う
- 水力発電機の標準回転速度は火力より遅い

揚水発電所

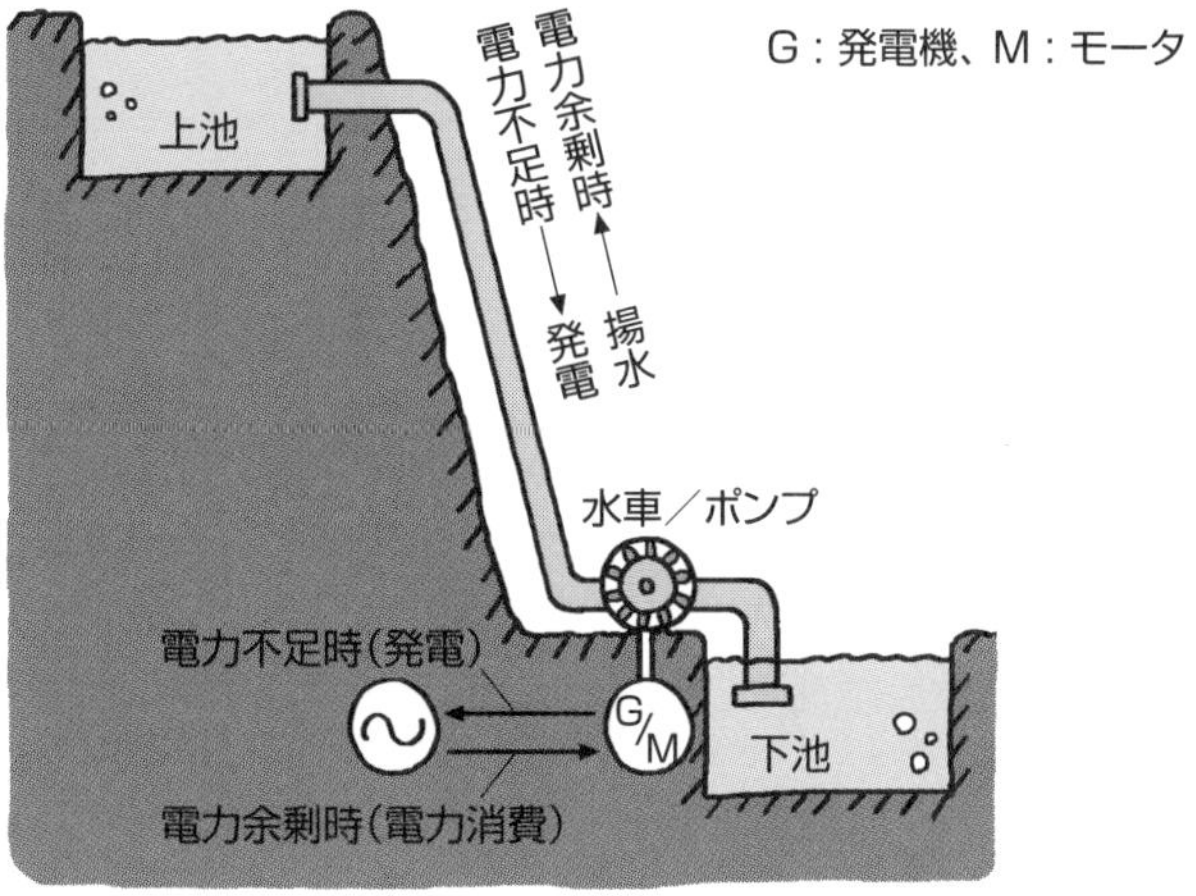

クロスフロー水車

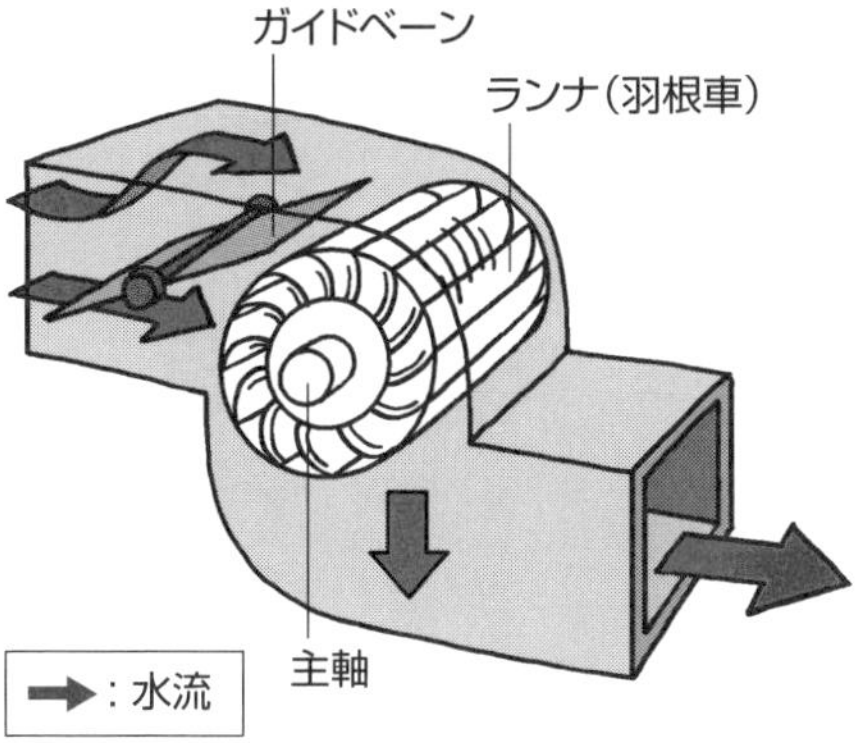

ターゴインパルス水車

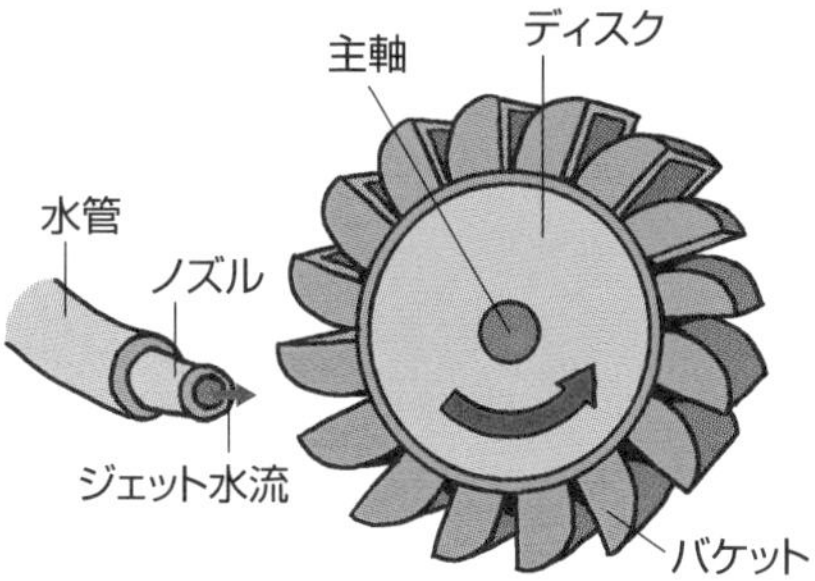

水車発電機の標準回転速度［rpm］

極数	50Hz	60Hz
6	1,000	1,200
8	750	900
10	600	720
12	500	600
14	429	514

19 風の力を回転力に変えて電力を生み出す

地球大気の運動エネルギーで電気を作る

　風力発電は、地球大気のさまざまな運動の中で水平方向の運動エネルギーを、風車を使って電気エネルギーに変換する装置です。そのため、風向きができるだけ一定しており、強い風が定常的に吹く場所が風車の好適地になります。地上30mの高さで、年間の平均風速が6m／秒以上である場所が望ましいとされています。風力発電は回転運動による発電のため、火力発電などと同様に交流発電が行われます。

　風車の形式を大きく分けると、プロペラ形やオランダ形を代表とする水平軸形と、サボニウス形やダリウス形を代表とする垂直軸形があります。発電用の風車として最も広く用いられているのは3枚翼のプロペラ形風車で、プロペラ形風車のローター軸出力は、風の流速の3乗に比例します。言い換えると、風の強さが2倍になると発電される電気量は8倍になります。だからといって、風が強ければよいというものでもありません。風のエネルギーが強まれば、構造体としての風車の耐力を超える危険性がありますし、風力発電機には定格風速がありますので、定格を大幅に超える運転を強いられると、原動機やブレードの損傷といった危険性も出てきます。そういった際の被害を避けるために、風速が一定値を超えた場合には、風のエネルギーを逃がすための対策が採られています。

　実際に使われているプロペラ形の風車の出力は、1～2MW級が多いようです。2MW級では、プロペラ中心の高さが70～80m程にもなります。住宅地などに近い場所では、騒音が発生するため建設が難しくなります。また、民家から離れた場所でも、渡り鳥などの生息地域や通過地点では鳥類への被害が発生するため、建設が許可されない可能性もあります。なお、風の力を十分に利用するには、周辺に障害物がない地域に設置するのが適切ではありますが、日本の場合には、季節によって雷の発生が多くなるため、そういった地域では雷害対策が必要となります。

要点BOX
- ●風車には水平形と垂直形がある
- ●主にプロペラ形風車が活用されている
- ●風の強さが2倍になると発電量は8倍になる

風車の例

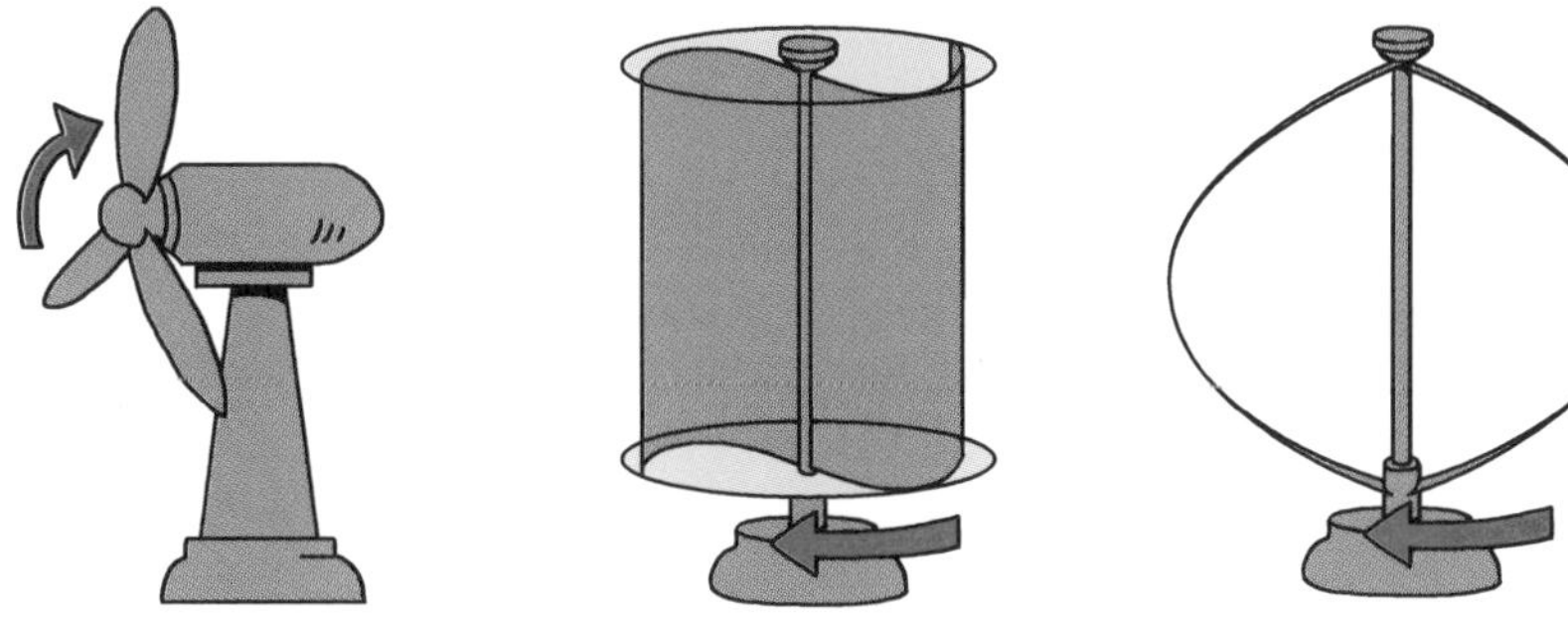

プロペラ形風車の基本構成

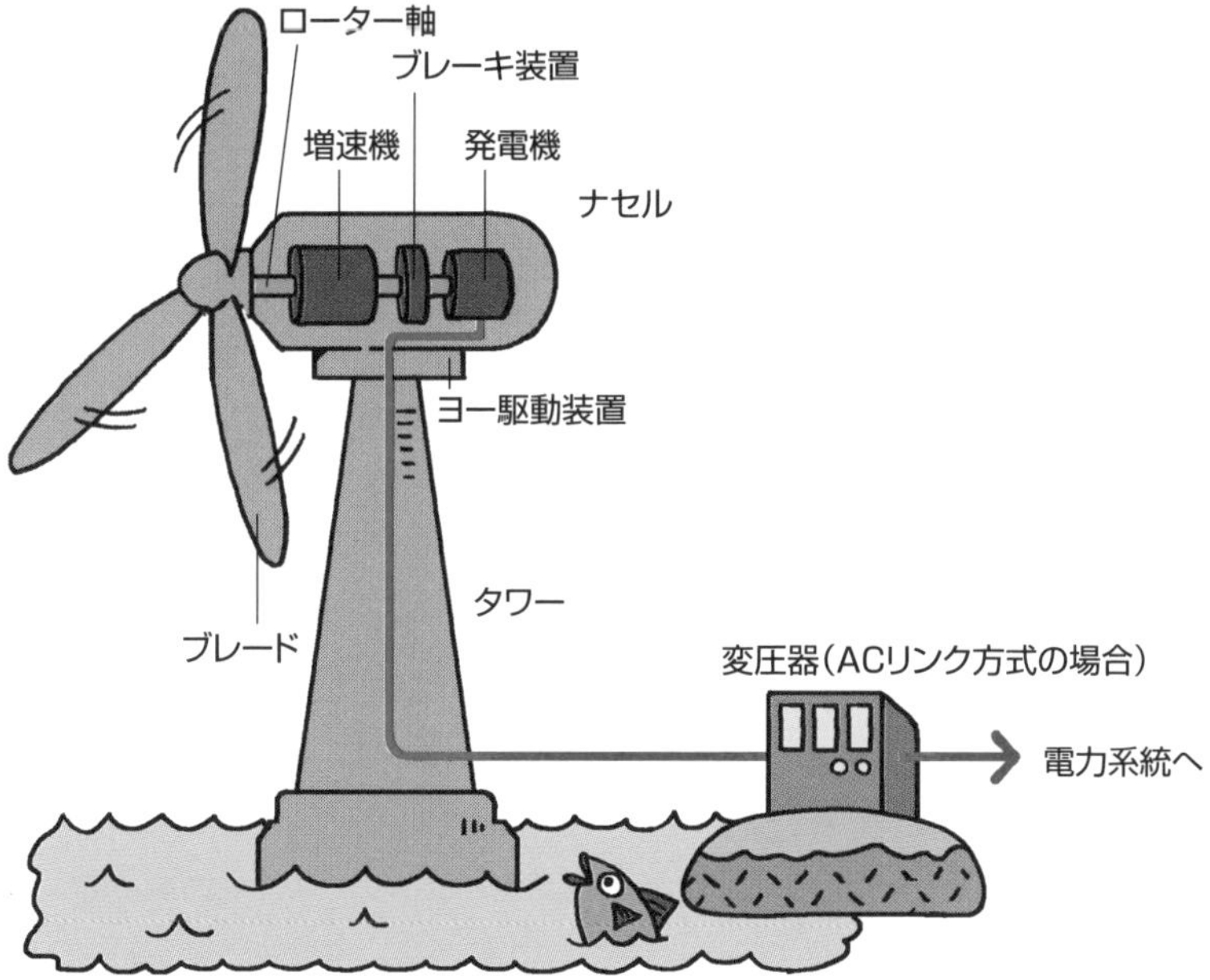

プロペラ形風車のエネルギー(P)

$$P=\frac{1}{2}C\rho V^3A=\frac{1}{8}C\rho\pi D^2V^3\,[\mathrm{w}]$$

ρ：空気密度[kg/m^3]，C：風車羽根車のパワー係数，V：風の流速[m/s]
A：風車羽根の投影面積[m^2]，D：風車直径[m]

20 海の上を吹く風はより多くの電力を生み出す

洋上に広がるエネルギーファーム

陸上に風力発電を設ける場合、地形によって風の損失が発生します。一方、海上の場合は海面が平らなため、陸上に設置するよりも発電効率が上がります。条件によっては5割程度上がるという報告もあります。また、洋上に風力発電設備を計画する場合には、輸送の限界などがなくなるため、風車が大型化できますので、1基当たりの発電出力が高まります。

欧州地域では遠浅な海岸が多いことから、着床式の洋上風力発電が多く採用されてきました。着床式は、水深50m以下の場合に用いられます。用いられる風車としては、重力型、モノパイル型、ジャケット形があります。

日本の場合には、海岸近くから急激に水深が深くなる海岸が多いので、浮体式の風車が適しているといえます。また、日本は、世界第6位の広大な排他的経済水域を有していますので、そういった地域を含めて、洋上風力発電ファームを計画することができます。

浮体式には、バージ型、TLP型、セミサブ型、スパー型があります。なお、洋上風力発電の場合には、設置する設備に対する塩害対策などが必要となります。

海岸から離れた場所に風力発電ファームを計画する場合には、陸上までの送電距離が長くなるため、洋上風力発電ファーム内に洋上変電所を設けて、そこで直流にして陸上変電所まで送電するように計画されます。

陸上から遠くに計画される浮体式洋上風力発電所では、日々のメンテナンスや故障の修繕などの場合に、天候等によっては、風力発電装置に近づくことが難しい場合もありますので、遠隔に監視ができるような仕組みが必要となります。

現在は、世界の電力の9％を風力発電が供給するようになってきていますので、風力発電のコストは、相当に下がっています。

要点BOX
- ●水深50mまでは着床式
- ●水深50m以上は浮体式
- ●風力発電のコストは下がっている

着床式風力発電

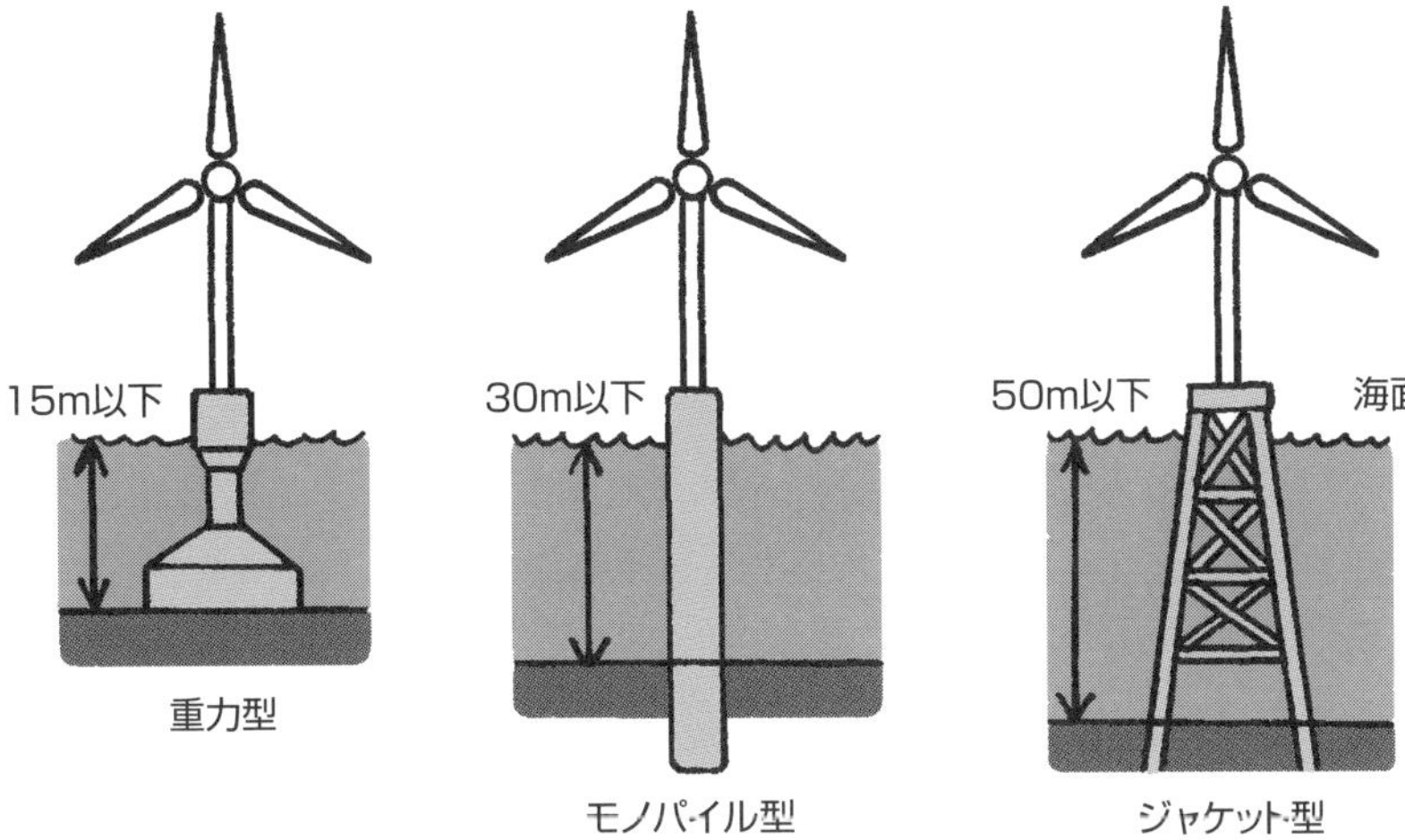

浮体式風力発電

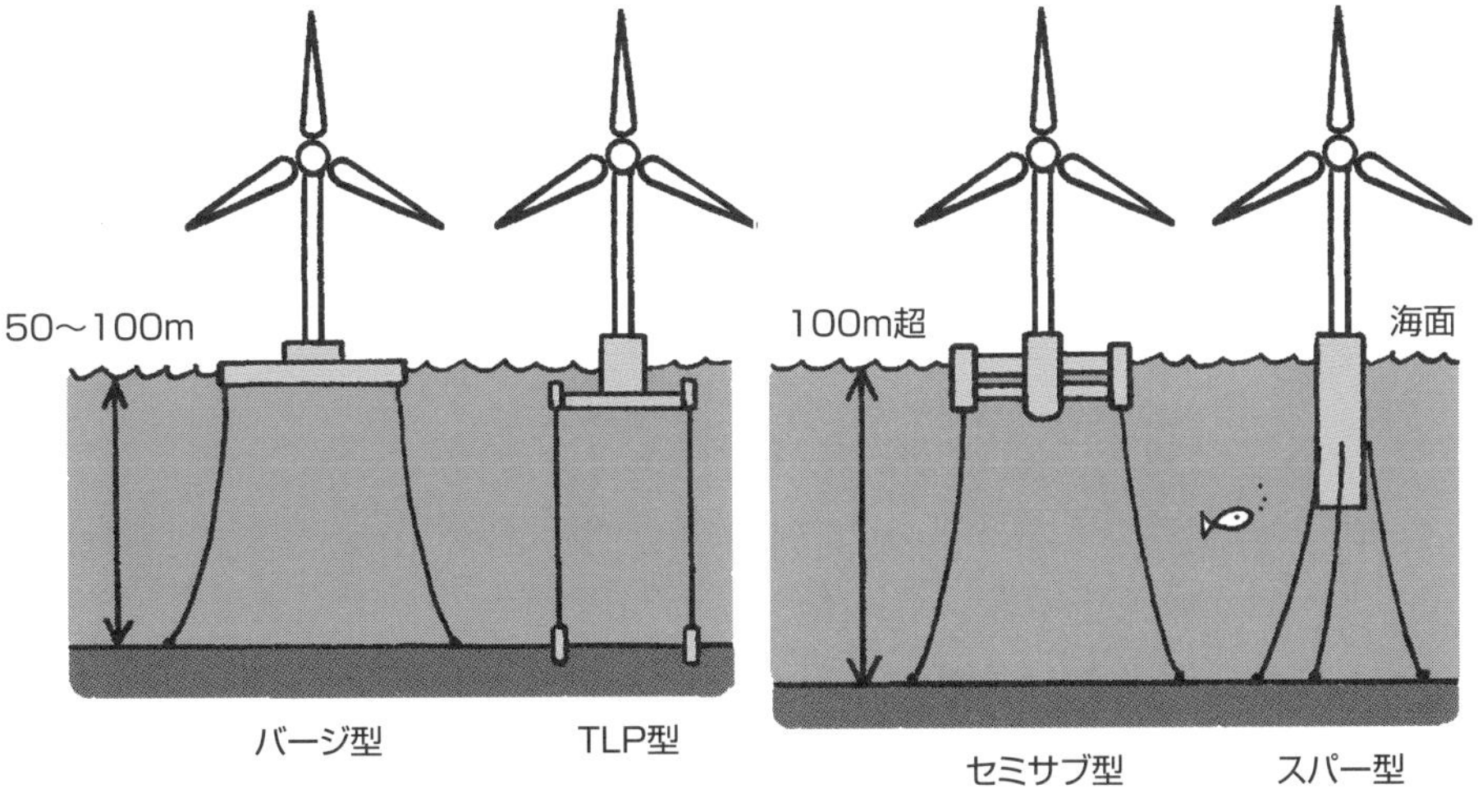

21 導入が活発に進められている再生可能エネルギー

光エネルギーを直接電気に変換する技術

太陽から地球に注がれるエネルギーは、地球近傍の宇宙空間において1平米当たり約1・4kWになります。そのエネルギーの一部は、地球をとりまく大気によって反射または放射されるために、地球上に到達するエネルギーは1平米当たり約1kWになります。このエネルギー量を地球全体で計算すると、1時間で127兆kWhにもなります。そのエネルギーを直接電気エネルギーに変換する装置が太陽電池になります。

太陽電池には、大きく分けてシリコン系と化合物系の太陽電池があり、シリコン系太陽電池には、単結晶太陽電池、多結晶太陽電池、薄膜(アモルファス)太陽電池があります。単結晶太陽電池は、変換効率が14～17・5%と高いのですが、単結晶のシリコン基板から作られるため、コストが高いという欠点があります。多結晶太陽電池は、変換効率が12～16%程度ですが、製造コストは単結晶太陽電池よりも安いので、電力用として最も多く用いられています。

太陽電池による発電は直流発電であるため、交流電源を用いる従来の電気製品を使い続けるためには、交流に変換して用いなければなりません。また、太陽光発電は昼夜の変化や天候の変化に伴って発電量が大きく変動するため、安定して電気を利用するには電力系統との連系が必要になってきます。そういったことから、太陽電池を利用するためには、多くの周辺装置を設けなければなりません。特にこの中で重要な装置がパワーコンディショナーで、太陽電池の出力が雲の動きによっても変動するため、直流電圧を一定間隔で変動させる制御もここで行います。

なお、周辺装置としては、太陽電池を設置するための架台も必要となりますし、太陽光発電を単独で利用するためには、発電量変動が大きいという欠点を補う目的で、蓄電池も必要となります。最近では、太陽電池の導入コストは大幅に下がり、世界的に広く活用されています。

要点BOX
- ●天候変化で太陽電池発電量は大きく変動する
- ●太陽電池発電システムの費用は急激に下がっており普及している。

シリコン太陽電池の原理

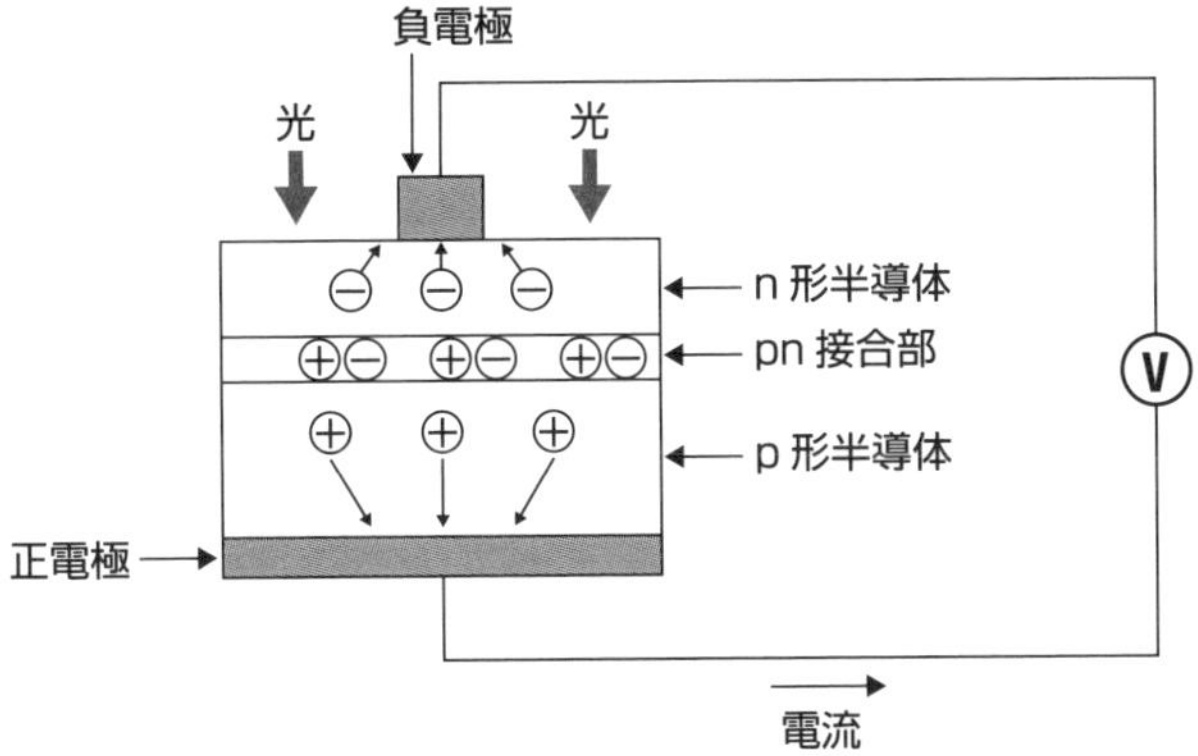

メガソーラーシステムの基本構成

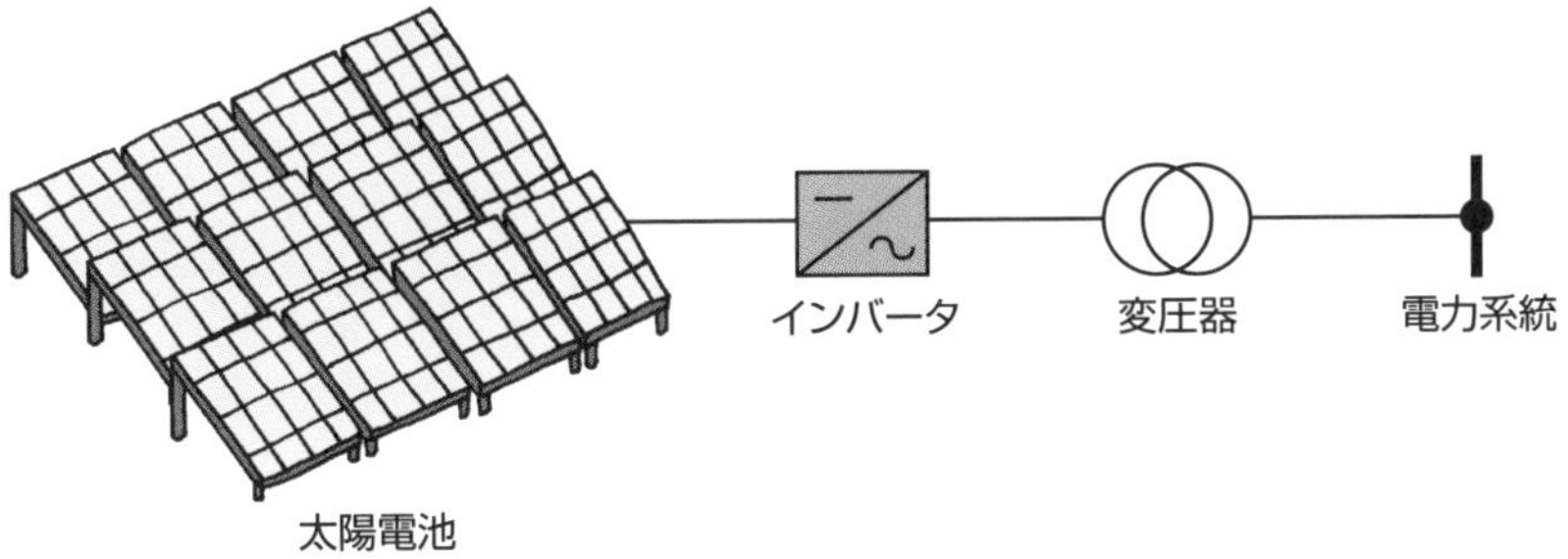

小規模太陽光発電システム

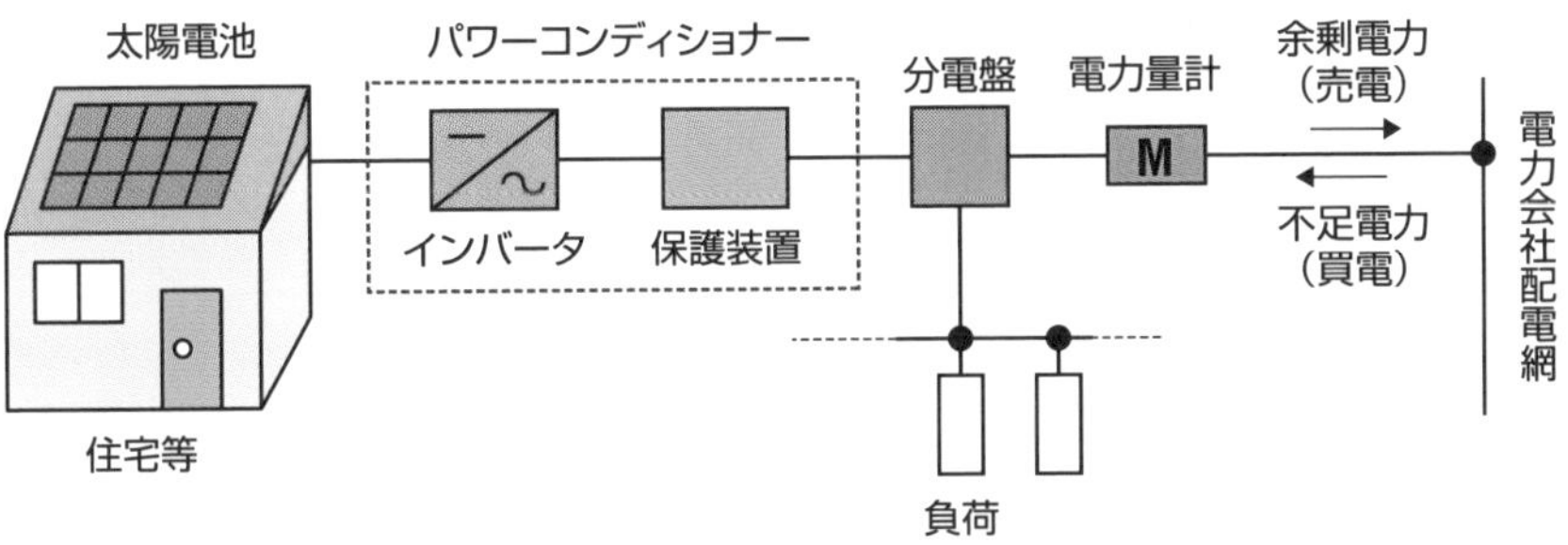

22 これから太陽光発電を増やしていくためには

狭い国土での対応策

わが国における太陽光発電の現状としては、すでに国土面積当たりの設備導入容量は世界一となっており、現在では再生可能エネルギーの主力となっています。累積導入量においても世界第3位となっています。一方、太陽光設備を設置する適地が減ってきているのに加え、買取価格の引き下げもあって、今後の導入拡大が難しくなってきています。そのため、最近では、新築住宅に太陽光発電装置を設置することを義務付ける地方自治体も出てきていますので、そういったニーズにも合わせられる、軽量で柔軟性のある太陽電池の必要性も高まっています。そういった点で、ペロブスカイト太陽電池の開発が注目を浴びています。ペロブスカイト太陽電池は軽量で発電効率も高く、製造コストが安く、レアメタルなどの資源の制約もないため、有望な発電素子素材として注目されています。しかし、耐久性などの点で課題が残っていますので、今後の開発の加速化が期待されています。

一方、わが国の国土は狭いので、新規に大規模な太陽電池発電所を計画するのが難しい状況となってきており、新たな開発に反対する地域も出てきています。そういったなか、注目をされているのが営農型太陽電池発電です。作物によっては、過剰な太陽光の照射は望ましくないものもあります。そのような作物に対して、隙間を開けた太陽電池屋根を設置し、健全な農業を維持しながら、エネルギーも生み出すという、「ソーラー・シェアリング」を農林水産省も推薦しています。

また、農業においては、従事者の高齢化や耕作放棄地の問題も生じています。そういった中、農業とエネルギー産業のハイブリッド化で収入を増加させることにより、若い人の農業参入を促して、持続可能な農業を実現していこうという活動です。これによって、地方の活性化とともに、都市へのエネルギーの安定供給も実現できるようになります。

要点BOX
- ●国土面積当たりの設備導入容量は世界一
- ●新しい太陽電池の開発が望まれている
- ●農業とのソーラー・シェアリング

各国の太陽光導入容量（2020年実績）

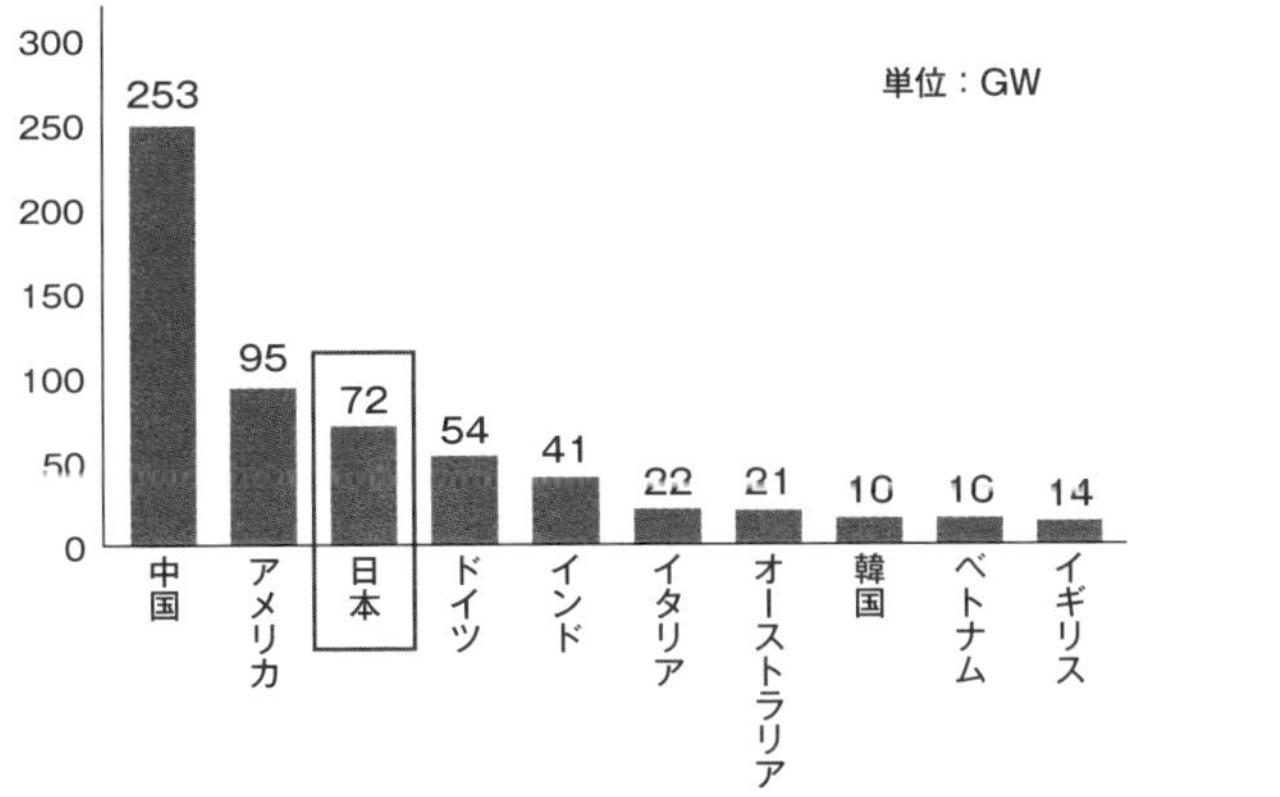

出典：資源エネルギー庁

ペロブスカイト太陽電池

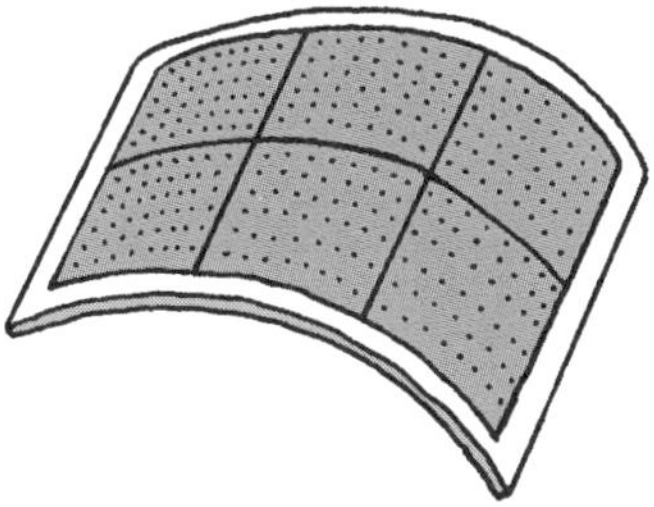

長所	製造コスト安価 軽量 柔軟性 レアメタルを使用しない
短所	耐久性が低い 大面積化困難

ソーラー・シェアリング農業

透過率50%

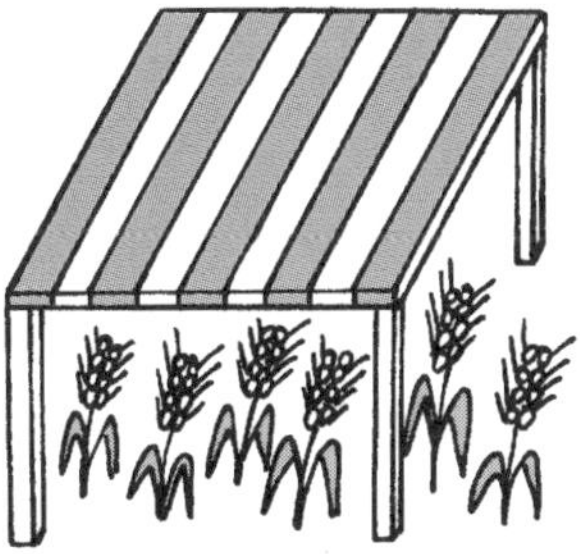

有機栽培大麦小麦

一本足太陽光ユニット

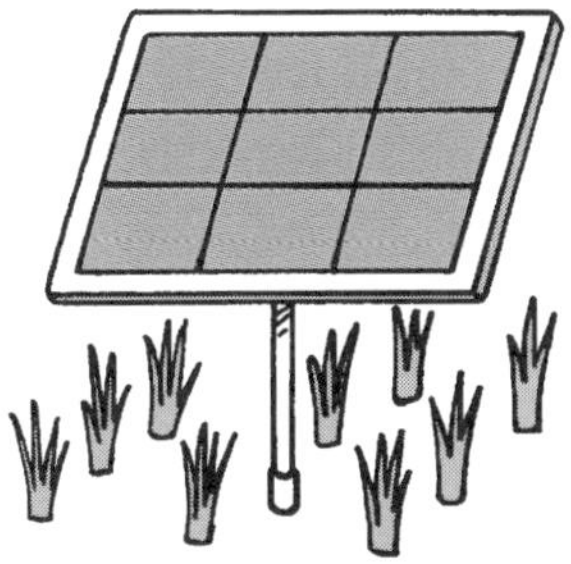

水稲

23 海の中にも活用できるエネルギーはある

海洋国家における国産エネルギー

わが国は日本は海に囲まれた国であるため、海とのかかわりはこれまでも深いといえますが、これまではエネルギー資源としては活用されていませんでした。しかし、日本の200海里水域は国土の約12倍もありますので、海洋エネルギーは豊富に存在する国産エネルギー資源といえます。海洋エネルギーとはいっても、エネルギーを得る手段には多くの方法があります。なお、海洋エネルギーの共通した特徴として、エネルギー密度が低い点や、塩害に対する設備の維持管理が難しい点などがあります。ただし、エネルギー変換の方法はどれも簡単な仕組みでできますし、海洋は膨大な量のエネルギーを保有していますので、資源が少ない日本にとっては、魅力あるエネルギー源といえます。

(1) 海潮流発電

海潮流発電は、海流や潮流などの海の中で起きている海水の直線的な運動エネルギーを、海中に設置したプロペラなどの回転体を使って回転運動にして、それを電気エネルギーに変換します。基本原理としては風力発電と同様ですので、海水の流速の3乗に比例したエネルギーが得られます。

(2) 波力発電

波力発電は、波浪の持つ位置エネルギーや運動エネルギーを電気エネルギーに変換します。発電に用いる波は、風によって生じる重力波です。発電方法は、波の上下運動によって空気の往復運動を起こし、それを回転運動にかえる空気タービンなどを用いて発電機を回転させ、電気を発生させます。

(3) 潮汐発電

潮汐発電は、周期的に起きる海面の干満(上下動)に伴う運動エネルギーを利用する方式で、干満の差が大きな入り江などが好立地となります。エネルギー変換には水車が用いられます。エネルギー変換の原理は、水力発電と同様で、有効落差が水頭差に変わっただけと考えればよいでしょう。(次項に続く)

要点BOX
- ●海潮流発電の原理は風力発電と同じ
- ●波力発電では空気タービンなどを利用する
- ●潮汐発電の原理は水力発電と同じ

海潮流発電

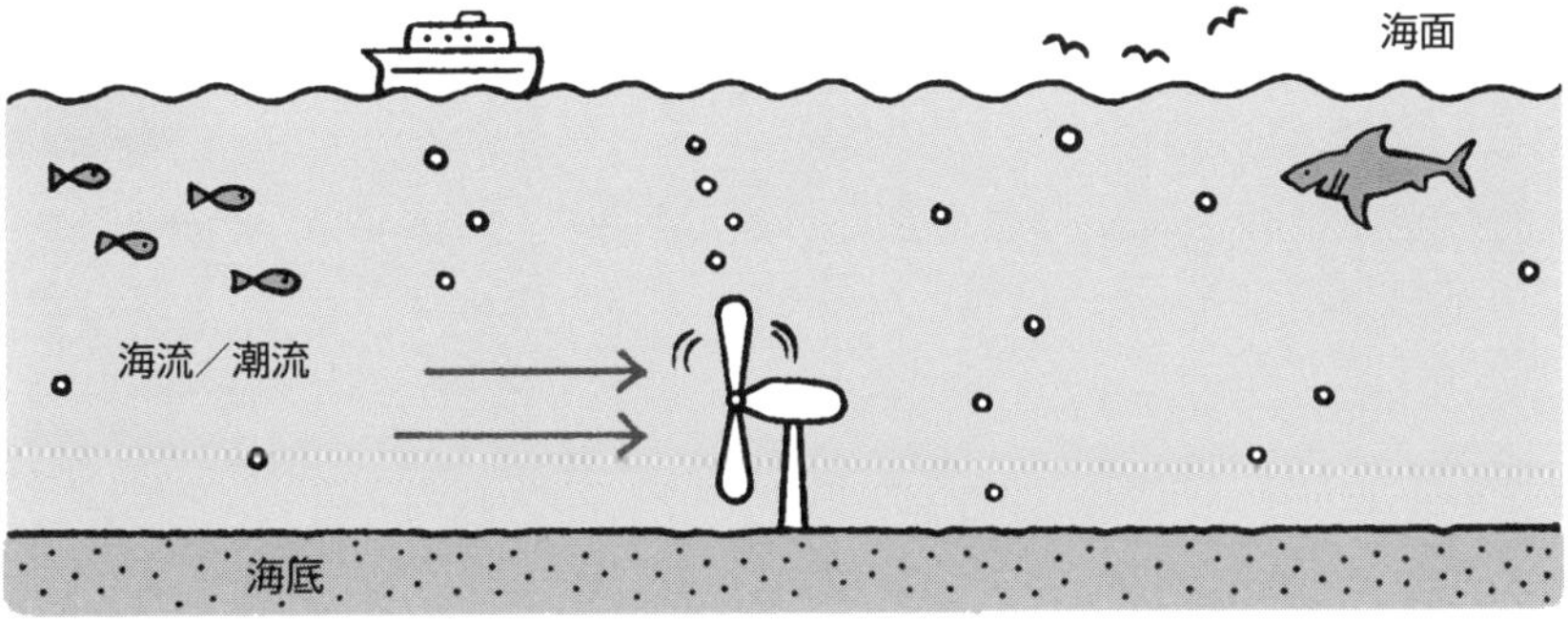

$P = \frac{1}{2}\rho V^3$[w/m^2]　ρ：海水密度[kg/m^3]，V：海流・潮流の流速[m/s]

波力発電

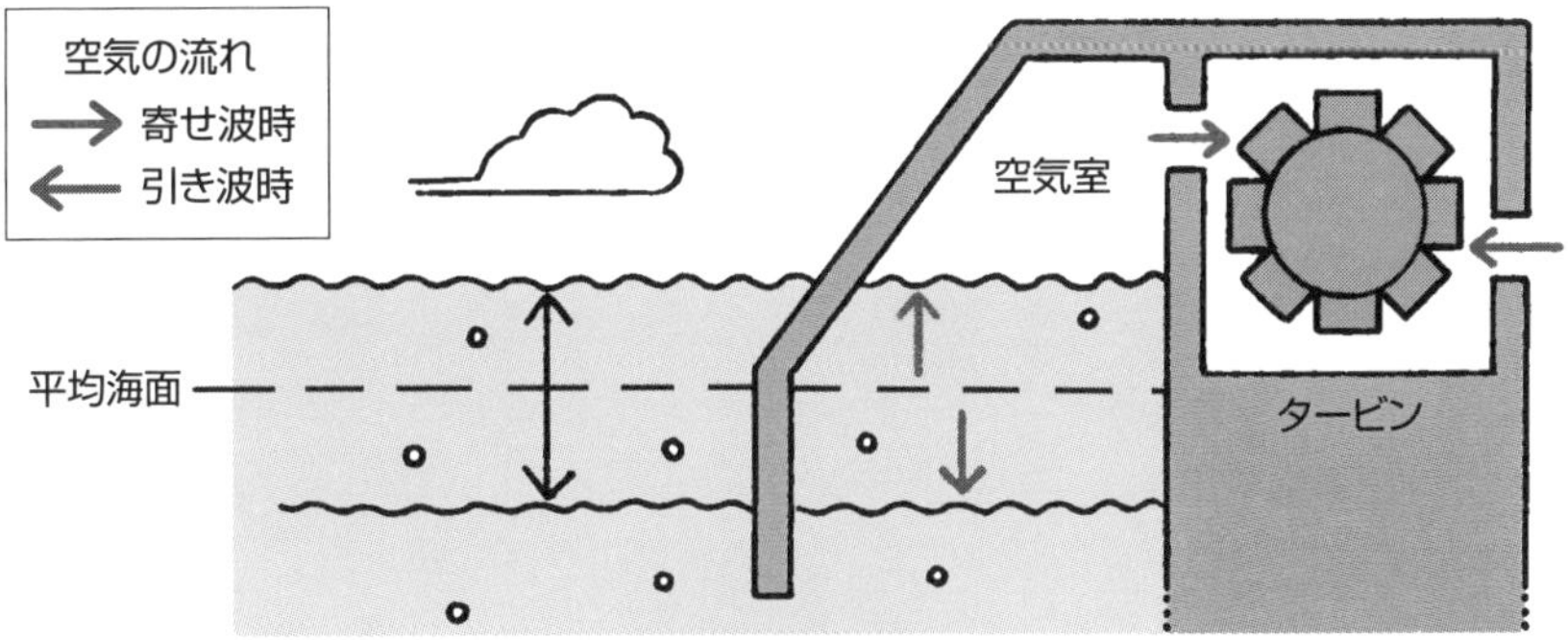

潮汐発電

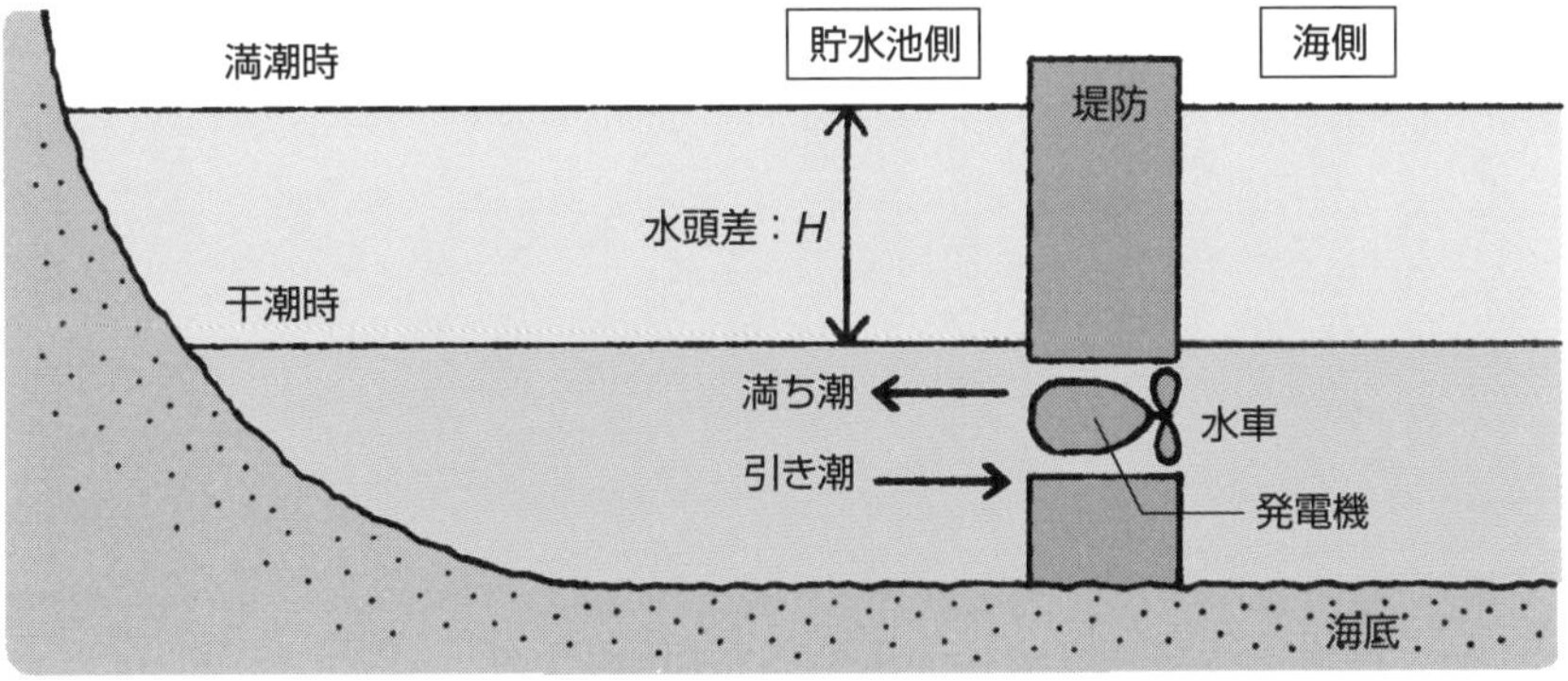

$P = 9.8GH$[kW]　G：海水流量[m^3/s]，H：水頭差[m]

24 海水や海底にあるエネルギー源とは

天然資源の徹底活用術

(4) 海洋温度差発電

海水は深度によって温度が変化します。その鉛直方向の温度差を利用してエネルギーを作り出すのが海洋温度差発電になります。具体的には、海の表層水の温度は25℃前後であり、深層水の温度は５℃前後ですので、20℃程度の温度差が利用できます。エネルギー変換の方式としては、沸点の低い熱媒体を用いたクローズドランキンサイクルを使う方法や、ゼーベック効果を用いて熱電変換を起こす方法などがあります。

(5) 塩分濃度差発電

海水は塩分を含んでいますが、その塩分濃度は場所によって違っています。その濃度差を利用して、浸透圧や蒸気圧によって発電を行うのが塩分濃度差発電になります。平均海水の塩分濃度は約35%ですが、河川水の塩分濃度は０%ですので、河口付近が最も濃度差が大きく好立地となります。

(6) その他のエネルギー資源

わが国の排他的経済水域内には、海底熱水鉱床などの電池やモーターなどに不可欠なレアメタルなどの鉱物資源がとれる鉱床等があります。特に南鳥島周辺には、コバルトやニッケルなどを多く含むコバルトリッチクラストや、希土類を含むレアアースが堆積したレアアース泥などがあります。これらは、モーターなどの省エネルギー化を図るために必要な鉱物ですし、電気自動車や電力貯蔵には欠かせない蓄電池の材料となります。将来的には、レアメタルの争奪戦も想定されることから、重要な資源といえます。

また、海水中には、1リットル中に約3μgのウランが溶存していますので、地球上の海水には4×10^9トンのウランが溶存している計算になります。それを吸着剤等で回収し、原子力発電の燃料として利用しようという計画があります。この他に、海洋バイオマス発電や海底地熱発電なども計画が検討されています。

要点BOX
- ●深度の違いによる温度差で電気を作る
- ●海水塩分の濃度差を利用して電気を作る
- ●深海には鉱物資源が眠っている

海洋温度差発電（クローズドランキンサイクル）

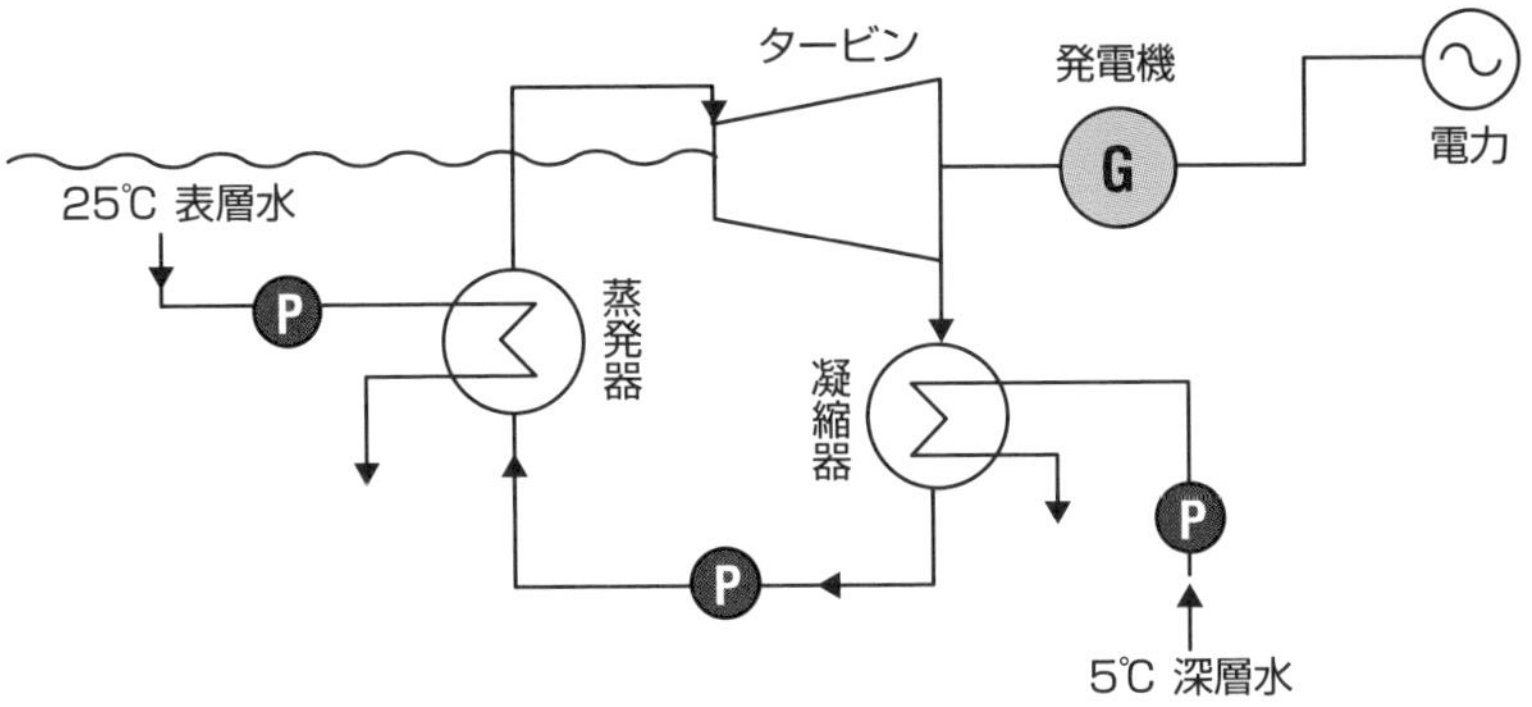

塩分濃度差発電

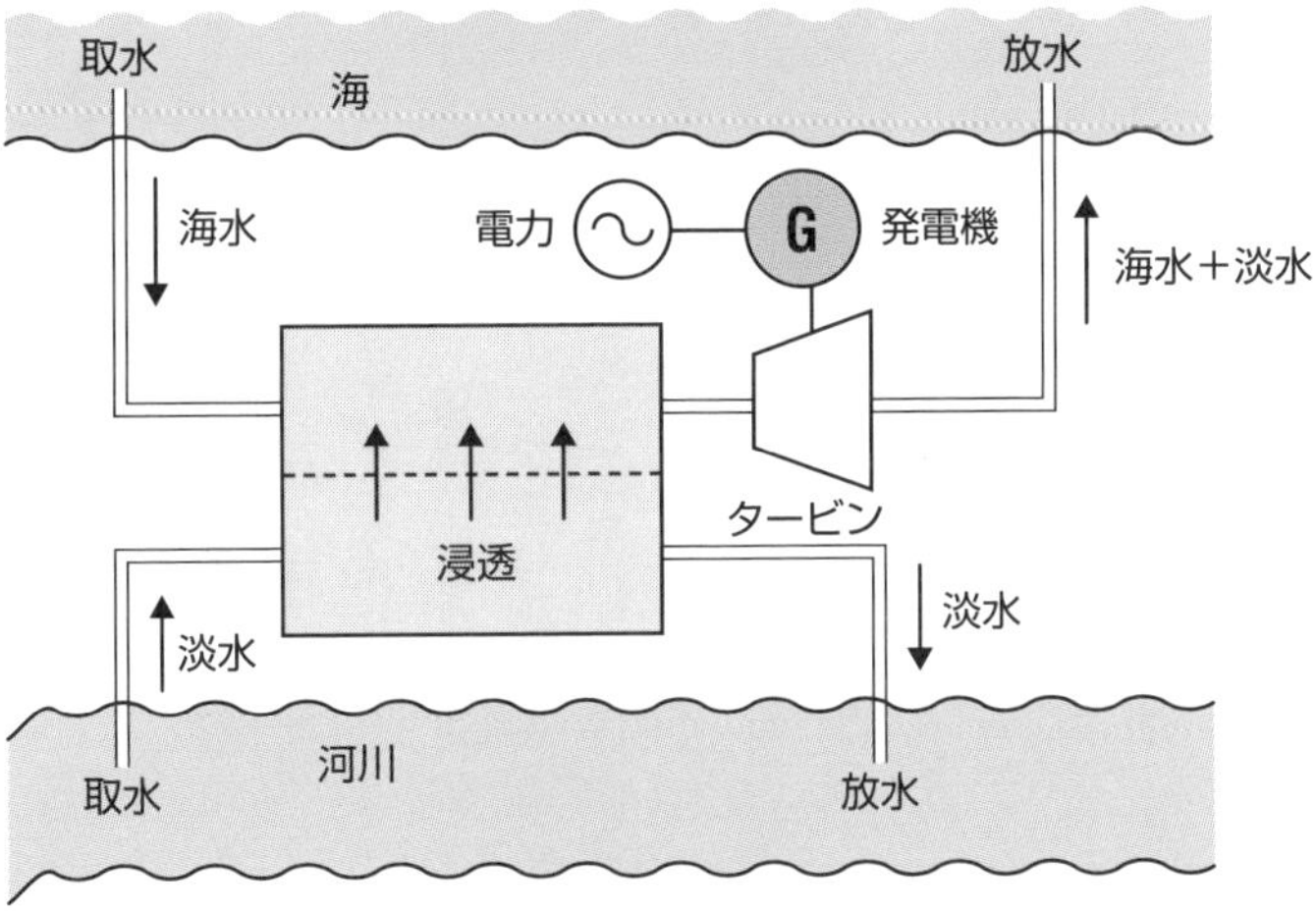

海底鉱物資源

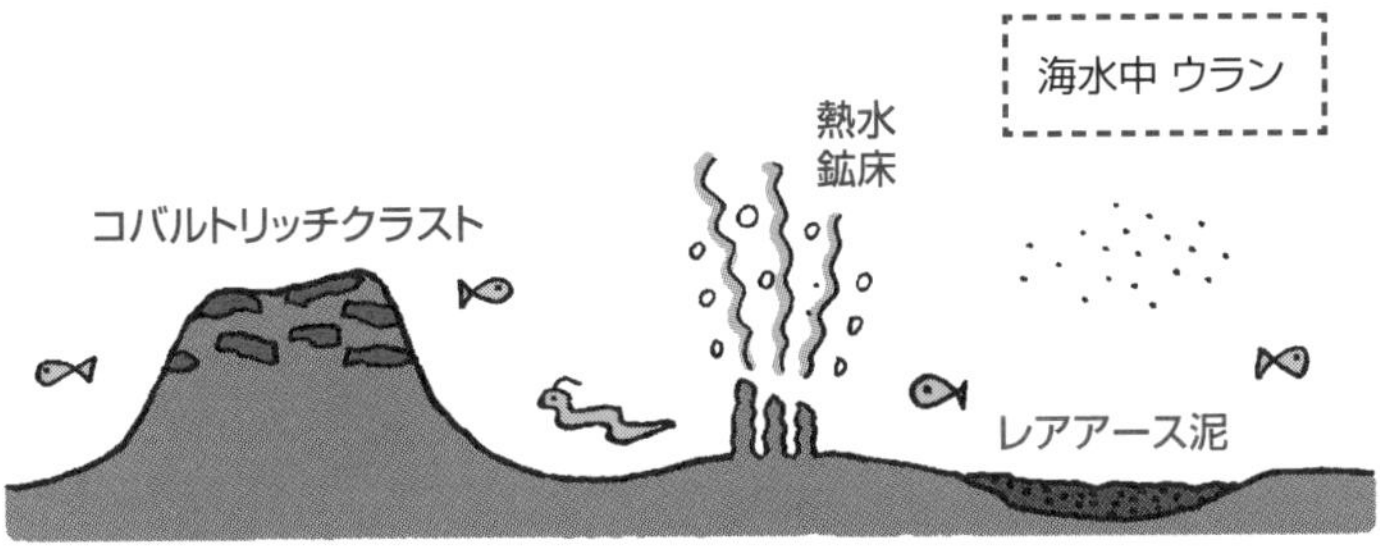

25 電力を安定的に供給するために

エネルギーミックスの今後

個々の電源設備にはそれぞれが持つ特徴があります。それらの特徴を生かしながらこれまで電源構成は考えられてきました。具体的には、それぞれの電源を次の3つのグループに分けて、組み合わせて活用する手法がとられてきました。

(1) ベースロード電源

発電コストが廉価で、昼夜を問わず稼働できる電源です。具体的には、原子力発電、石炭火力発電、一般水力発電、地熱発電が担ってきました。

(2) ミドル電源

発電コストがベースロード電源の次に廉価で、電力需要の変動に応じた出力変動が可能な電源です。具体的には、天然ガス火力発電やLPガス火力発電が担ってきました。

(3) ピーク電源

発電コストは高いですが、電力需要の変動に応じた出力変動が容易な電源です。具体的には、石油火力発電や揚水式水力発電が担ってきました。

2030年の電源構成は、左頁下段の表のように、発電が不安定な再生可能エネルギー比率が高まります。一方、廉価で安定した電源であった石炭火力発電や石油火力発電は全廃の方向にありますので、これまでのようなエネルギーミックスの考え方はとれなくなります。さらに、わが国においては、ベースロードを担っていた原子力発電の再稼働が進んでいないこともあり、安定的な発電が行える電源が不足してきます。

そのため、発電が安定しない傾向が強い再生可能エネルギーを効率よく使っていくために、電力システムとしては、新たな技術や仕組みが必要となる点は認識する必要があります。それは発電設備だけで実現できるものではなく、電力システム全体としてはもちろんですが、需要家の電力利用の考え方や所有する施設の電気設備の構成までも変える必要がある変化といえます。

要点BOX
- ●これまでのエネルギーミックス策は使えない
- ●再生可能エネルギーをうまく使う工夫が必要
- ●需要家まで影響が及ぶ変化が生じる

エネルギーミックス

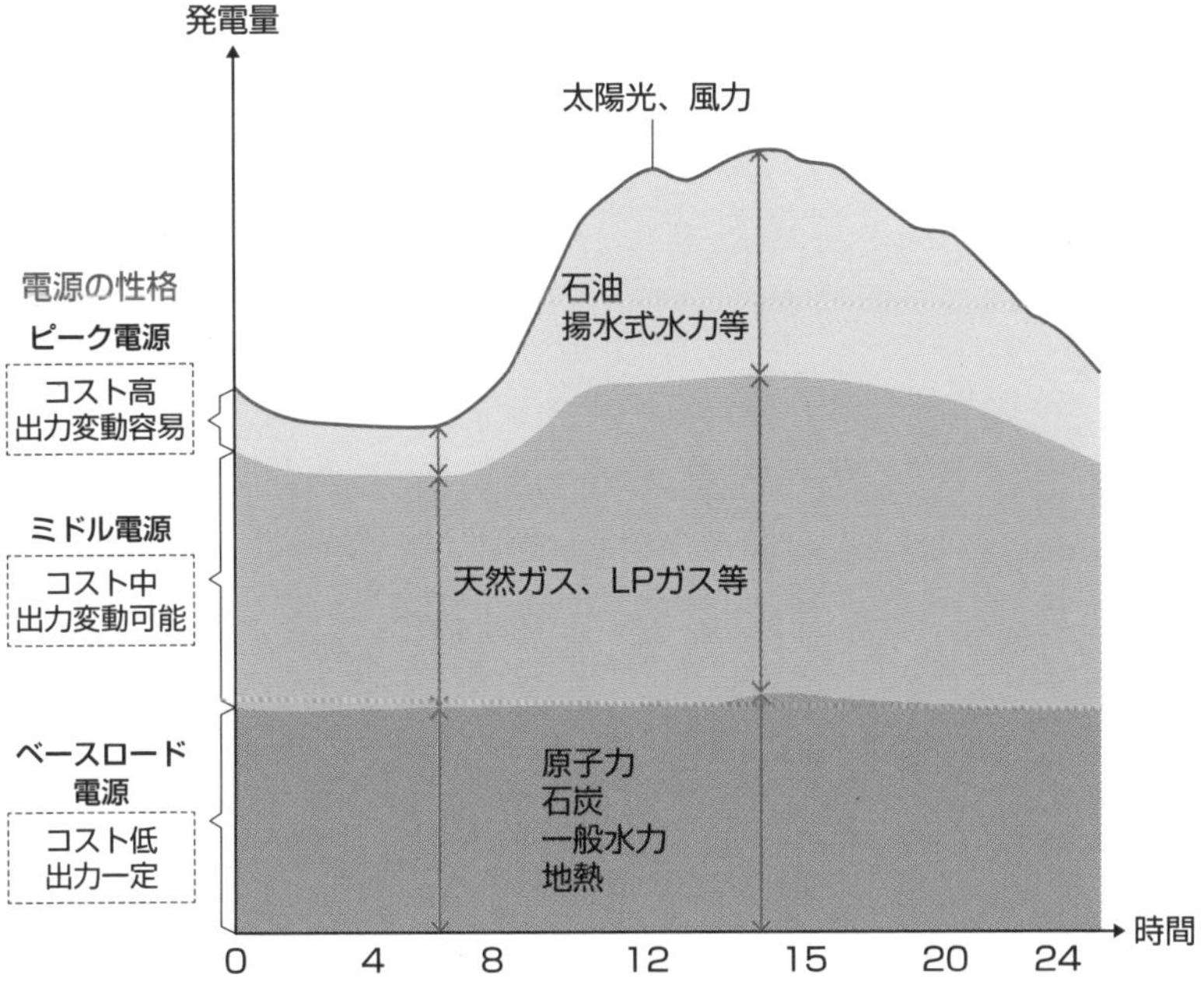

出典：エネルギー供給対策における取組（経済産業省）

電源構成比率の変化

電源	2020年度	2030年度
再生可能エネルギー	19.8%	31～33%程度
水力	7.8%	5%
原子力	3.9%	20～22%程度
LNG火力	39.0%	20%程度
石炭火力	31.0%	19%程度
石油火力	6.4%	2%程度
水素･アンモニア	0%	1.0%

出典：2020年度：エネルギー白書2022（資源エネルギー庁）、
2030年度：2030年度におけるエネルギー需給の見通し（資源エネルギー庁、令和3年10月）

Column

洋上風力産業拠点による地方再生の実現

大規模な浮体式洋上風力発電ファームが実現すると、それらの風車を長期的にオペレーション&メンテナンスする必要が生じます。洋上風力発電設備は、構成機器や部品点数が数万点と非常に多く、適切にオペレーション&メンテナンン行うためには、施設全体を管理するための多くの技術と企業の集約が求められます。技術的には、電気工学の技術が必要なだけではなく、海洋土木や構造力学の知識も必要となります。それに加えて、制御工学や気象学、海洋工学の知識が必要となります。さらには、広大な海域に分散する風車に出向くためには、船舶工学の知識や船舶の操縦技術も必要となります。

当然、設置前の大きな風車を仮置きできる作業場に加え、沖合に運ぶための半潜水型スパット台船の係留場所も必要となります。なお、部品点数が数万点ということは、風車の定期点検等や修理で必要な部品を供給できるための資材供給会社や部品を加工できる中小企業の工場なども、同じエリアに集約する必要がありますので。そういった点でサプライチェーンの確立も欠かせません。

それだけではなく、新たな製品の開発を行うための研究所や大学などの施設も必要となりますし、オペレーションやメンテナンスをする人たちの研修訓練施設も欠かせません。そういったさまざまな技術を持った企業や、業務をこなせるスキルを持った人達が集まる結果、その近くには家族が生活できる街が必要となります。当然、市民の生活に必要なショッピングセンターや銀行、子供たちの教育施設も必要となってきますので、1つのコミュニティを作ることになります。

わが国で洋上風力発電が現在計画されているエリアは、九州、東北、北海道地域であり、海上で一定の風速が得られ、一定規模の港湾が整備できる地域です。そういった地域は、まだ都市化されていませんので、新たな都市を計画するつもりで、将来を見据えた視点での計画が必要です。

現在、世界で稼働している大規模な洋上風力ファームでは、人材の確保が問題となっています。そういった点で、単に浮体式洋上風力発電の設備を計画するだけではなく、洋上風力産業拠点としてのまちづくりを合わせて計画していかなければなりません。こういった点からは、洋上風力発電ファームは、地方を再生する大きな起爆剤となると考えられます。

第4章

電気を需要地まで安定して届けるために

26 日本の送電設備における課題

串団子形連系と2つの周波数利用

水力発電所は、山間部の谷間に建設され、原子力発電所は人が多く住む都市から遠い地域の臨海部に建設されます。このように、発電所の中には人が集中する地域からは離れた場所に計画されるものが多くあります。一方、電気が大量に使われる場所は人口密集地域や産業都市などです。そのため、発電場所から需要場所まで電力を送る必要が生じますが、その機能を担うのが送電設備になります。

送電設備は、自然の脅威にさらされる環境に設置されるため、災害等によって一部で不具合が発生した場合にも電気が送れるよう、迂回路を計画しなければなりません。そのため、電力送電は網目形状で計画されています。ただし、日本の場合には、歴史的に特殊な事情から、東日本では使用する周波数が50Hz、西日本では60Hzと2つの周波数を使っています。これは明治時代に東京の電力会社がドイツ製の発電機を、関西ではアメリカ製の発電機を導入したためで、その状況が現在まで続いています。

また、日本列島は南北に長い地形をしているだけではなく、大きく4つの島からできていますので、理想的となる網（ネット）状の電力網が構築できないという地理的な条件を抱えています。その結果、特定地域の電力網が団子のようになり、海峡部分や周波数変換所の部分が串のようになった、串団子の形状をしています。このため、地域の電力網同士が相互に依存しにくいという欠点があります。

なお、電気は発電所で発電されてすぐに高い電圧に昇圧されます。一方、需要家には使用に適した電圧があります。一般の消費者の場合には、100Vや200Vという低い電圧を使いますので、需要家に届く前にはそれぞれの希望する電圧に下げていく必要があります。そのため現状の送配電網は、ちょうど山の高いところから低いところに川の水が流れるかのような状態で、電力が流されていく形になっています。

要点BOX

- ●日本では2つの周波数を使っている
- ●電気は電圧を高くして段階的に下げながら送っている

日本の電力幹線概念図

15.4〜50万V送電線
直流送電線
北海道電力
50Hz
函館変換所
北斗変換所
今別変換所
直流送電
上北変換所
東北電力
50Hz
北陸電力
60Hz
関西電力
60Hz
中国電力
60Hz
FC1
FC2
東京電力
50Hz
FC3
FC1：新信濃周波数変換所
FC2：佐久間周波数変換所
FC3：東清水周波数変換所
中部電力
60Hz
九州電力
60Hz
四国電力
60Hz
紀北変換所
直流送電
阿南変換所
沖縄電力
60Hz

電力送配電網の概念図

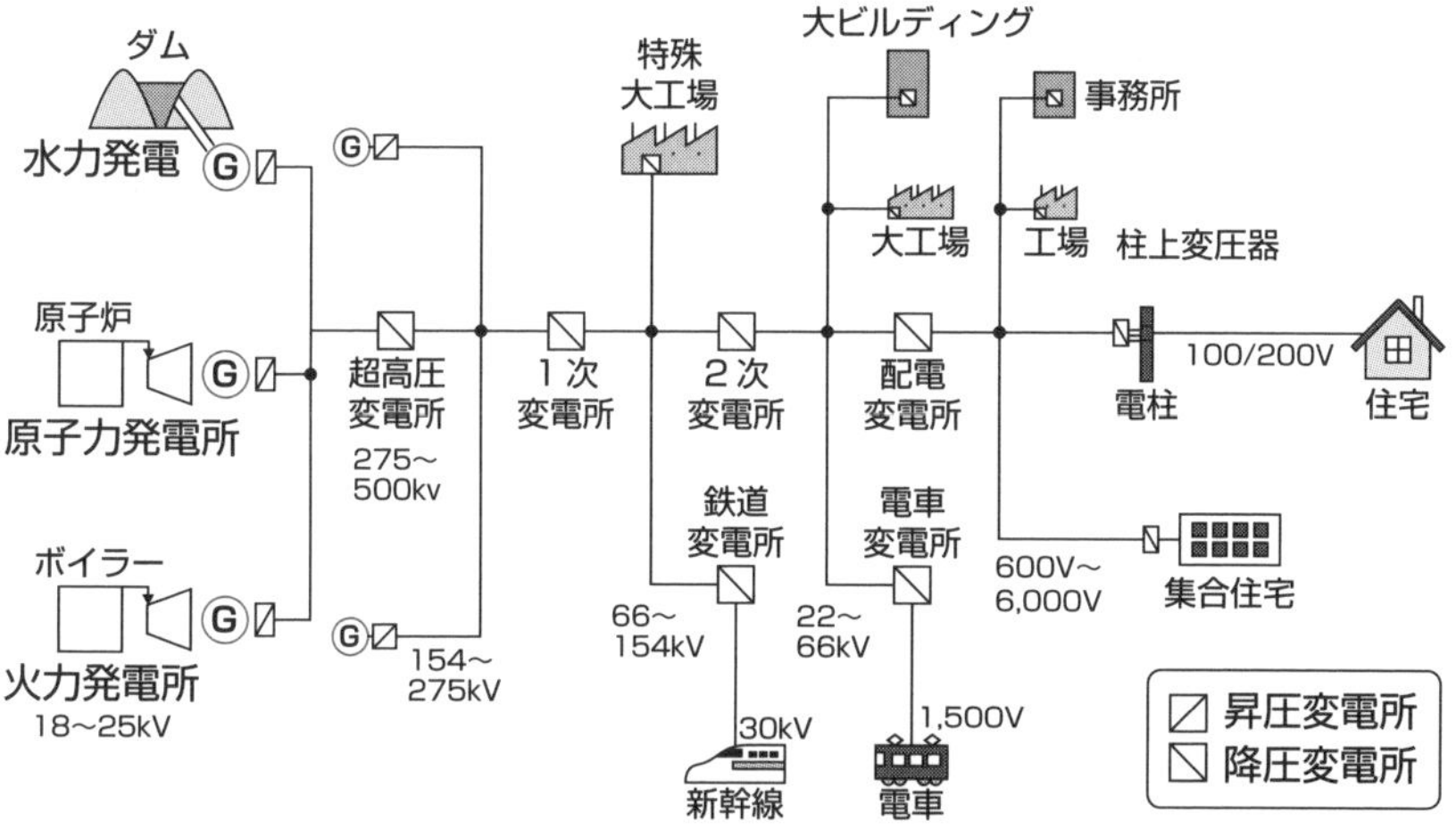

ダム
水力発電
原子炉
原子力発電所
ボイラー
火力発電所
18〜25kV
超高圧
変電所
275〜
500kv
154〜
275kV
特殊
大工場
1次
変電所
2次
変電所
鉄道
変電所
66〜
154kV
30kV
新幹線
大ビルディング
大工場
配電
変電所
電車
変電所
22〜
66kV
1,500V
電車
事務所
工場
柱上変圧器
600V〜
6,000V
集合住宅
電柱
100/200V
住宅
昇圧変電所
降圧変電所

27 送電する際には送電損失が発生する

送電損失と電圧降下を少なくする

電気を遠くから送電する際に高い電圧に昇圧しますが、どうして高い電圧に上げるのかをここで説明しておきましょう。3項でも説明したとおり、電力は抵抗値に電流の二乗を掛けたものとなります。それは電力損失の計算をする場合も同様ですので、送電線の抵抗で損失する電力も抵抗値と電流値から計算できます。ここで具体的に、電圧の違いによってどのくらい電力損失が変わるかをみてみましょう。左頁中央のアルミ合金より線を使った送電の例を見てください。この場合には電圧を10倍に上げていますので、損失は100分の1になっています。

送電線の導体に使われる銅やアルミニウムなどは比較的電気抵抗率が低い材料ですが、都市圏から離れた場所に設置されている発電所の場合には、需要地までの送電距離は数百km規模になります。そのため、1本の送電線全長の抵抗値は結構大きくなります。そういった送電線の抵抗で消費される電力が電力損失となり、その損失は熱となって空気中に放出されます。しかも、日本全土に設置された送電線の本数は多く、総延長距離も長いために、送電網全体での損失は送電する電力の5%近くにもなります。

また、送電線の抵抗で損失が発生すると、受電端では送電端よりも電圧が下がるという現象が起きます。それが電圧降下です。ですから、送電線を計画する場合には、この電圧降下を加味しなければなりません。しかも、前項の「電力送配電網の概念図」でも説明したとおり、電力会社は需要家側で規定された標準電圧に調整して電力を渡さなければなりません。

このように、送電する場合には、電力の損失を抑えるために高い電圧に昇圧して、電流値をできるだけ小さくして送電しています。また、送電で使われる電圧が電力会社によって違っていると不便ですので、標準電圧が規定されています。標準電圧としては、公称電圧と最高電圧が定められています。

要点BOX
- ●送電線では必ず損失が発生する
- ●損失を少なくするため電圧を高くして送電する
- ●送電では電圧降下が生じる

送電損失と電圧降下

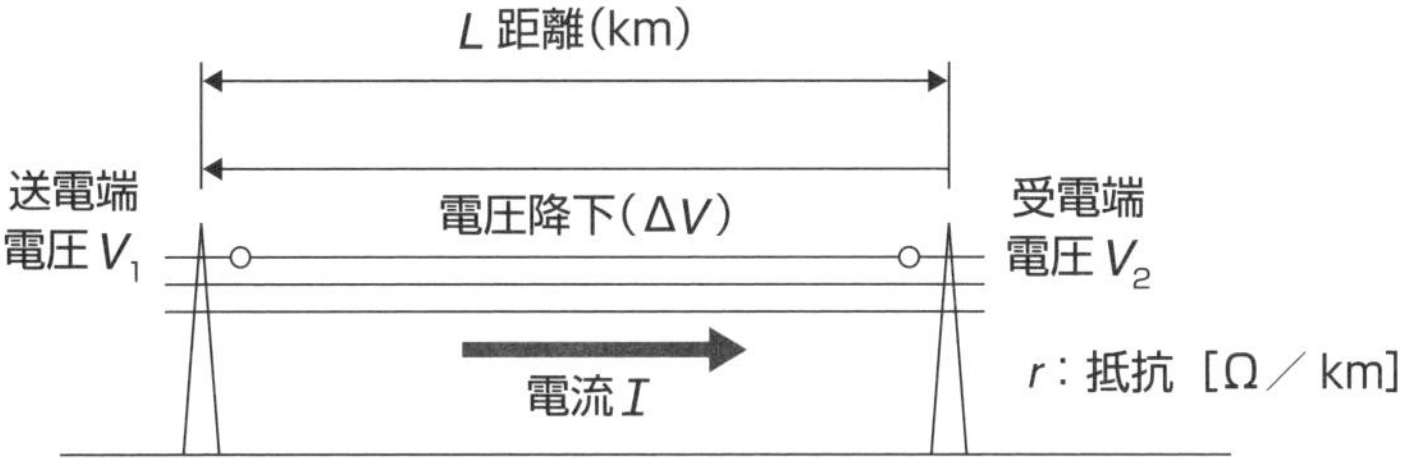

電圧降下　$\Delta V = V_1 - V_2$
全体抵抗　$R = r \times L$
電力損失　$\Delta W = R \times I^2$
送電する電力　$W = V \times I$ であるので
電圧 V を大きくすると、電流 I は小さくなり、ΔW も小さくなる。

アルミ合金より線による送電の例

電気抵抗(例)：0.05[Ω／km]
送電距離　：200km
電気抵抗　＝ 0.05 × 200 ＝ 10[Ω]
発電電圧　：22kV
発電容量　：220MW　のとき
22kV で送電すると　220[MW]／22[kV]=10,000[A]
220kV で送電すると　220[MW]／220[kV]=1000[A]
損失
22kV 送電時　：10[Ω] ×（10,000[A]）^{2}=1.0×10^9[W]
220kV 送電時：10[Ω] ×（1,000[A]）^{2}=1.0×10^7[W]（100 分の 1）

公称電圧と最高電圧

公称電圧	最高電圧	公称電圧	最高電圧
3.3 kV	3.45 kV	110 kV	115 kV
6.6 kV	6.9 kV	154 kV	161 kV
11 kV	11.5 kV	187 kV	195.5 kV
22 kV	23 kV	220 kV	230 kV
33 kV	34.5 kV	275 kV	287.5 kV
66 kV	69 kV	500 kV 2種類の最高電圧採用	525 kV
77 kV	80.5 kV		550 kV

28 周期的な変化をする交流を使った送電

送電の主流である交流送電

電力系統において用いられる電気方式には、大きく分けて交流方式と直流方式があります。交流方式は、電流の0［A］点を周期的に通過する波形を持った電気方式で、正弦波波形をしています。交流には1秒間に波形が繰り返される回数を示す周波数があり、50Hzと60Hzが世界的に用いられています。交流電力が広く用いられるようになったのは、交流は電圧を変換するのが容易だからです。ただし、交流の場合には、電圧と電流の間に位相差を生じる場合が多くあります。そのため、電力と呼ばれているものには、次の3つがあります。

①有効電力
　実際の仕事に役立つ電力で、電流と電圧の積に力率を乗じたもの。

②無効電力
　実際には仕事をせず、熱消費も伴わない電力。

③皮相電力
　電圧の実効値とそのときの電流の実効値の積。

なお、家庭で用いられている交流は2本の電線を用いる単相交流方式が主流ですが、送電においては三相交流が用いられています。三相交流というのは、周波数が同じで位相が120度ずつずれている交流が重なり合っているものと考えればよいでしょう。三相交流が使われている理由は、同じ電力を送る場合に、単相方式に比べて電線の総量が少なくなり、電圧降下も少なくなるからです。

送電電圧を上げると送電損失が少なくなるという点を前項で示しましたが、最大級の500kV送電でも送電電力には限りがあります。その対策としては、送電ルートを多数計画すればよいのですが、狭く縦長な日本では、それが難しいのが現状です。そのため、最近ではさらに電圧が高いUHV（Ultra High Voltage）送電として、1000kV級送電線も用いられています。

要点BOX
- ●有効電力・無効電力・皮相電力の違い
- ●三相交流を用いた送電方式が主流
- ●交流方式には単相交流と三相交流がある

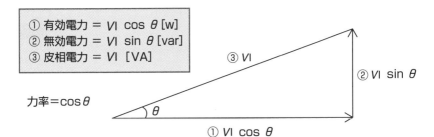

交流電力

① 有効電力 = $VI\ \cos\ \theta$ [w]
② 無効電力 = $VI\ \sin\ \theta$ [var]
③ 皮相電力 = VI [VA]

力率＝$\cos\theta$

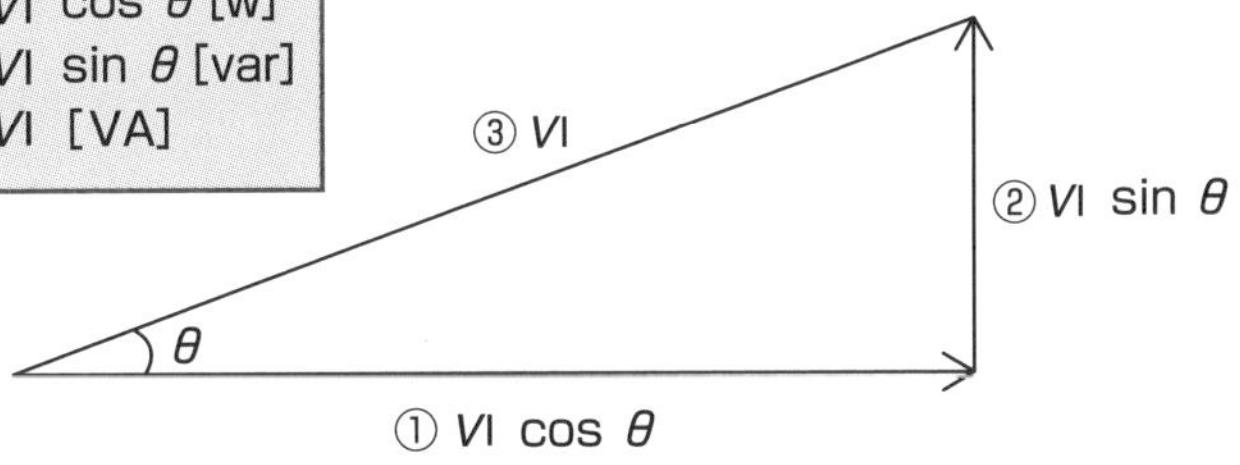

三相交流発電機(例)

固定子に
a-a
b-b
c-c
の3つの巻線を
配置したタイプ

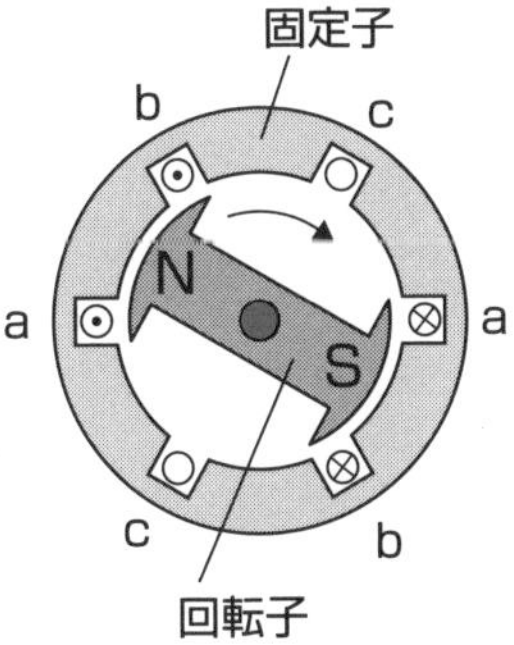

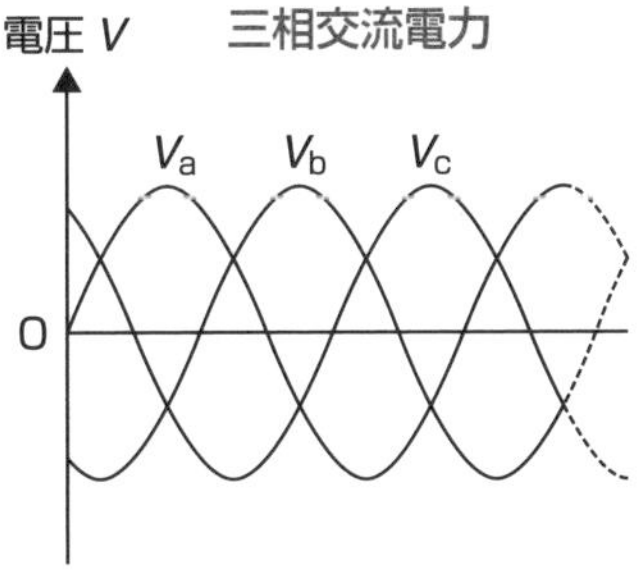

電気方式の比較

	単相2線式	三相3線式
送電電力	$VI\cos\theta$	$\sqrt{3}\ VI\cos\theta$
電圧降下	$2IR\cos\theta$	$\sqrt{3}\ IR\cos\theta$
電力損失	$2I^2R$	$3I^2R$
電線総量比較	100%	75%

29 電圧が一定の直流送電の特徴

長距離大容量送電に適した手法

明治20年（1887年）に東京電灯が浅草に火力発電所を設けて送電を行っていた際には、直流で電気が送られ電灯を点灯していました。直流送電は、現在、青森県―北海道間および和歌山県―徳島県間の海底送電で用いられている程度です。しかし、直流送電には多くの特徴がありますので、最近見直されてきています。直流送電は、次のような方式に分けられます。

(1) 単極大地帰路方式

単極大地帰路方式は単極構成で、帰路として大地や海水を利用しますので、導体数が少なく経済的に優れています。しかし、定格電流が大地や海水を流れますので、埋設された金属への電食や船舶の磁気コンパスへ悪影響を及ぼすだけでなく、通信線に電磁誘導などの障害が発生します。

(2) 単極導体帰路方式

単極導体帰路方式は単極構成で、帰路にも導体を用います。この方式では、一方の電路を片側の変換所で接地させ、もう一方の変換所では避雷器を介して開放しておきます。

(3) 双極大地帰路方式

双極大地帰路方式は双極構成で、一方の往路を正電圧、他方の往路は負電圧として、共通の帰路は中性点接地して大地を利用します。双極がバランスしていれば、中性点から大地には電流が流れませんので、電食などの問題は発生しません。しかし、アンバランスが生じた場合や片側の極が停止した場合には、電食などの問題が生じます。ただし、この方式は、片極の線路や変換装置の事故時でも送電を継続できます。

(4) 双極導体帰路方式

双極導体帰路方式は双極構成で帰路にも導体を用い、中性線を片側の変換所で接地させ、もう一方の変換所では避雷器を介して開放しておきます。この方式では、送電のアンバランス時や片側の極の停止時にも電食等の障害は発生しません。

要点BOX
- ●極数によって単極導体と双極導体がある
- ●帰路に導体を使う方式と使わない方式がある
- ●直流送電ではケーブルの条数が少ない

直流送電の特徴

長所	短所
・送電ロスが少なく大電力長距離送電に適している ・交流よりケーブル条数が少ないので建設費が安い ・ケーブル送電でも、充電容量や誘電体損失がない ・絶縁が交流の$1/\sqrt{2}$になり鉄塔が小型化できる ・周波数の違う電力系統の連系ができる ・電力潮流の高速制御が容易に行える ・帰路導線が省略できる ・短絡容量低減対策が必要ない	・高調波・高周波の障がい防止対策が必要である ・送受電端で交直流変換装置が必要となり費用がかかる ・交直流変換の際に無効電力を消費するので調相設備が必要となる ・直流遮断器がないので系統運用自由度が低い ・大地帰路では電食問題が発生する

直流送電の方式

(1) 単極大地帰路方式

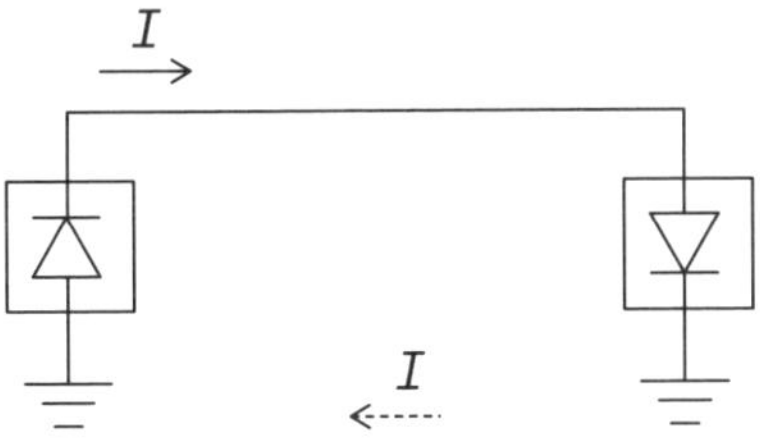

(2) 単極導体帰路方式

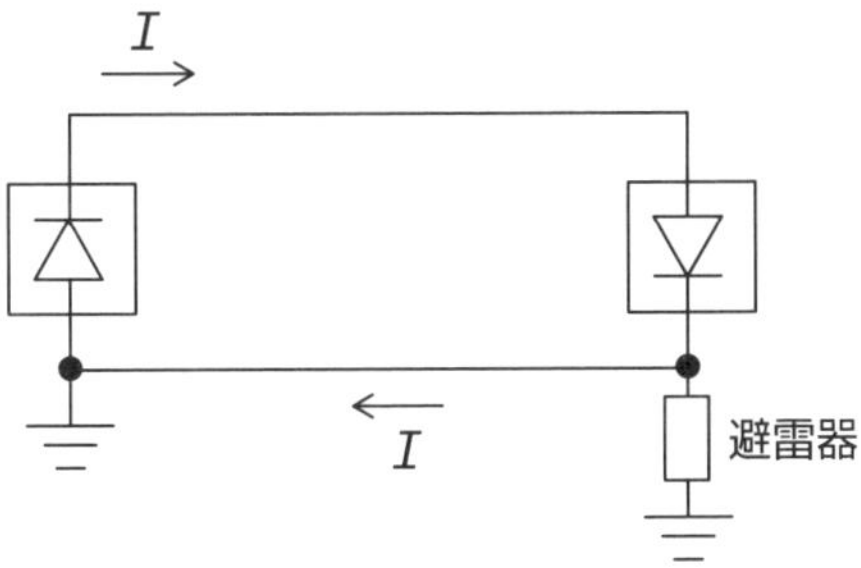

(3) 双極大地帰路方式

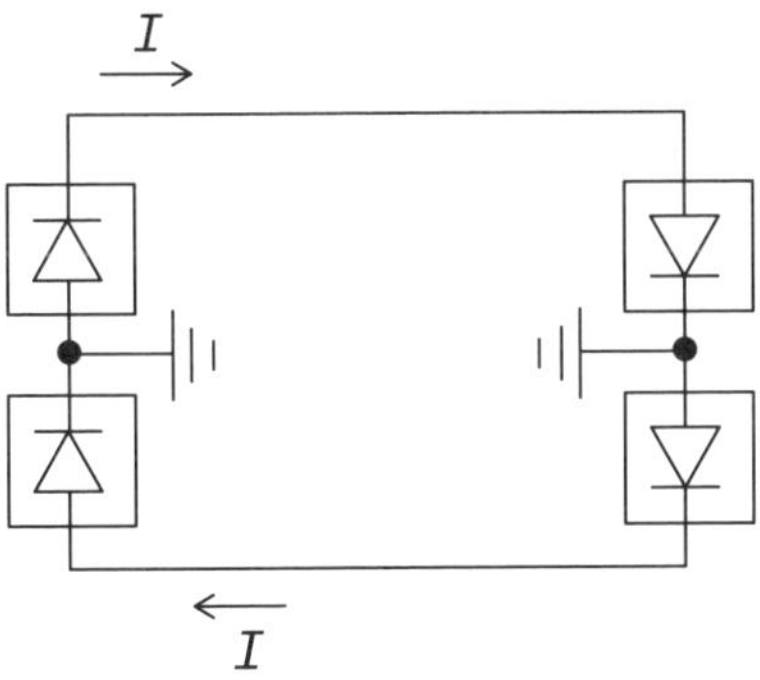

(4) 双極導体帰路方式

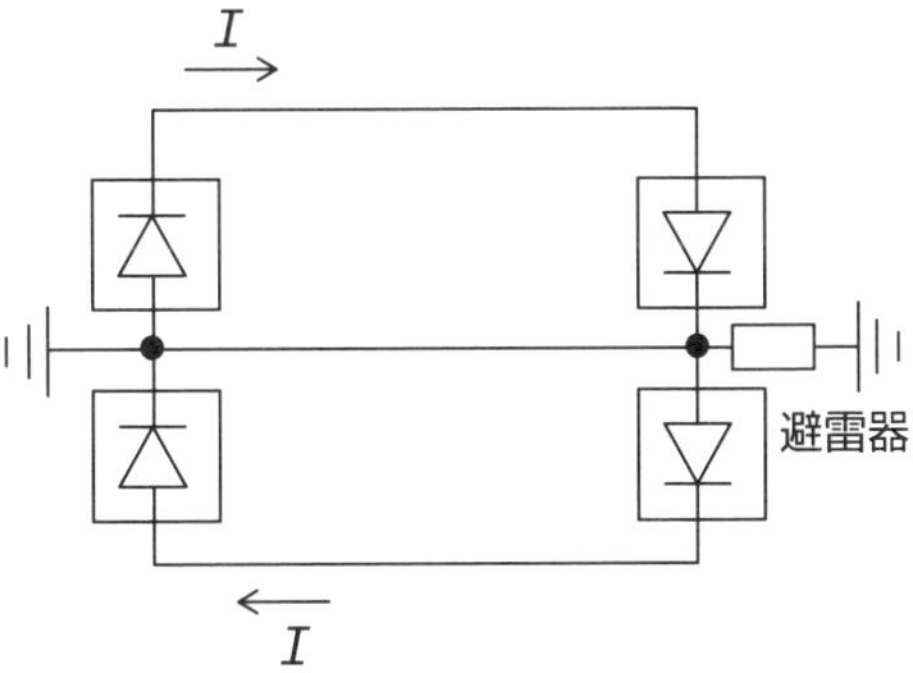

30 今後必要となってくる送電線

再生可能エネルギーファームと需要地を結ぶ

わが国の送電網が串団子形になっている点は26項で示しましたが、その弊害が現在顕在化しています。再生可能エネルギーの導入加速のために固定価格買取制度（FIT）が始まり、導入が容易な太陽光発電設備の設置が進みました。日射量が多い九州地区においては、季節によって太陽光発電による電力増加で需要量を上回る時間帯が生じています。同時間帯に首都圏では電力が不足しているにもかかわらず、九州地区の電力を送れないため、太陽光発電の稼働を一時停止する出力制御も行われています。

今後は、大規模風力発電の稼働が進められていきますが、そういった発電施設の好適地は、九州、東北、北海道になります。再生可能エネルギーの導入は計画的に進められていますが、結局それらを首都圏や近畿圏等の需要地に送れなければ、九州の太陽光発電の二の舞になってしまいます。それを避けるためには、再生可能エネルギー好適地と需要地を結ぶ大規模な送電線が不可欠です。それらは、長距離送電になりますので、新設の送電線としては直流送電が適しています。

一方、わが国では東西で50 Hzと60 Hzの周波数が使われているため、三か所の周波数変換所（FC）が設けられています。東日本大震災の際には、それらの容量が小さかったために、西日本で余力があったにもかかわらず、東日本に電力が送電できず、首都圏では計画停電という措置がとられ、多くの人々が電力のない時間帯を体験しました。その経験からそれらの周波数変換所の増設が行われましたが、今後、再生可能エネルギー由来の電力を有効活用するためには、さらなる増強が求められています。送電線の増強には多くの費用がかかりますので、それが電力料金に反映される結果となります。しかし、再生可能エネルギー主流時代において広域連系系統を実現するためには、避けられない施策となります。

要点BOX

●再生可能エネルギー主流時代における広域連系系統の実現
●周波数変換所の大幅増設は不可欠

送電線の増強

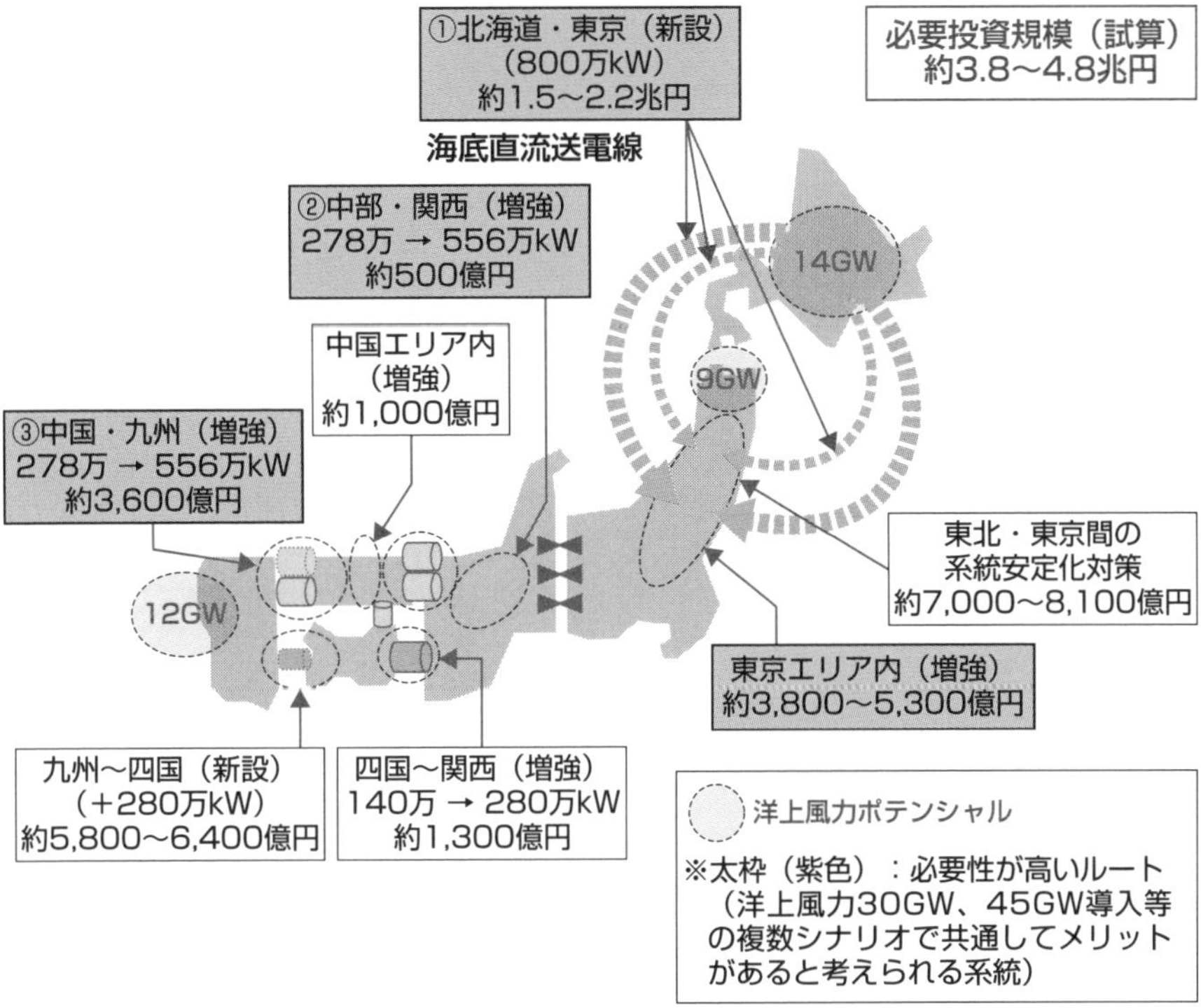

出典：広域連系系統のマスタープラン及び系統利用ルールの在り方等に関する検討委員会　中間整理

周波数変換設備(FC)の増強

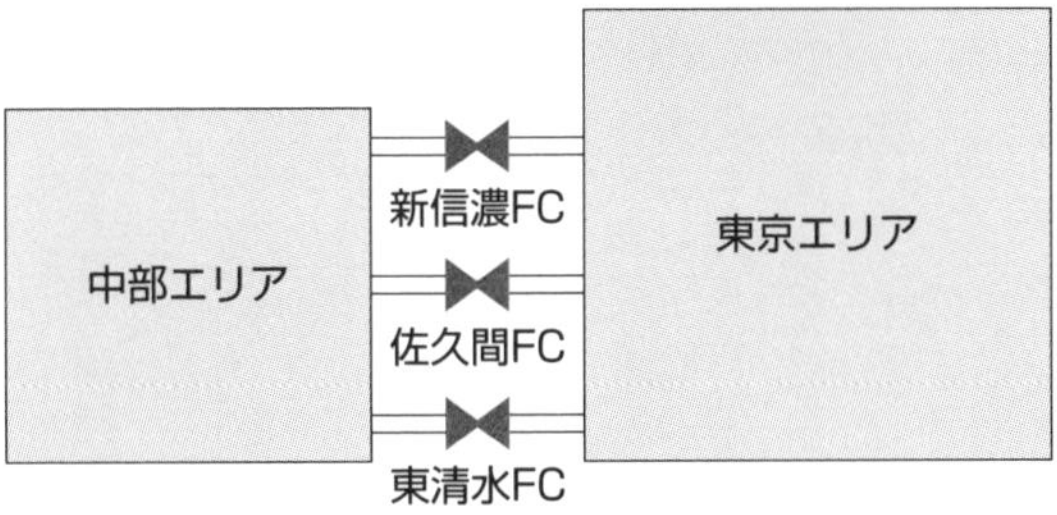

時期	東日大震災時	2022年時	2027年計画	追加計画
東京中部間連系設備 合計容量	120万kW	210万kW	300万kW	570万kW

31 高い空間を送電に使う架空送電線

厳しい環境下で電気を安定的に送る

発電所から電力需要地まで電気を送りますが、その距離は数百㎞にもなる場合が多くあります。また、送電する電力量が大きい場合には、複数の回線での送電を計画する必要があります。送電線の建設費および維持費用は電気料金に反映されるため、送電線は経済的に廉価で、耐久性が高いことが求められます。その方策として用いられているのが架空送電線です。架空送電線は、大気中の空気を絶縁体として裸電線を架線し、電線を鉄塔で支える構造になっています。鉄塔部分では、碍子《がいし》といわれるセラミックス製の絶縁体で架空電線を支えています。鉄塔間の架空部分では、各相間の絶縁が適切にとれるように十分な離隔距離をとらなければなりません。架線した電線にはたるみが発生しますが、そのたるみは低温時期には小さいのですが、夏場の高温時期には電線が熱で伸びて大きくなります。そのため、高温時でも適切な離隔距離が保てるように計画しなければなりません。

架空電線の建設費用は安いとはいっても、建設場所は山間部の山頂や海岸部、場合によっては幅の広い川を越して送電線を架線します。そのため、自然の影響を大きく受ける環境下で、長い期間にわたって維持管理される必要があります。自然の影響を受ける場所に電線を架線しますので、架空電線は機械的な強度を持っていなければなりません。そういった理由から、引っ張り強度が大きな亜鉛めっき鋼線を心線として、その周りに導電率の高いアルミより線をより合わせた鋼心アルミより線などが使われています。架空送電線は、公称断面が610㎟程度のものでは、約2300［kg／㎞］もの重量があります。

このような太い架空電線をいきなり鉄塔に架設することはできませんので、建設の際には人手かヘリコプターで細いワイヤーロープを引きます。その後、段階的に太めのワイヤーロープを接続して引き換え、最終的に計画された電線を接続して架設します。

要点BOX
●架空送電線は空気を絶縁体としている
●架空電線は鋼心と導電体からできている
●温度変化を考慮したたるみの計画

架空送電線鉄塔

水平配置

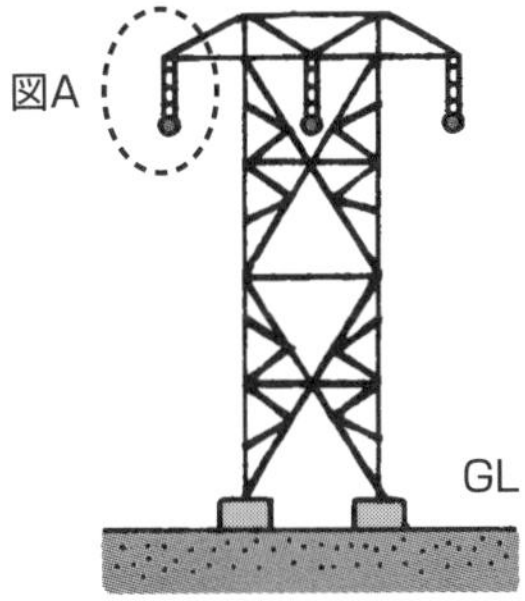

垂直配置（2回線）

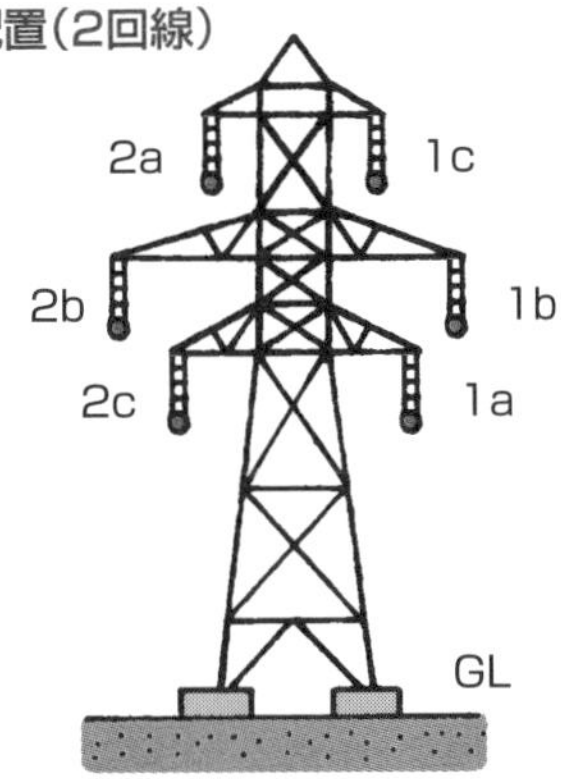

図A

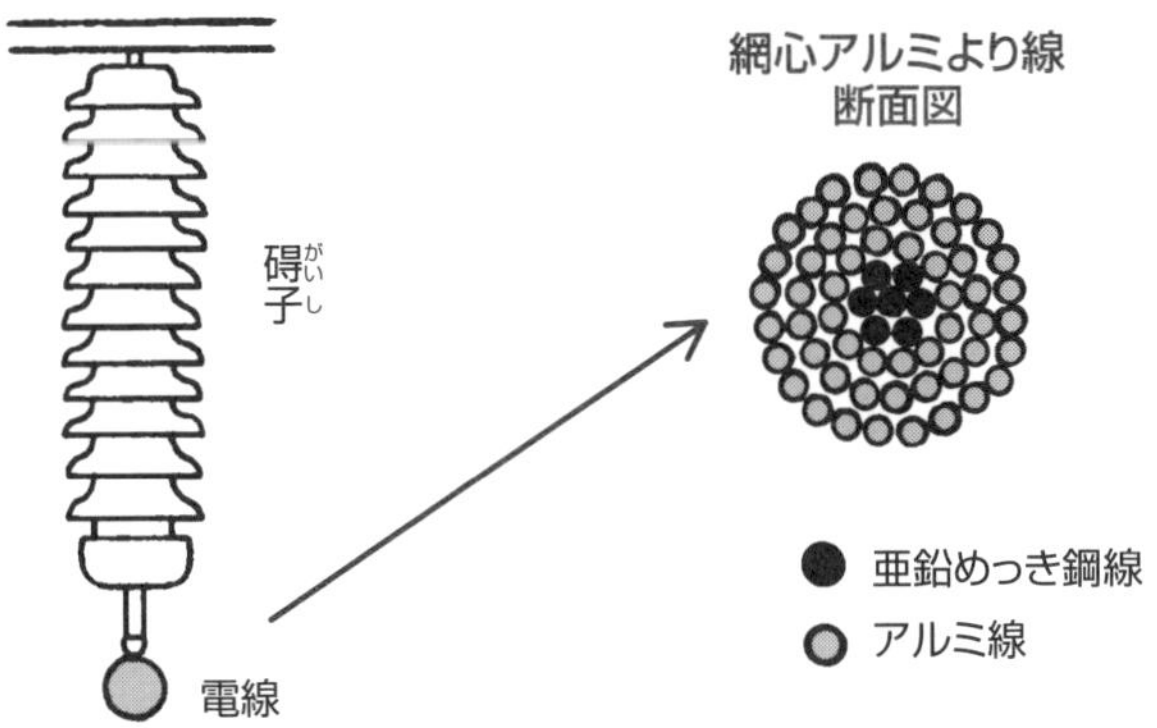

気温による電線のたるみ変化

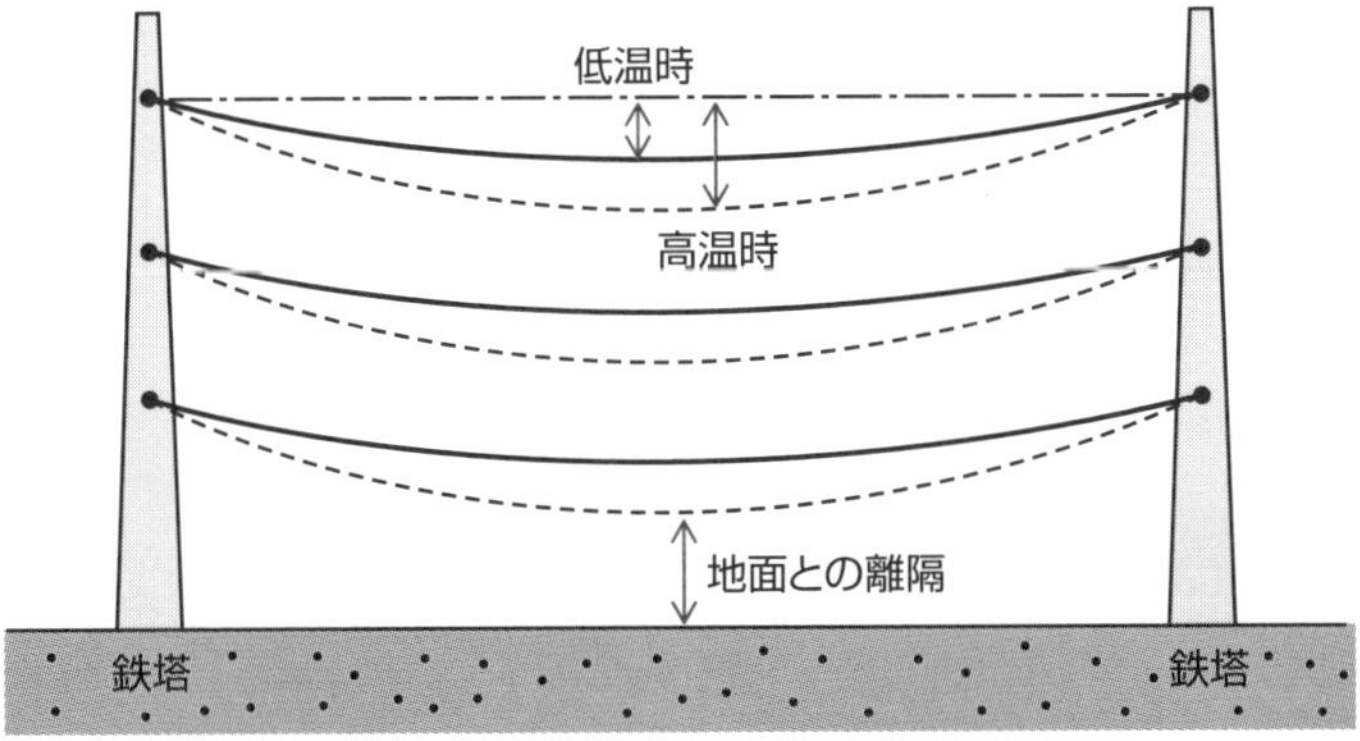

32 地中に埋設されるケーブル送電線

都市部で主流となっている送電線

架空送電は、経済的には廉価な方式ですが、自然環境下でさまざまな影響を受けるという欠点も持っています。また、絶縁体として空気を使っているため、立体的に大きな空間を必要とします。最近では都市の立体化も進み、都市部においては架空送電線をとおせる空間がなくなってきています。そのため、都市部に近づくと架空送電線が見られなくなります。それでは、その送電線はどこに行ったのでしょうか。そういった都市部では、地中送電が主流になっており、送電線には電力ケーブルを用います。ケーブルは裸線ではなく、導体外周を絶縁体で被膜した構造になっています。地中送電線は狭い空間に布設でき、環境からの影響を受けにくいという特長があります。反面、架空送電線に比べて送電容量が小さく、建設費が高いという短所もあります。地中送電線に用いられているケーブルには、次のようなものがあります。

(1)CVケーブル

CVケーブルは架橋ポリエチレン絶縁電線で、乾式のケーブルのため取り扱いが容易ですし、高低差の大きな場所にでも利用できます。それに加えて、絶縁性能や許容温度が高いという特長を持っています。

(2)OFケーブル(油入ケーブル)

OFケーブルは、ケーブル内に油の通路がある圧力形ケーブルです。電力ケーブルは電流が多くなると膨張し、電流が少なくなると収縮しますので、油圧をかけて絶縁油を常にケーブル内に充填させます。絶縁性能もよく、送電容量もCVケーブルより大きくなります。ただし、給油設備が必要となりますし、油による火災の心配があります。

(3)POFケーブル(パイプ形油入ケーブル)

POFケーブルは、油紙で絶縁した3心の導体を一括して防食した鋼管内に収めて、絶縁油を圧力で充填したケーブルです。電気的に安定したケーブルですが、絶縁油を大量に必要とするという欠点があります。

要点BOX
- ●都市部では地中送電が用いられている
- ●ケーブル送電は建設費が高い
- ●ケーブル布設方式にもいろいろある

地中送電の概念図

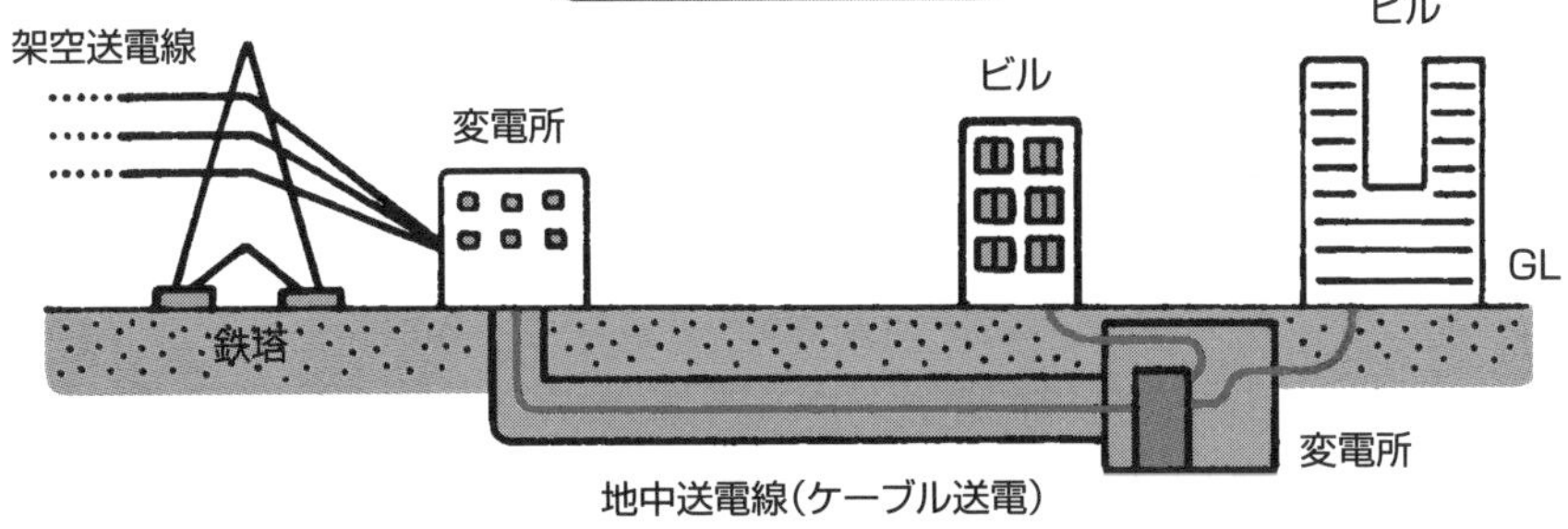

ケーブル布設方式

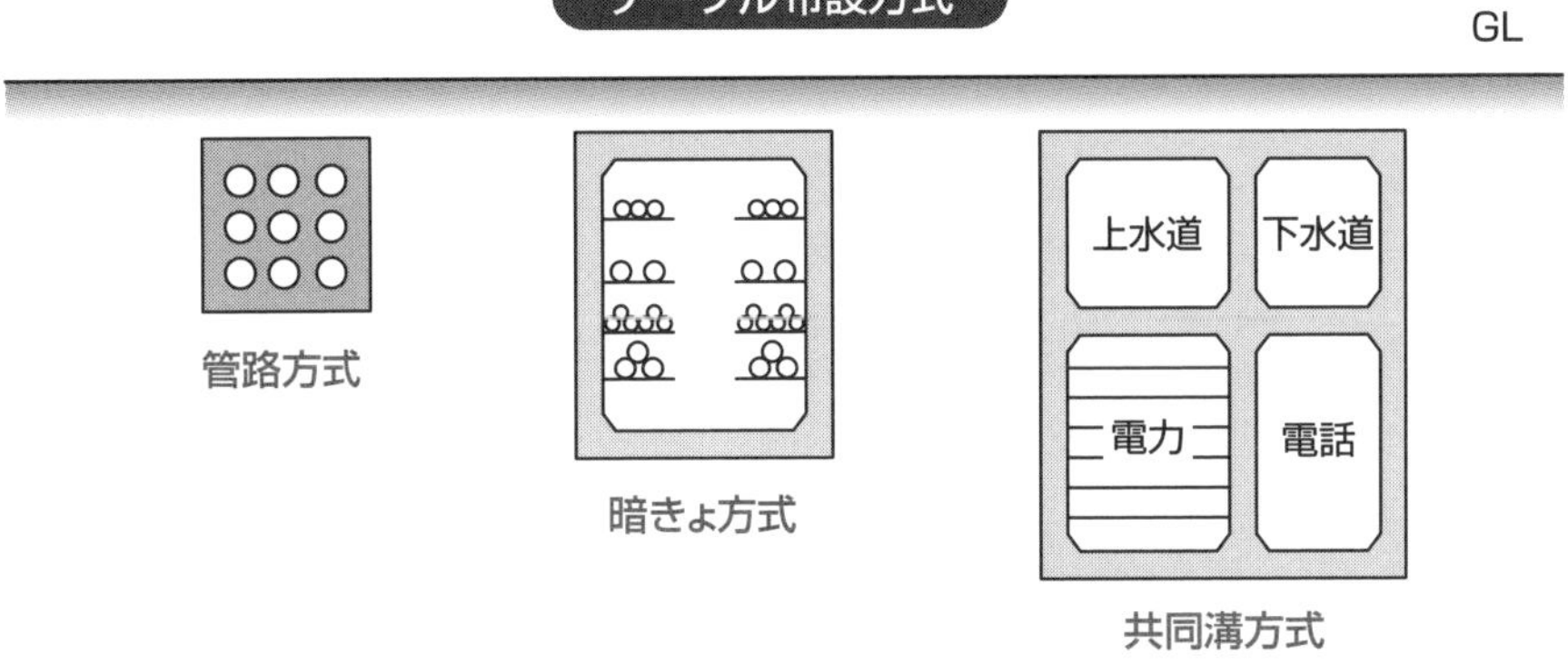

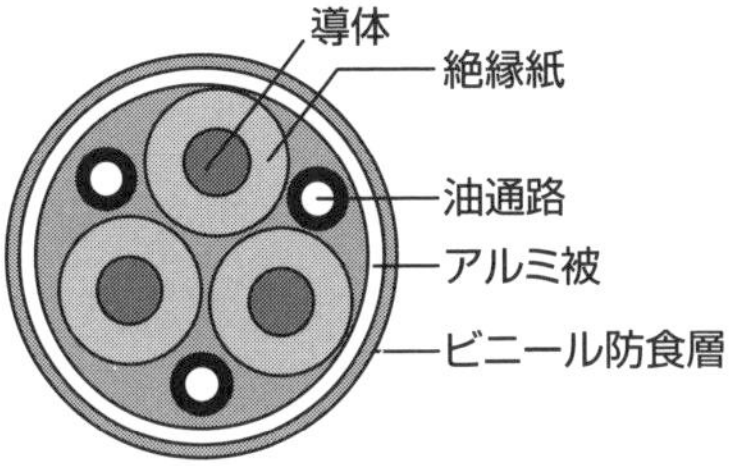

3心OFケーブル断面

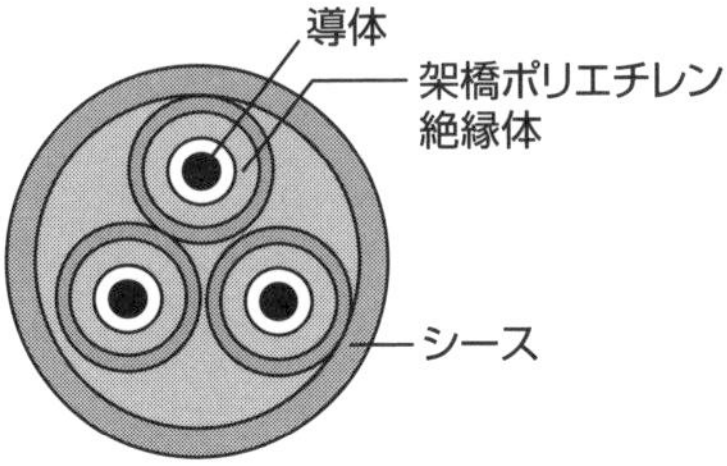

3心CVケーブル断面

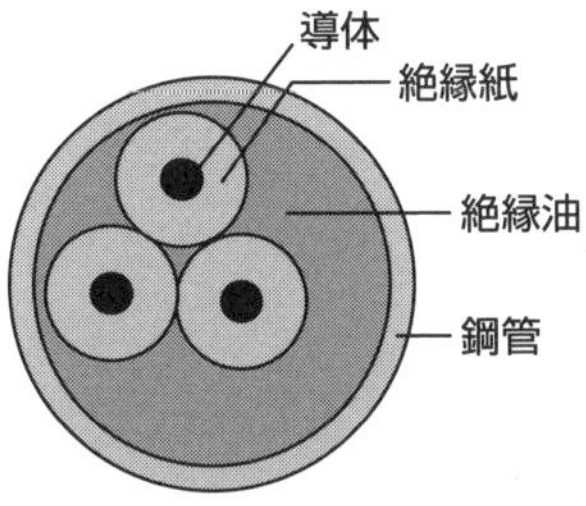

3心POFケーブル断面

33 日本に多い落雷から送電線を守る

架空地線による雷害からの保護

日本では落雷による電力システムへの被害が非常に多いのが実態です。新エネルギーである太陽光発電や風力発電でも落雷による被害が少なくありませんが、架空送電線における雷害対策は大きな課題となっています。それは、架空送電線が山岳地の高所をとおっているだけではなく、広い地域を通過して需要地まで続いているからです。雷には夏季雷と冬季雷があり、雷放電の進展方法が違っています。夏季雷は雷放電の向きが下向きですが、冬季雷は上向きになります。また、冬季雷の方が放電時の電荷が夏季雷に比べて大きく、場合によっては数十倍から百倍以上にもなります。落雷の種類には雷が直撃する直撃雷と、雷雲相互間や雷雲と大地間に放電を生じた場合に送電線に異常電圧が発生する誘導雷があります。

架空送電線の場合には、雷害被害を軽減するために、導線の上部に架空地線（GW）を設けます。最近では、通信用の光ファイバを内蔵した光ファイバ複合架空地線（OPGW）が広く用いられています。架空地線で保護できる角度を遮蔽角と呼んでいます。また、雷撃を大地に逃がすためには塔脚接地抵抗を低く抑える必要があります。塔脚抵抗値が高いと、落雷によって架空地線や鉄塔の電位が上昇し、これらから電線路に逆フラッシオーバ（放電）してしまいます。塔脚接地抵抗の目標値は25～30Ω程度ですが、重要線路では10～15Ω程度が望ましいとされています。しかし、山岳部の岩場などでは土壌の抵抗率が高いために、接地抵抗を下げる目的で埋設地線を埋設します。

落雷によって電路の電圧が上昇した場合に、送配電機器を保護する目的で設けられるのが避雷器になります。避雷器は機器の破壊電圧よりも低い電圧で放電を開始し、自動的に続流を遮断させる装置です。最近では、酸化亜鉛素子を用いた避雷器が広く用いられるようになってきています。この酸化亜鉛素子を用いた避雷器は、小型・軽量で高い信頼性があります。

要点BOX

- 日本では落雷が多く発生する
- 冬季雷は夏季雷よりも放電電荷が多い
- 酸化亜鉛避雷器により雷電圧を放電させる

雷害の種類

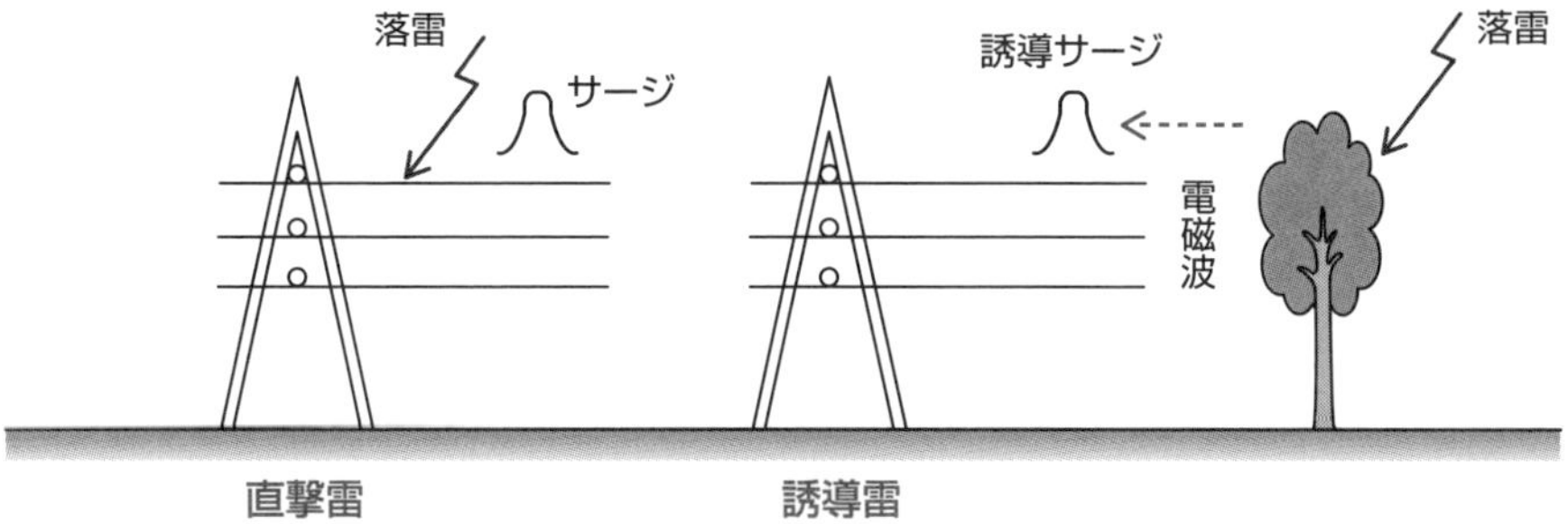

送電鉄塔の雷害対策

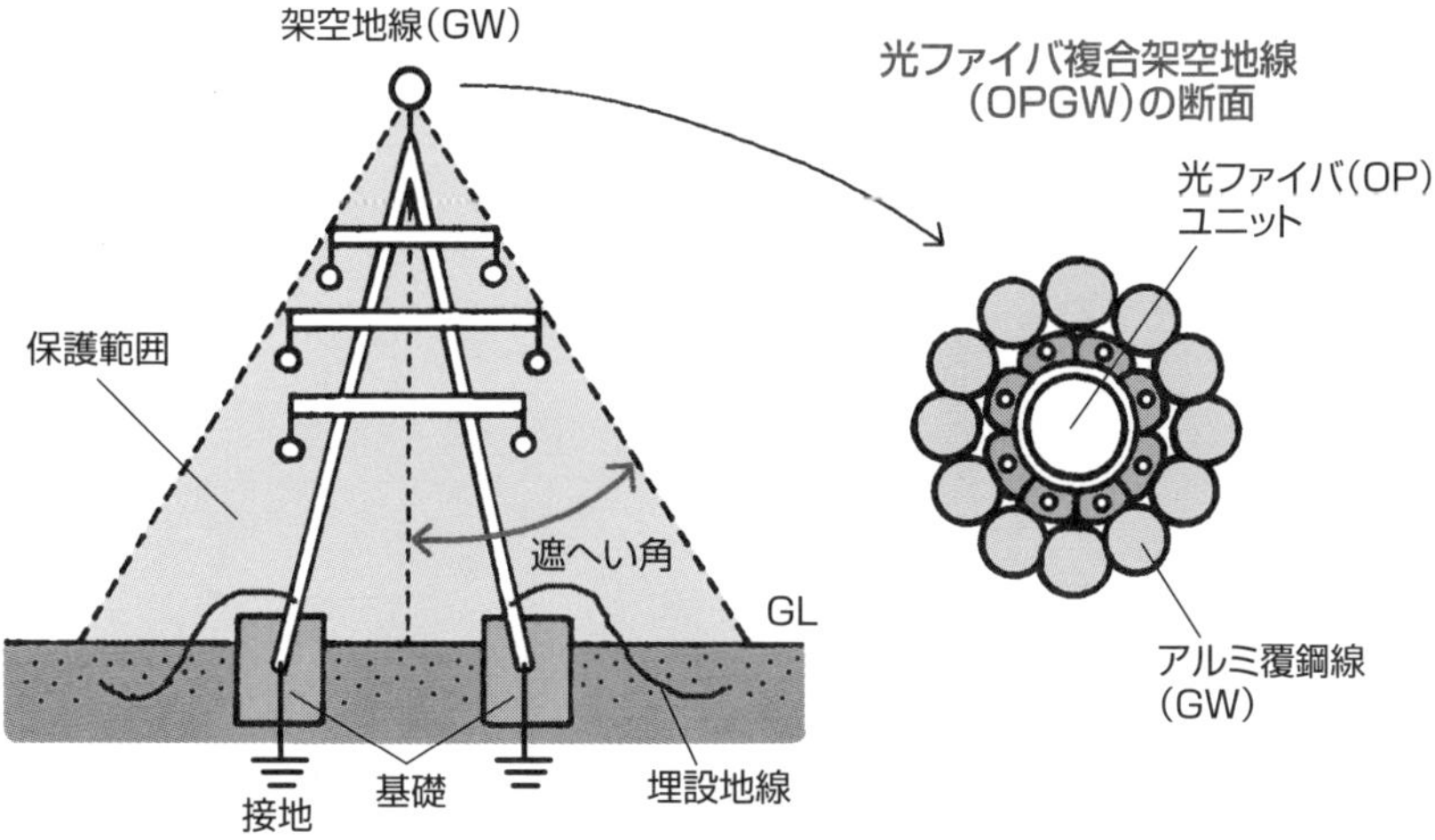

送電用避雷器設置図

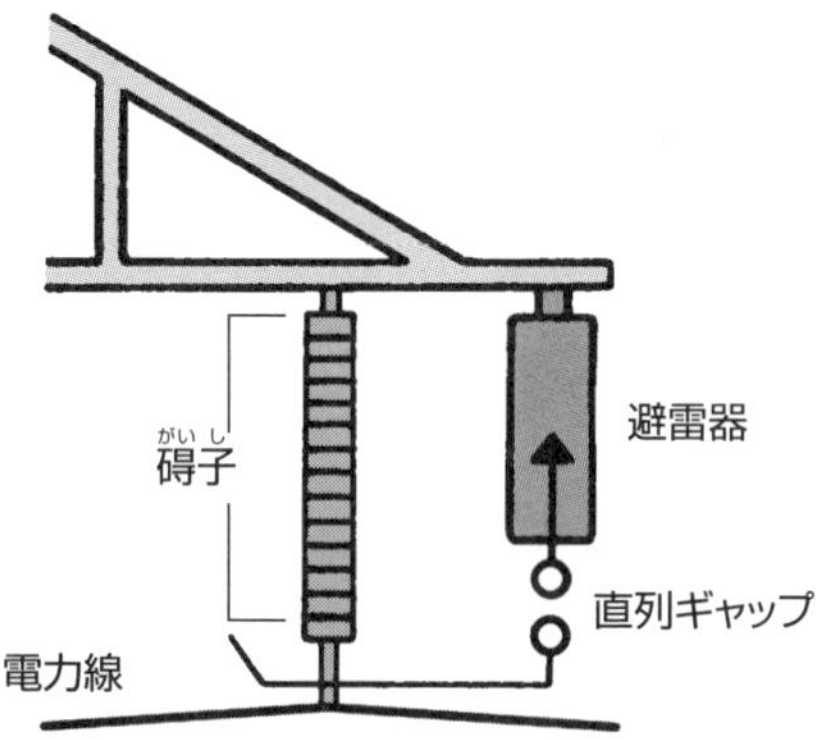

34 風や雪などの気象現象への対策とは

より一層高まっている自然の脅威への対策

架空送電線においては、台風などの強風による影響が避けられませんので、鉄塔はそれに耐えるものでなければなりません。それだけではなく、微風によっても問題が生じる場合があります。風速が秒速5m以下の穏やかで一様な風が電線に当たると、電線の背後にカルマン渦が生じ、電線に対して上下運動を起こします。この運動によって、電線の支持部では繰り返し力を受けるため、最終的に疲労破壊に至ります。それを防止するために、支持部周辺に電線と同一の材料を電線に巻きつけて補強するアーマロッドや、電線の振動エネルギーを吸収するダンパを取り付けます。

雪が降る地域では雪害対策が求められます。送電線に着氷が発生すると、着氷電線の断面が非対称になるため、そこに風が当たると揚力が発生し、電線が上下に運動する現象が発生します。それをギャロッピングと呼びますが、その現象は振幅が大きく持続時間も長いので、相間の離隔距離が保てなくなる場合が生じます。そのため、相間スペーサを取り付けたり、ギャロッピング防止ダンパを取り付けたりします。また、電線に着氷した氷が脱落した際には、電線が跳ね上がる現象が生じます。それをスリートジャンプと呼びます。この現象が発生すると、電線が混触する危険性がありますので、電線の配置を水平配置にするなどの方策が採られます。

これらの現象を防止するには、基本的に電線に着氷しないような対策もあります。具体的には、雪による電線の回転が生じないように、一定間隔でリングを取り付ける方法がありますし、氷雪を溶かす融雪線材も用いられます。融雪線材は、送電線に流れる電流によって発生する磁界を利用して、融雪線材に発生する鉄損によって発熱した熱で電線を暖めて、着氷の防止を図ります。最近では、異常気象で最大風速も高くなってきていますので、さらなる対策が必要となっています。

要点BOX
- ●一様な風による上下振動への対策
- ●氷雪による相間短絡の防止策
- ●異常気象でさらなる対策が必要

カルマン渦による上下運動

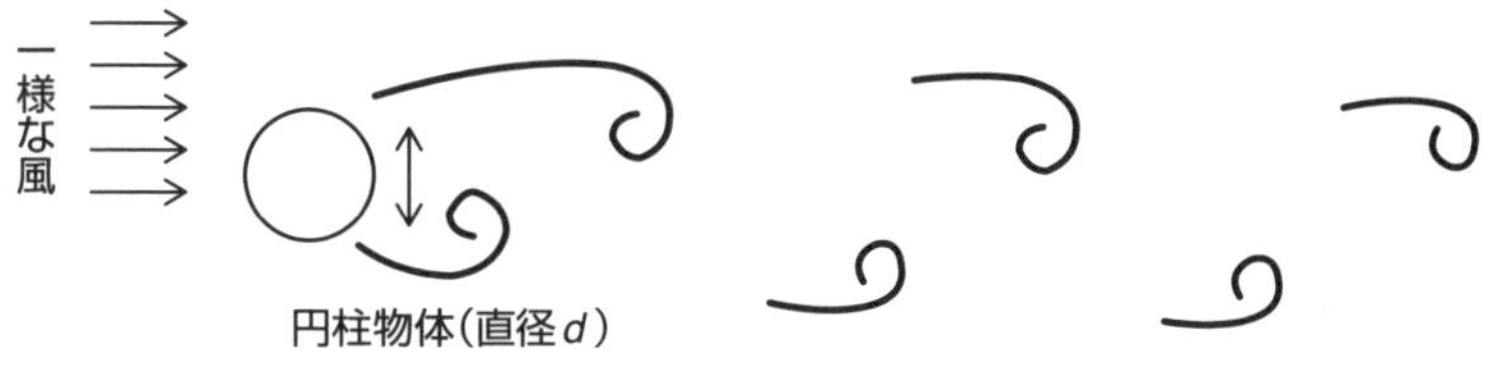

風害対策(例)

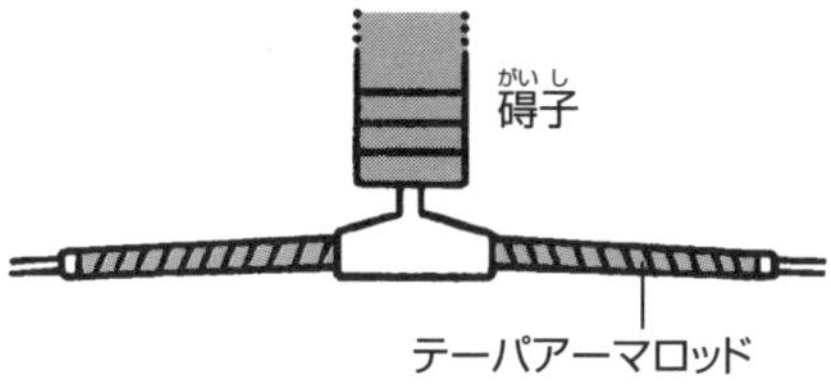

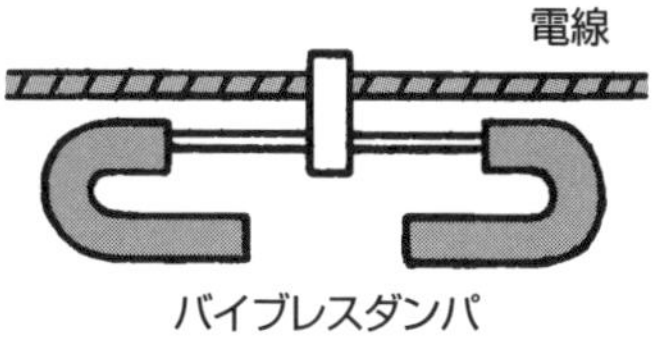

雪害対策(例)

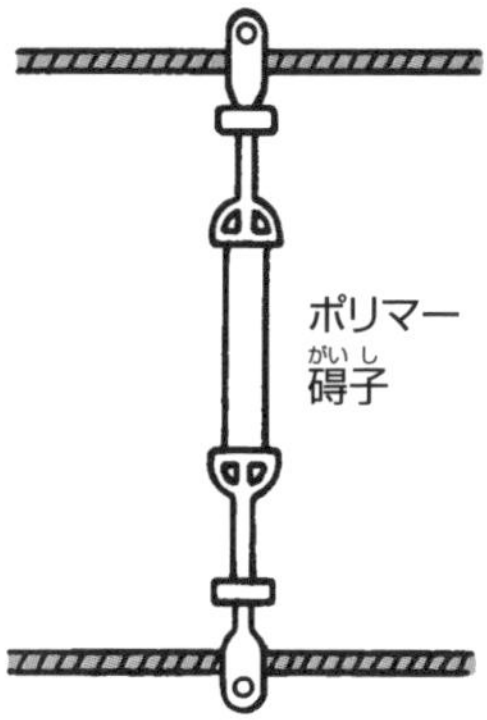

相間スペーサ

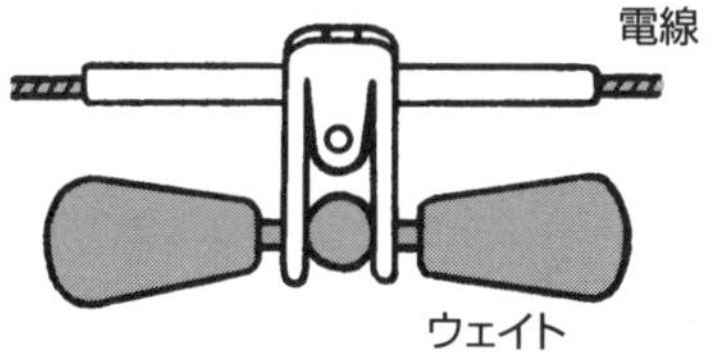

ねじれ防止ダンパ

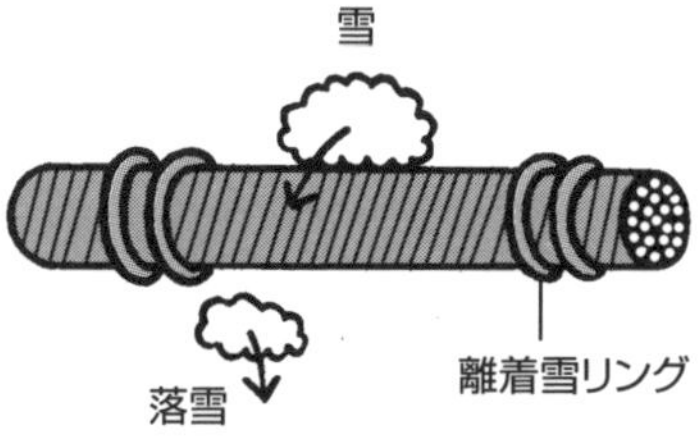

離着雪リング

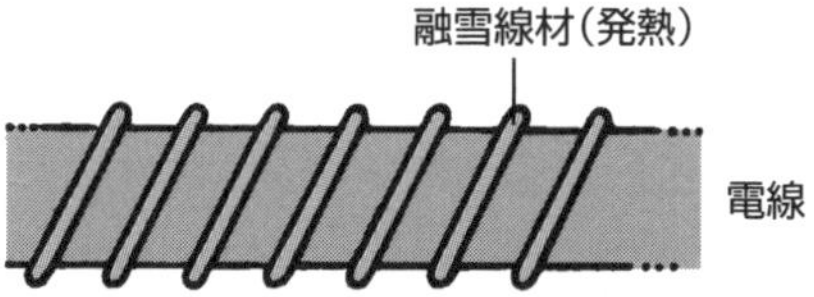

融雪線材

35 島国ならではの海水塩分対策

海岸部に設置される送配電設備への対策

わが国は島国であり、四方を海に囲まれているため、送電線が海岸部をとおる場合が多くあります。また、原子力発電所や火力発電所は海岸部に設けられているため、発電設備や送電電圧に昇圧する変圧器などが塩害を受ける場合が多くあります。塩害地域と考えなければならない場所は、その地域における台風の被害や季節風の強さにもよりますが、おおむね海岸線から1㎞程度の範囲と考えられています。そういった地域では、塩害対策が求められます。また、川沿いの地域においては、海岸線から10㎞以上も離れた地域で塩害が発生している例も報告されており、想定していなかった地域で塩害による送配電設備の障害がこれまでに発生しています。

塩害に対しては、電線自体は銅線が耐食性に優れていますし、アルミ線も高純度のものは表面が酸化アルミ被膜されるため耐食性があります。腐食に弱い鉄で作られている鋼心は、通常亜鉛めっきされていますが、塩害地域においては、防腐剤を塗布する措置がとられています。電線を支持する碍子《がいし》は、潮風によって運ばれてきた塩分が徐々に付着し、そこに霧や小雨が降ることによって湿気を帯びると、絶縁が低下してしまいます。そのため、塩害地域では、碍子《がいし》を増結して絶縁距離を長くする方法や、雨洗効果が高い碍子《がいし》や深溝構造の碍子《がいし》などを採用しています。また、小型の碍子《がいし》に対しては、耐張碍子《がいし》を用いたり、その取付け方法を工夫するなどの対策が実施されていますし、表面に発水性の物質を塗布するなどの対策が採られています。塩害被害が特にひどい地域においては、洗浄装置を設けて、定期的に付着した塩分を洗浄によって除去するなどの対策がなされています。

なお、塩害地域に変電所を建設する場合には、基本的に導電部が露出しないように計画する必要があり、屋内変電所や導電部がガスで密閉されたGIS（ガス絶縁開閉装置）が用いられています。

要点BOX
- ●海岸地域では塩害対策が必要
- ●塩分付着による絶縁低下の防止策
- ●導電部を露出しない構造の開閉装置利用

塩害地域区分

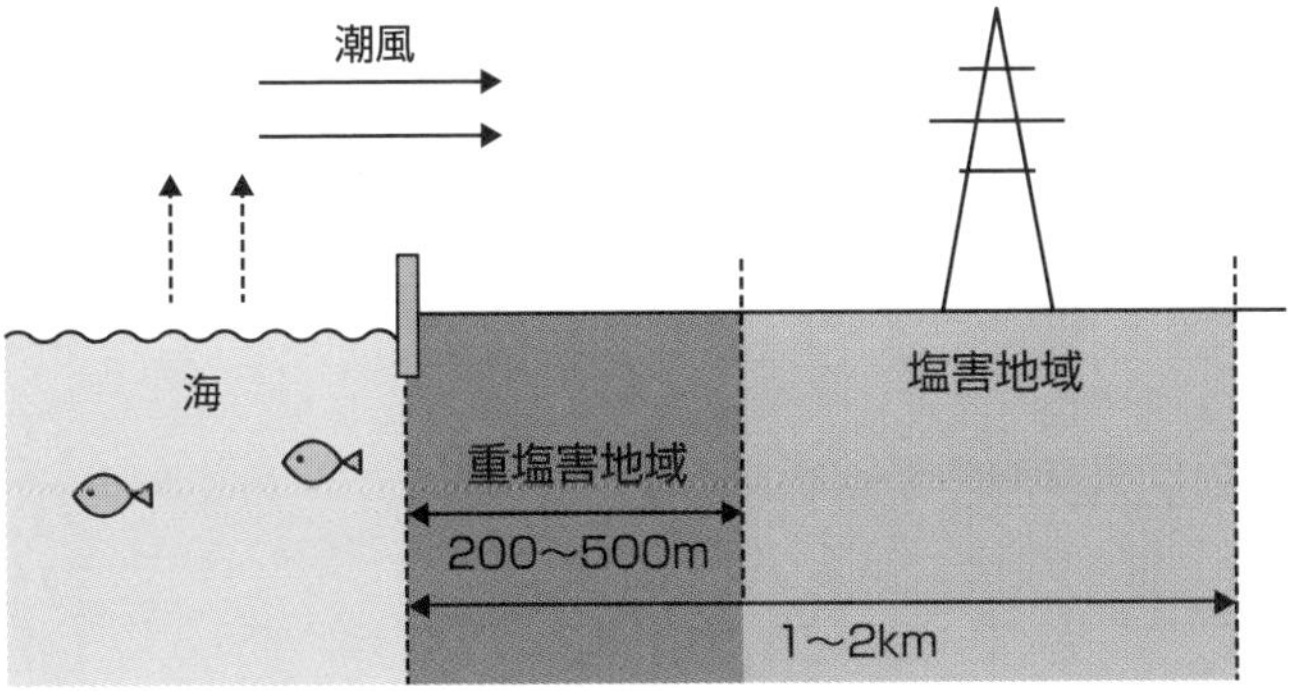

塩害対策(例)

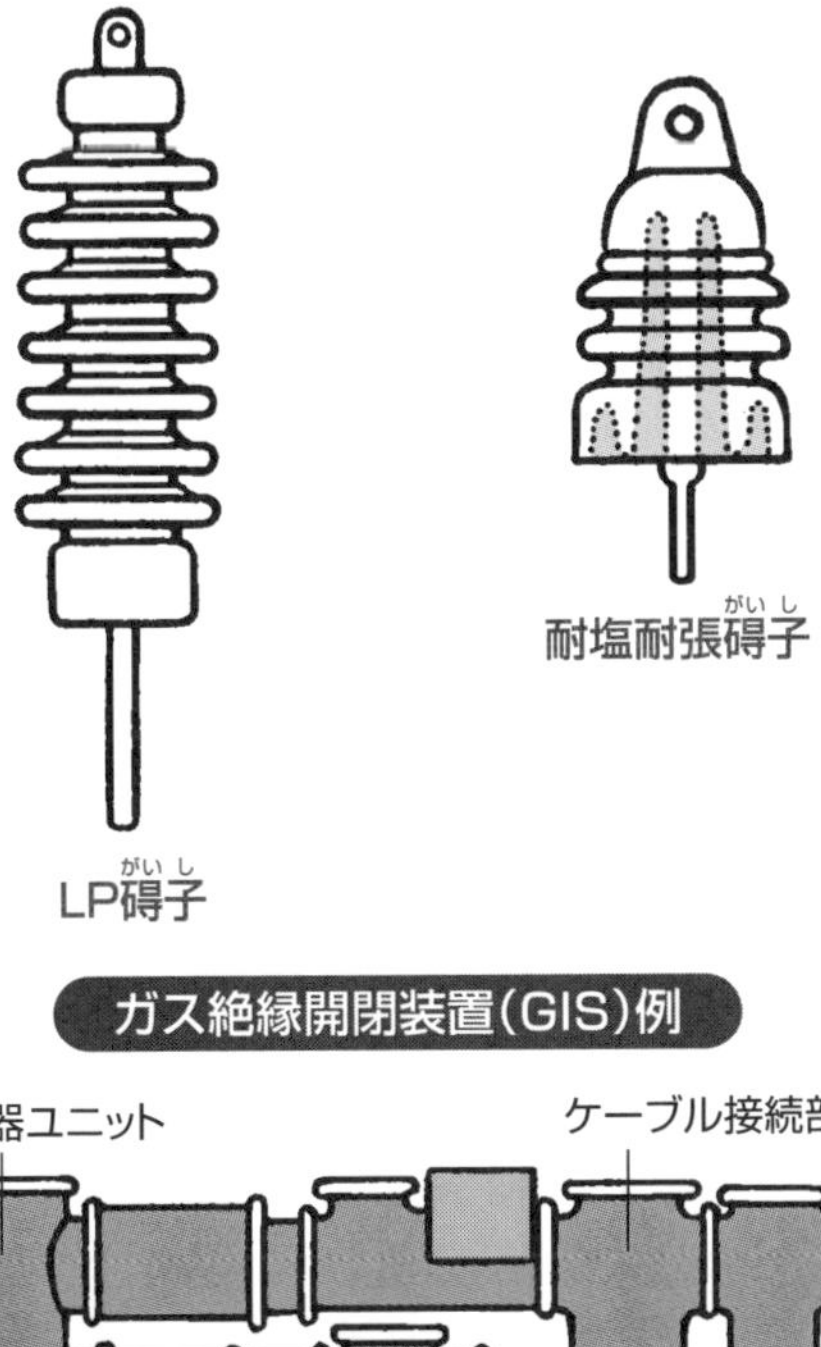

ガス絶縁開閉装置(GIS)例

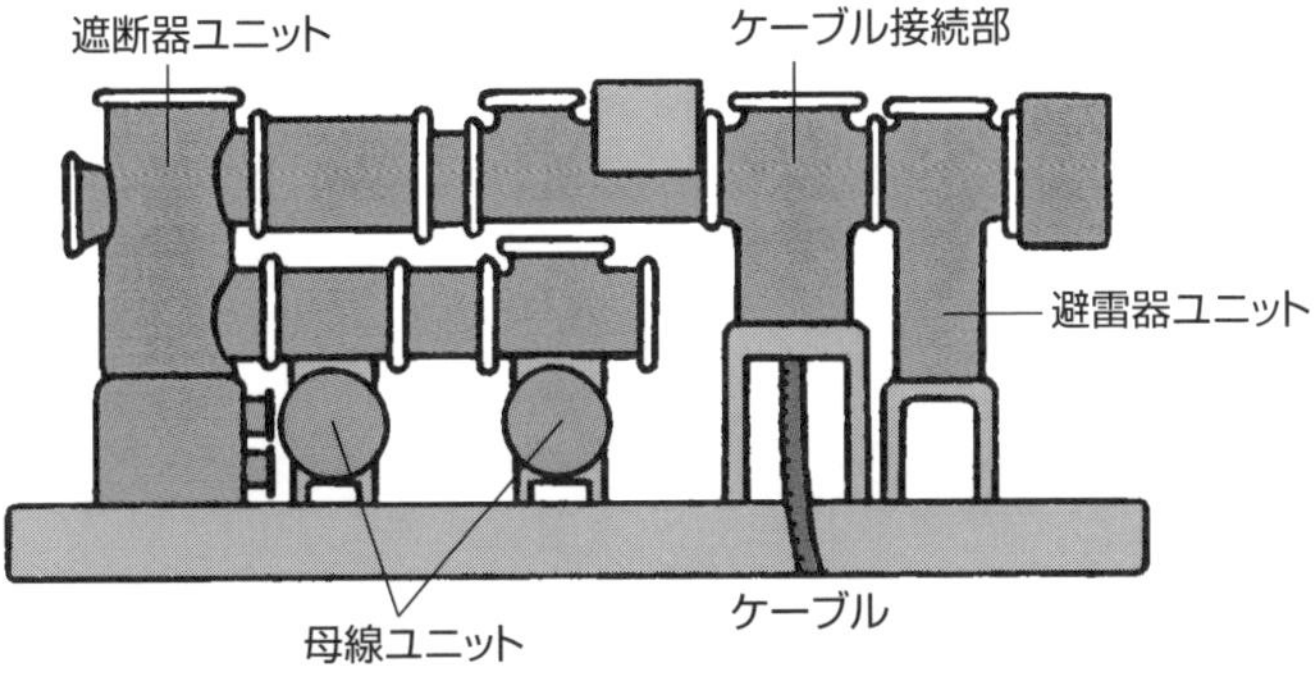

36 裸電線から発生する電波障害

コロナ雑音とコロナ騒音

架空送電線は電線自体に絶縁を施さない裸電線を使用しており、絶縁体となるのは空気です。その送電線の送電電圧が高くなり、導体表面の電位の傾きが大きくなると、導体に接している空気は絶縁力を失い、電線表面から放電がはじまります。特に、導体表面や碍子《がいし》の金具などでとがった部分があると、電界が強くなってコロナ放電が発生します。雨天時には送電線に滴（しずく）がつくため、その部分がとがった形状に近くなるので、コロナ放電が発生しやすくなります。また、海岸の近くでは塩分を含んだ風が吹いてくるため、碍子《がいし》表面が汚損される場合も多く、その際にもコロナ放電が発生しやすくなります。

コロナ放電が発生すると、近接する通信線に誘導障害を与えたり、送電線の電圧波形をひずませたりします。コロナ雑音に含まれる周波数の範囲は、15kHz～380MHz程度ととても広いですが、周波数が高くなると雑音電界の強さが減少するという特性を持っています。そのため、実際に問題が顕在化するのは10MHz程度までであるため、AMラジオ放送帯（0.5～1.0MHz）が影響を受けやすい放送電波になります。また、コロナ放電が発生すると、人の耳に聞こえるコロナ騒音が発生します。

コロナ放電の発生を防止するために、外径が大きい鋼心アルミより線を使用したり、電線を多導体化するなどの方策が採られます。また、碍子《がいし》の金具はできるだけ突起物のない丸味を持たせた構造とするのも効果があります。また、放送側でも、放送出力を増強したり、受信アンテナに指向性をもたせるなどの方策を講じる必要があります。

コロナ雑音以外にも、送電線や鉄塔によってテレビ放送の電波が散乱されて、ゴースト障害や遮へい障害が起きる場合がこれまでありました。しかし、テレビ放送がデジタル化されたことによって、送電線によるテレビ電波障害はなくなりました。

要点BOX
- ●コロナ放電によって電波障害が発生する
- ●コロナ放電の発生時に送電線近傍でコロナ騒音が聞こえる

コロナ放電の影響

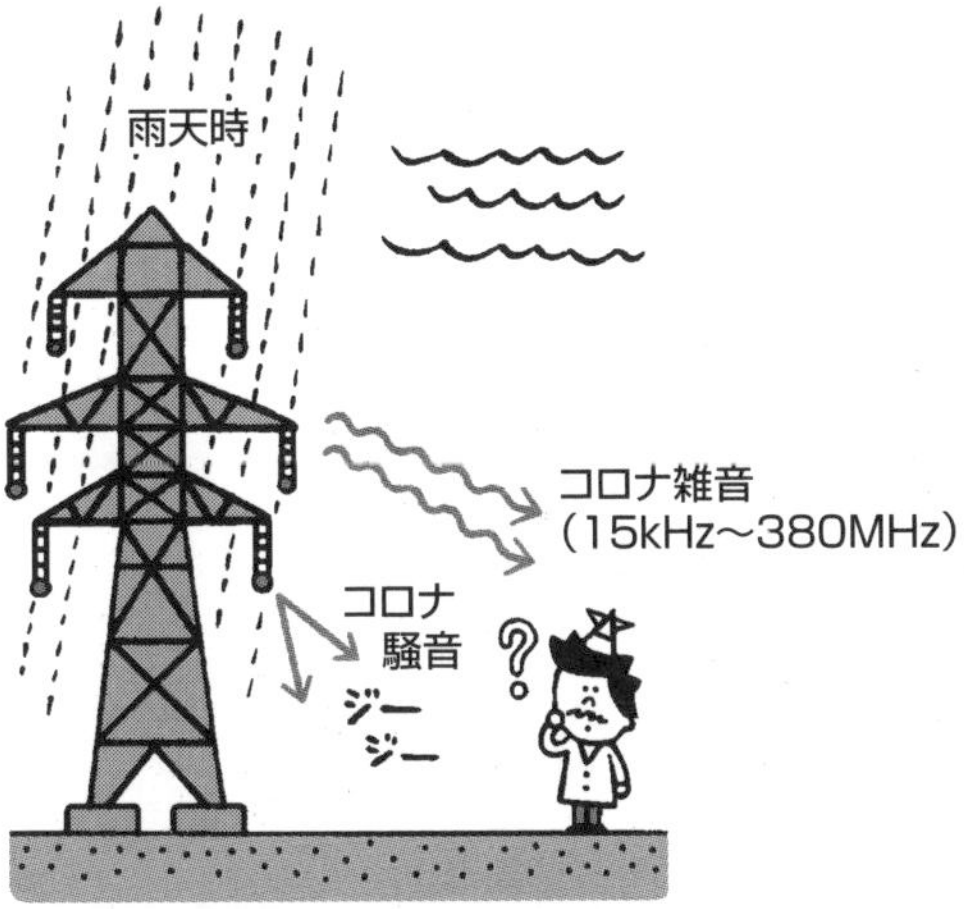

コロナ雑音の影響

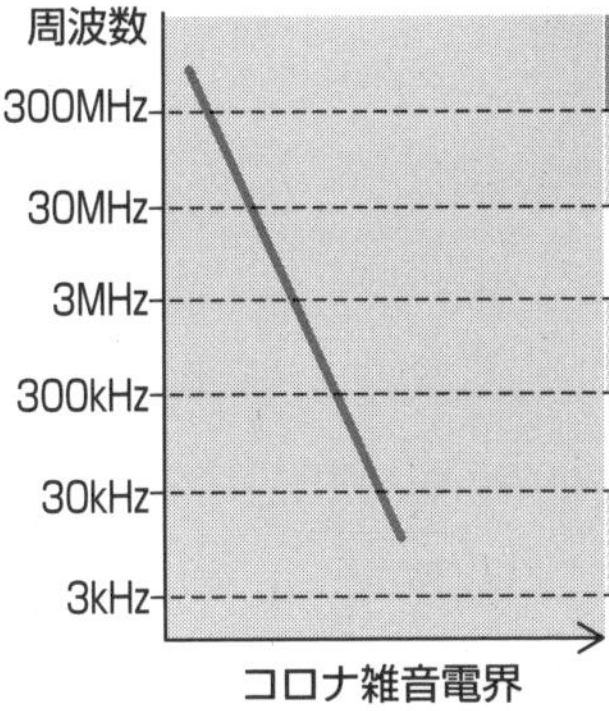

電波名	用途
超短波	テレビ、タクシー無線、FM 放送、アマチュア無線
短波	短波放送、国際通信 標準電波、アマチュア無線
中波	ラジオ放送、交通情報
長波	船舶無線、標準電波 航空機航行用
超長波	船舶無線

コロナ放電への対策(例)

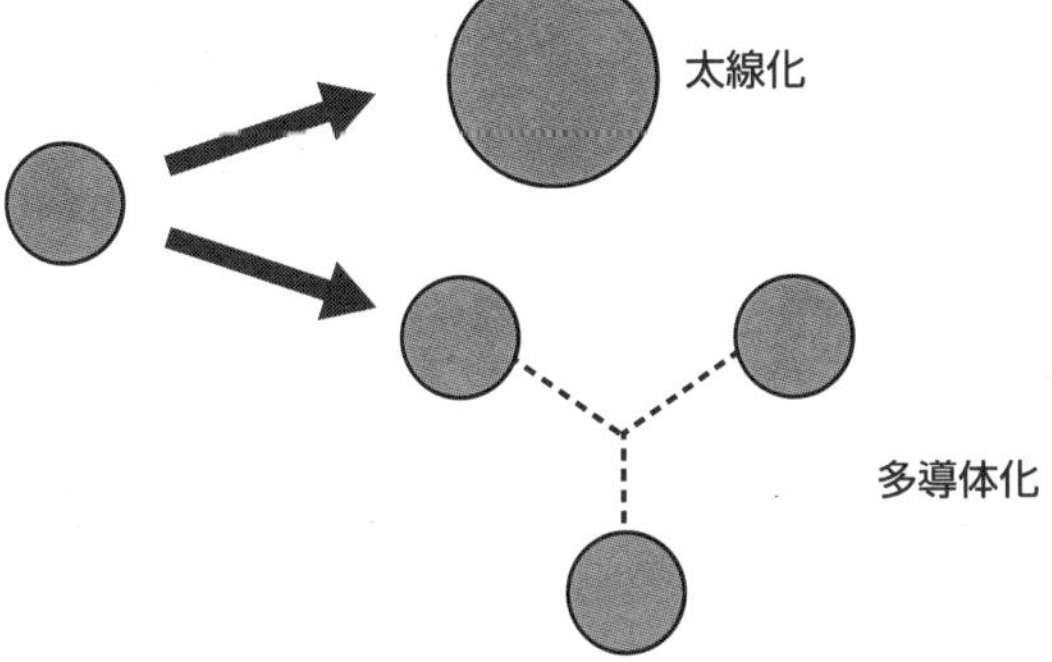

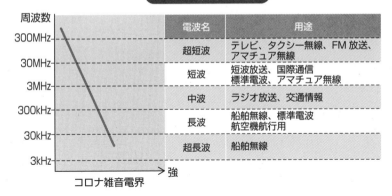

Column

わが国の産業競争力を維持できる電気料金は?

これまでは、北海道電力㈱、東北電力㈱、東京電力㈱、中部電力㈱、北陸電力㈱、関西電力㈱、中国電力㈱、四国電力㈱、九州電力㈱、沖縄電力㈱の10電力会社が中核となって日本の電力インフラを支えてきました。地理的に離れている沖縄電力㈱を除いては、9電力会社はお互いに送電網を連系してはいましたが、あくまでも自分の担当エリアで万一の電力システムトラブルがあった際に、他の電力会社と連系して電力を融通し合うという目的で、相互の連系容量が計画されていました。

しかし、電力の自由化とともに、多くの新電力が誕生し、再生可能エネルギーの大規模発電所の計画もあり、広域的な送電網の見直しが必要となっています。政策的にも、従来の地域電力会社が発電会社と送電会社に分離されて、送電会社が独立的に運営されるようになってきています。このように送電分野における大きな変化に対応する必要がありますが、そのための投資も必要となります。

政府も、今後10年間で1千万kW分の広域送電網を整備するとしています。その多くは、首都圏と北海道・東北、近畿圏と九州を結ぶ送電線になります。その送電線は海底電力ケーブルになると想定されます。

そのため、電線メーカーも電力ケーブルの増産化に動き始めています。その結果、電線に使用する銅価格が上昇しています。今後は、電気自動車の普及に伴い、車体の軽量化や電動化のために、アルミニウムや銅の使用量が増えると想定されています。それに加えて送電線の銅使用量が増えると、送電線増設の費用は今後増加すると考えられます。そのため、銅鉱山の開発も活発化していますが、使用量の増加に相当する増産は難しいかもしれません。

電力価格は、燃料価格の高騰で火力発電コストが上がっているだけではなく、再生可能エネルギーの電気料金は火力発電以上に高いため、発電コストは上がっています。それに加えて、送電線建設費用も上がると、電気料金の高止まりは長期化すると考える必要があります。電気料金は、すべての産業に大きな影響を及ぼす要因ですので、企業が競争力を維持するために、電気料金が安い国に生産拠点を移す判断を行うことも考えられます。そういった点で、わが国の産業競争力を維持するために、電気料金をどう抑えていくかが今後の大きな課題になると考えられます。

第5章

需要家に電気を的確に配るために

37 送電損失を少なくするために昇降圧している変電所

目的の電圧に変換する施設

電力は、各発電所からの送電線をとおって需要家に送られてきますが、送電線は損失を抑えるために高い電圧を用いています。それを需要家が使う電圧に降圧する目的で設置されるのが変電所で、ここで変圧した後に配電線で電力の需要家に供給されます。しかし、一気に低い電圧には下げず、超高圧から高圧に下げる超高圧変電所や、その下の一次変電所、中間変電所、配電用変電所などを介して段階的に降圧していきます。変電所の目的は、一次側電圧をそれぞれの配電電圧に変圧することですので、主要な機器は変圧器になります。変電所に設置される変圧器以外の機器としては、雷害から保護する避雷器や配電のための開閉装置と母線、電力網を保護するための保護継電器や変成器などがあります。

長距離の送電においては電圧降下が大きくなりますので、電圧降下分を変圧器で補正します。一次側電圧が低い場合には、一次側コイル巻数と二次側コイル巻数の比率を調整して既定の二次側電圧にします。変圧器は、絶縁の方式によって、油入変圧器、乾式変圧器、ガス入変圧器があります。また、変圧の際には熱が発生しますので、それを除去する方法の違いにより、自冷式、風冷式、水冷式があります。油入変圧器の場合には、本体タンクからパネル形放熱器に導油してそこで冷却する方法も取られます。

変圧器における損失には、大きく分けて無負荷損と負荷損があります。無負荷損というのは、変圧器に電圧をかけている際に、実際に電気負荷で電気が使われていなくても発生する損失で、その主なものは鉄損になります。一方、負荷損は、需要家が電力を消費している際に巻線の抵抗によって生じる損失で、主なものは銅損になります。変圧器は、家庭等の需要家に電柱で降圧する柱上変圧器まで含めると、発送配電設備では非常に多く用いられていますので、全体の損失量は多くなります。

要点BOX

- ●変圧器には絶縁方式や冷却方式によって多くの種類がある
- ●電気を使っていなくても変圧器は損失を発生する

変電所の構成

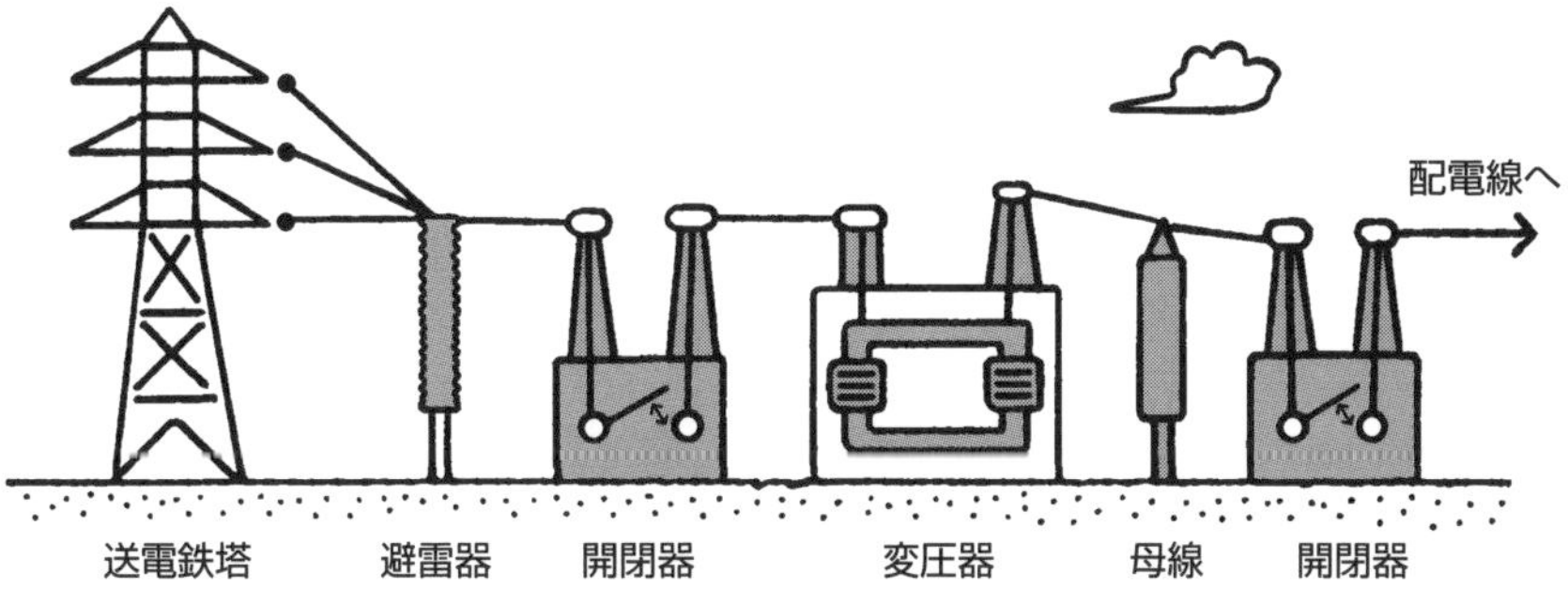

変圧器の種類

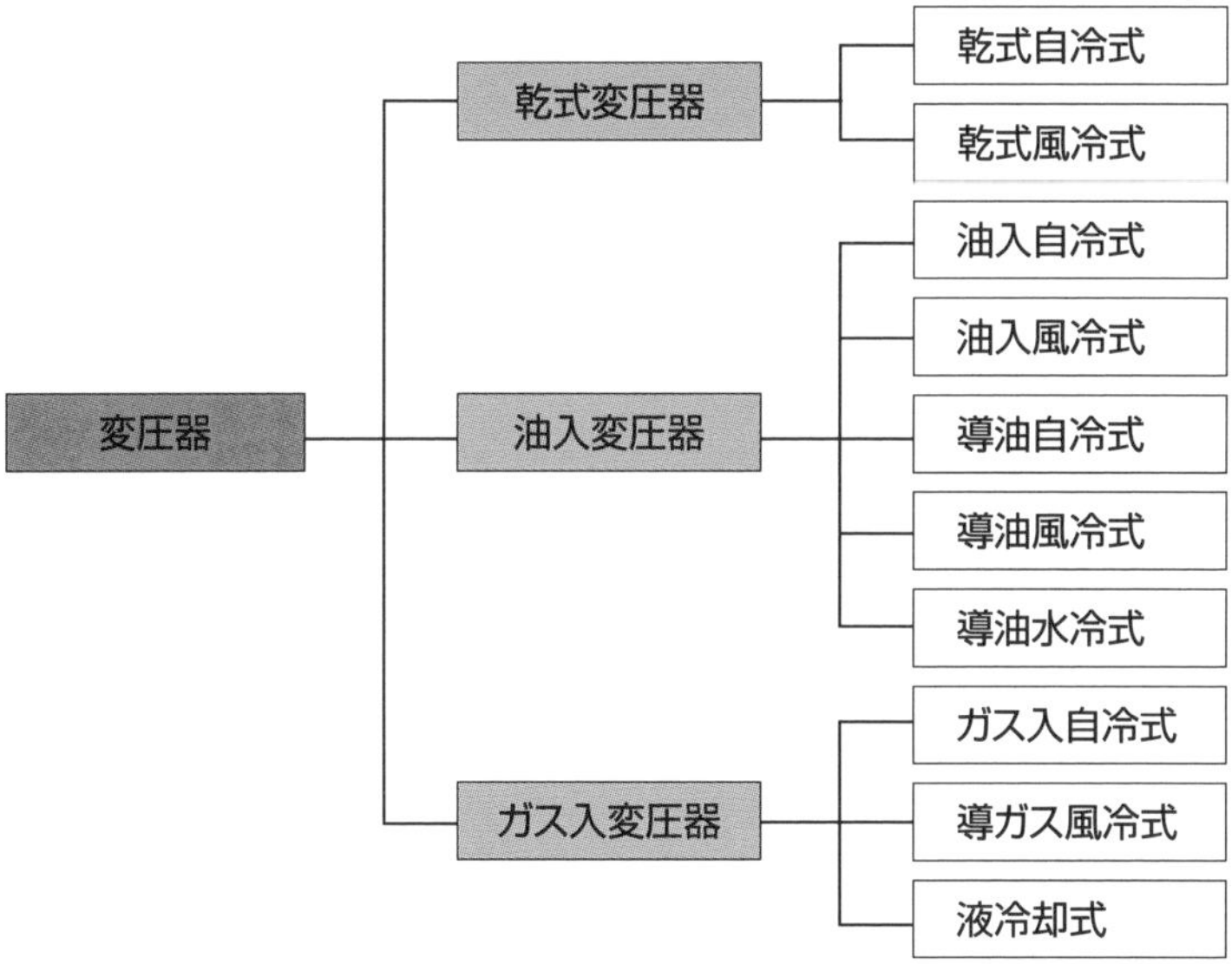

変圧器の損失

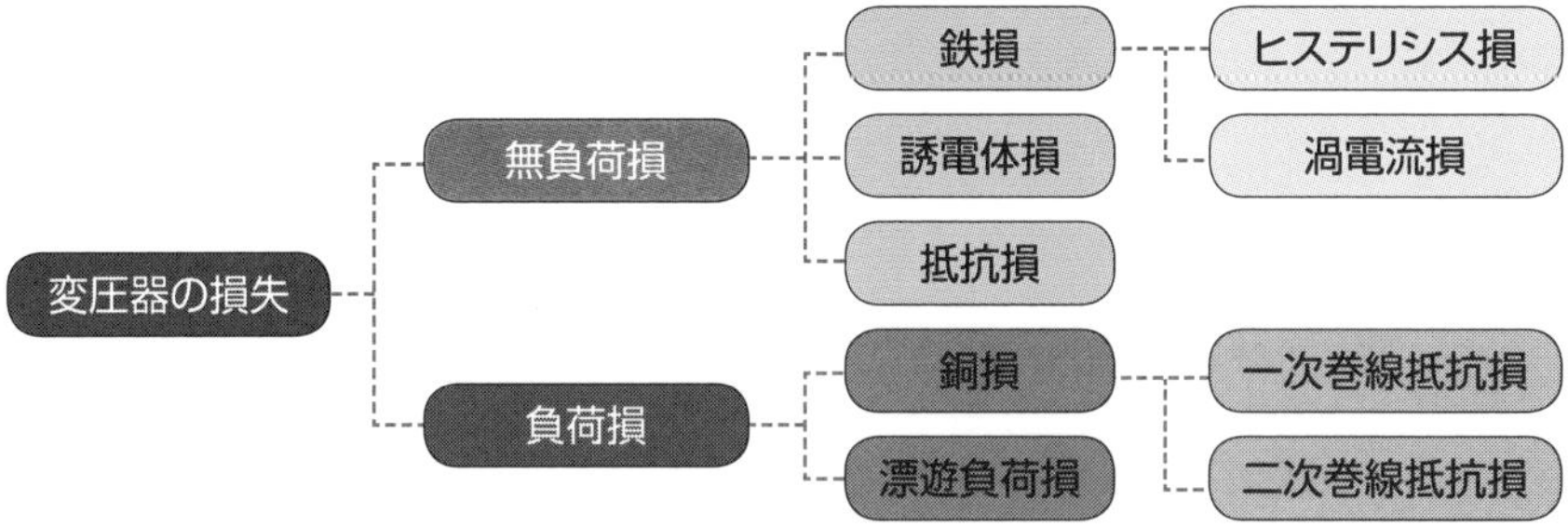

38 三相変圧器の結線の種類と並列運転

複数の三相変圧器の並列運転条件

電力システムでは三相交流が広く用いられていますので、変圧器も三相変圧器となります。変圧器の三相結線には、基本的に、星形（Y）と三角形（Δ）があります。Y－Y結線やΔ－Δ結線では、一次側と二次側の位相が同位相となりますが、Δ－Y結線やY－Δ結線では、異なった位相になります。

①Y－Δ結線、Δ－Y結線

電力システムではこれらの結線は多く用いられており、Δ－Y結線は発電所の昇圧変圧器に、Y－Δ結線は変電所の降圧変圧器に広く用いられます。

②Y－Y結線

この結線は第三調波励磁電流を還流するΔ回路がないために、誘起起電力がひずみ波形になります。

③Δ－Δ結線

この結線は77kV以下の受電用変圧器に多く用いられます。

④Y－Y－Δ結線

この結線では、Δ巻線内を第三調波電流が流れるため、Y－Y結線の欠点が解消されます。

⑤V結線

V結線は、Δ－Δ結線の1相を欠いたもので、故障時の応急措置などに用いられます。

電力システムでは多くの変圧器を使いますので、結線方式が違う変圧器を並列運転する場合もでてきます。複数の変圧器を並列運転する際の条件は、次のとおりです。

- 巻線比が等しい
- 一次と二次の電圧が等しい
- 極性が合っている
- 短絡インピーダンスが等しい
- 巻線抵抗と漏れリアクタンスの比が等しい
- 三相変圧器では、相回転方向と位相変位が等しい

並列運転ができる場合とできない場合を整理したのが左頁の下の表になります。

要点BOX

- ●三相変圧器の結線方式には星形（Y）と三角形（Δ）がある
- ●複数の変圧器を並列運転する際の条件がある

変圧器の結線方式

結線方式	特徴
Y−Δ結線 Δ−Y結線	中性点が接地できるので、異常電圧を軽減できる 第三調波励磁電流を還流できるので、正弦波電圧を誘起できる 中性点用負荷時タップ切換器を採用できる 一次と二次間に30°の位相差が生じる 1相が故障すると使用できない
Y−Y結線	一次、二次とも中性点を接地できる 一次と二次間に位相差を生じない 第三調波励磁電流を還流するΔ回路がないので、誘起起電力がひずみ波形になる
Δ−Δ結線	第三調波励磁電流の還流回路があるので、正弦波電圧が誘起される 中性点接地ができない 小容量で高電圧の変圧器においては巻線の占有率が低下する
Y−Y−Δ結線	Δ巻線内を第三調波電流が流れるため、上記Y−Y結線の欠点が解消される Δ巻線を中性点電圧の安定と零相インピーダンスの低減に使える
V結線	Δ−Δ結線の1相を欠いたものである 故障時の応急措置などに用いられるが、常用としては用いられない 出力は、Δ−Δ結線のときの58%になる 容量利用率は86.6%になる

変圧器の並列運転

並列運転が可能な組合せ	並列運転ができない組合せ
Δ−Δ結線とΔ−Δ結線、Y−Δ結線とY−Δ結線、Y−Y結線とY−Y結線、Δ−Y結線とΔ−Y結線、Y−Y結線とΔ−Δ結線、Δ−Y結線とY−Δ結線、V結線とV結線、Y−Y結線とV結線	Δ−Δ結線とΔ−Y結線、Δ−Δ結線とΔ−Y結線、Δ−Y結線とY−Y結線

39 変圧器の中性点を接地する方式の違い

電力系統を健全化するための対策

事故時の異常電圧の抑制や保護継電器の動作のためには、変圧器の星形結線の共通点である中性点の接地方式が大きな要素となります。

(1) 非接地方式

非接地方式は、33kV以下の系統において、単相変圧器3台をΔ結線した場合などで、送電距離が短いときに用いられます。

(2) 直接接地方式

直接接地方式は中性点を直接接地する方式で、187kV以上の送電系統で採用されています。この方式の長所は、1線地絡時の健全相電圧上昇がほとんどなく、各相の対地電圧上昇が小さく、地絡電流が大きいため、故障の選択遮断が確実になるなどです。また短所としては、地絡電流が大きいので通信線に電磁誘導障害を起こしたり、地絡電流によって直列機器にダメージを与える可能性もあります。

(3) 抵抗接地方式

抵抗接地方式は、抵抗を介して中性点を接地する方式で、154kV以下の系統で用いられています。この方式は、抵抗値が地絡電流を抑えるため、通常は高抵抗接地になっています。長所として、1線地絡電流が小さいので、通信線への電磁誘導は少なくなります。しかし、健全相の電圧上昇が高くなります。

(4) 消弧リアクトル接地方式

消弧リアクトル接地方式は、対地静電容量と共振するリアクトルを介して接地する方式です。1線地絡時の対地充電電流を消弧リアクトル電流で打ち消しますので、停電や異常電圧の発生を防止します。

(5) 補償リアクトル接地方式

補償リアクトル接地方式は、大電力ケーブル系統に適用される方式です。ケーブルの充電電流を補償するリアクトルを、中性点抵抗と並列に設置します。これによって、大地充電電流を補償し、1線地絡時における健全相の異常上昇を抑制できます。

要点BOX

- 非設地方式：送電距離が短いときに採用
- 直接接地方式：187 kV以上の送電系統で採用
- 抵抗接地方式：154 kV以下の系統で採用

中性点接地方式の種類

(1) 非接地方式

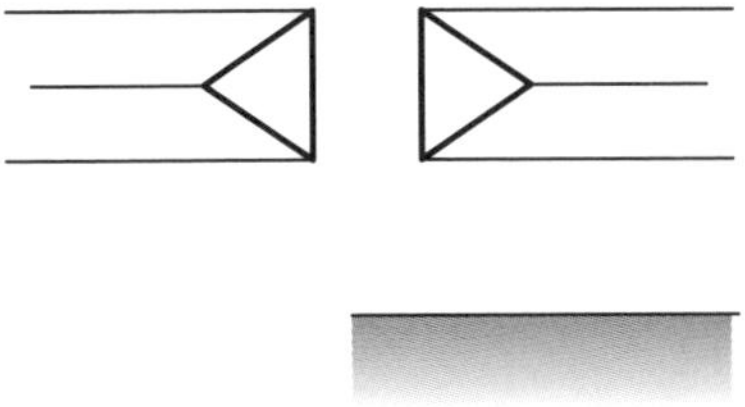

適用例：33 kV以下小規模系統

(2) 直接地方式

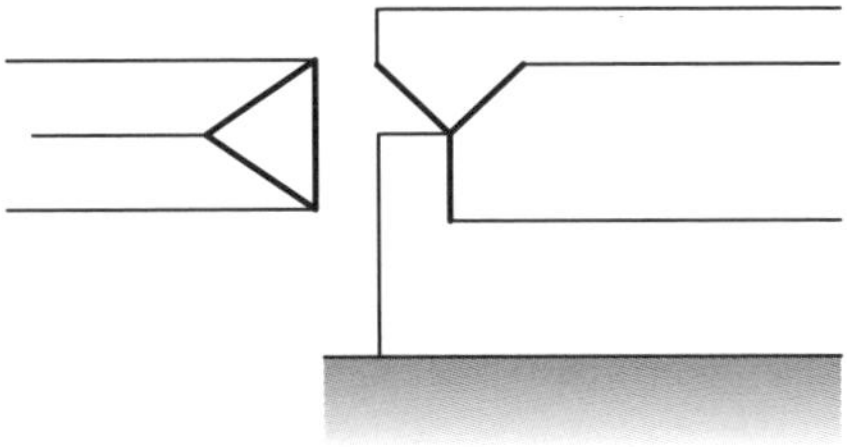

適用例：超高圧送電系統

(3) 抵抗接地方式

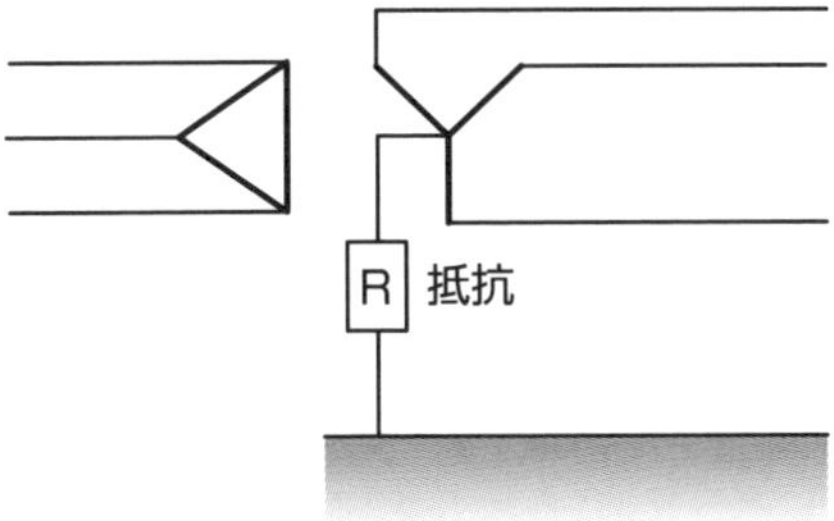

適用例：22～154 kV系統
低抵抗：通信線へ電磁誘導障害が大きくなる
高抵抗：地絡事故時の健全相対地電圧の上昇が大きくなる

(4) 消孤リアクトル接地方式

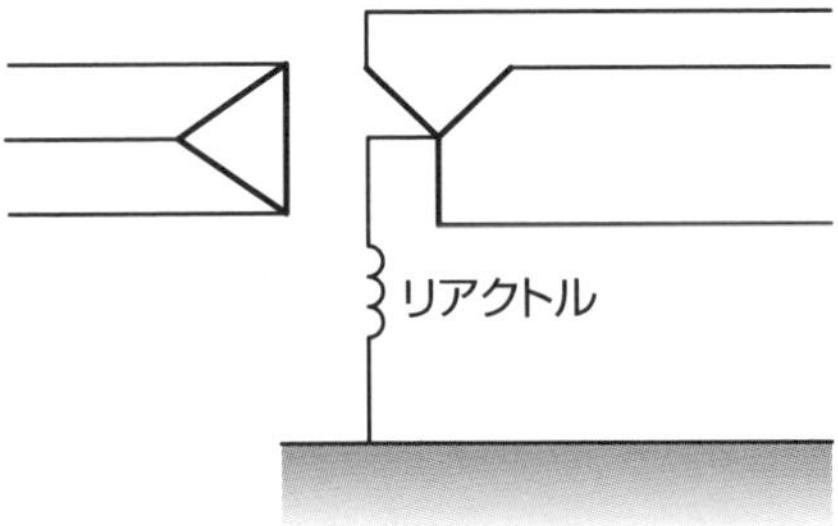

適用例：66 kV系統で雷による地絡事故が多い系統

(5) 補償リアクトル接地方式

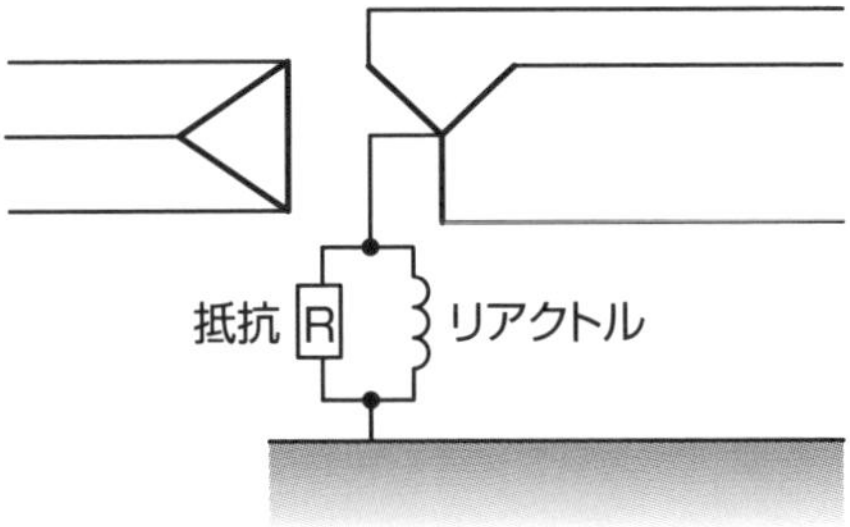

適用例：66～154 kV系統で都市部の地中ケーブル系統

40 全ての需要家に信頼性の高い電力を供給するために

電力需要家に電気を配るための方式

送電線は発電場所と電気の需要地間を結ぶ設備であるため、点と点を結ぶという点で信頼性を高める工夫をしています。一方、配電設備は、広い地域にわたって散在またはある地域に密集している需要家に平等に電気を配る設備であるため、面的な信頼性を高める必要があります。高圧配電系統は信頼性と経済性の面から、次のような方式が用いられています。

(1) 樹枝状方式

樹枝状方式は、需要家に向けて幹線と分岐線を延長していく方式ですので、地域の需要家の位置に合わせて配電するため、経済的な方式です。しかし、変電所から需要家までのルートが限られるため、電力供給の信頼性の面では劣ります。

(2) ループ方式

ループ方式は、配電線路を環状にしているので、信頼性の面では樹枝状方式よりも勝ります。ループ方式には、ループ点開閉器を常時開けておく常時開路ループ方式と、常時閉じておく常時閉路ループ方式がありますが、日本では常時開路ループ方式が広く用いられています。

(3) 常用予備切換方式

常用予備切換方式は、特別高圧や高圧の需要家に電力を供給する場合に、電力供給の信頼性を高める目的で、2回線の放射状配電線からT分岐する方式です。通常は常用線から受電しますが、停電事故や保守作業などで常用線が使えない場合には、予備線に切り替えて受電します。

(4) スポットネットワーク方式

スポットネットワーク方式は、ビルなどの大きな電力需要がある需要家など、電力供給の信頼性が求められる場合に用いられる方式です。複数の配電線からT分岐で引き込む方式ですから、1回線が故障しても、他の回線から需要家の全負荷を供給できますので、信頼性が高くなります。

要点BOX

- ●日本では常時開路ループ方式が広く用いられている
- ●大需要家：スポットネットワーク方式が多い

高圧配電系統の方式

（1）樹枝状方式

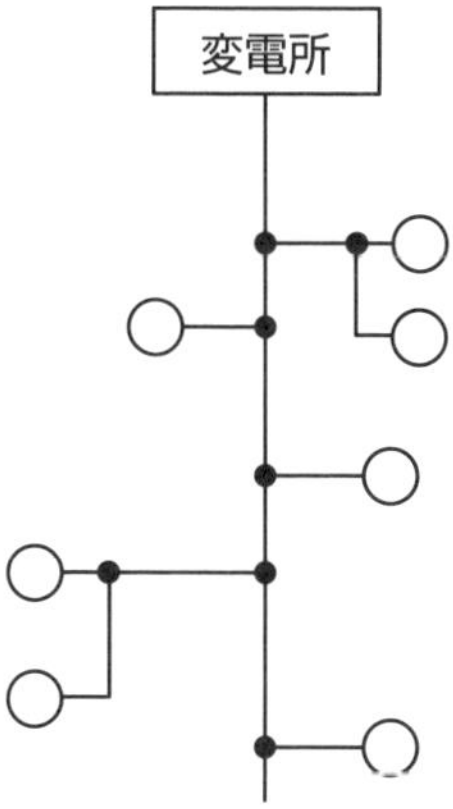

○：需要家

（2）ループ方式

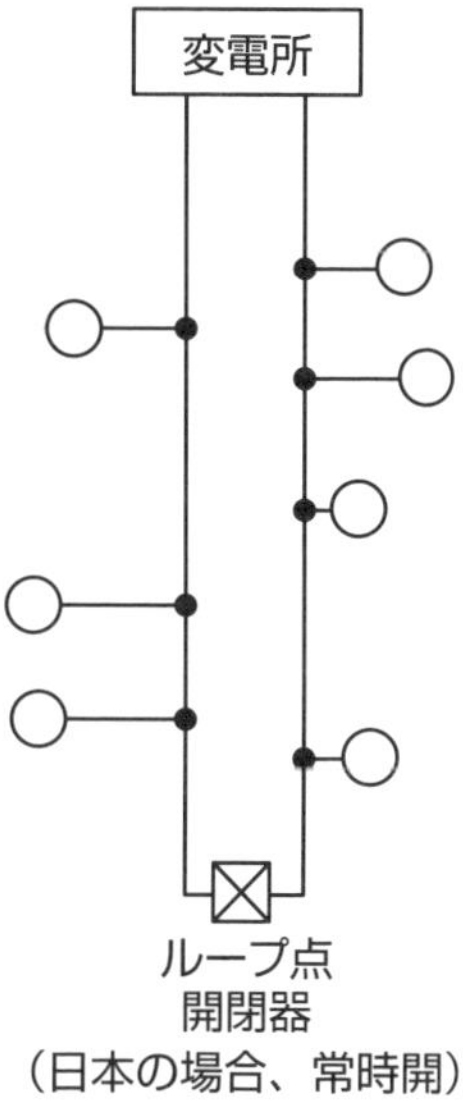

（3）常用予備切換方式

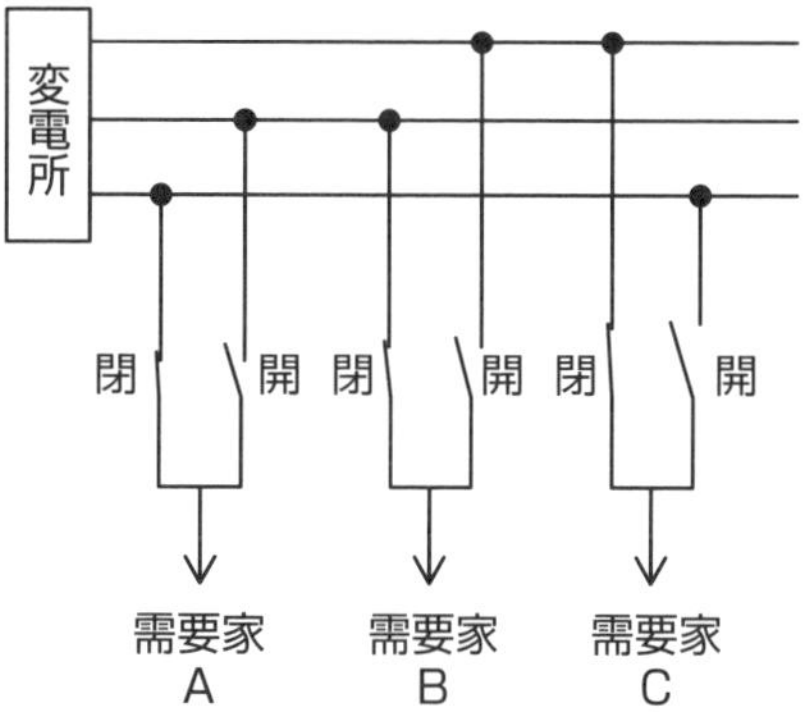

（4）スポットネットワーク方式

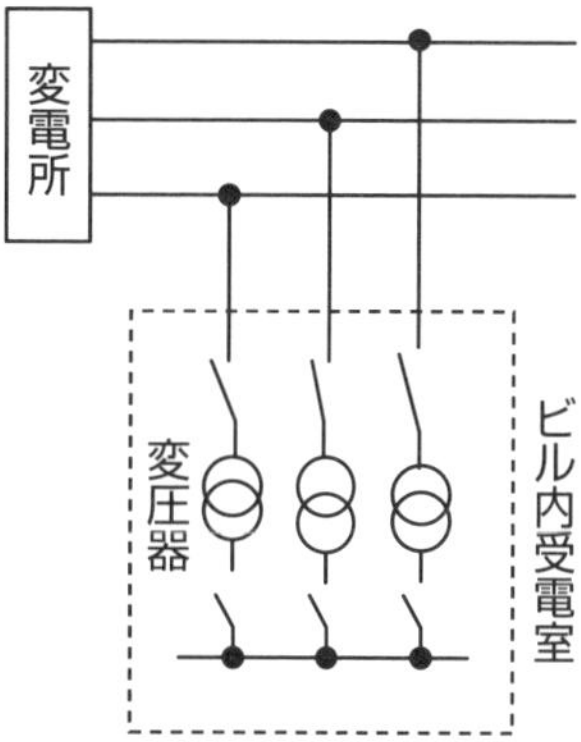

41 同時同量を実現するための配電計画

経済的で信頼性のある計画の策定

配電は面的な視点で需要家の電力需要を想定して計画しなければなりません。電気は発電量と需要量が一致しなければならない商品であるため、需要量を過少に読み違えすると、電力が供給できず、停電という結果になってしまいます。逆に過大に予測すると無駄な設備投資となって電力料金が上がり、需要家に無駄な負担をかけてしまいます。また、需要家には、高圧で受電して動力や熱源設備を多く使う大口電力需要家だけではなく、商店などの小口電力需要家もいます。一方、事務所ビルやホテル、学校などのように電灯設備や空調設備に多くの電力を使用する業務用電力需要家もいます。需要家の種類や数は地域によって違いますので、現状や今後の予測を含めて配電計画は策定されなければなりません。

電力量を想定する際に重要な数値として最大電力があります。最大電力とは、ある期間で最も多く使用した電力のことです。電力予測には、ある月について毎日の最大電力を上位から3日とり、それらを平均した最大3日平均電力を用います。また、最大電力は需要家の電気設備の容量より小さくなります。ですから、設備容量と最大需要電力の比である需要率を需要家ごとに把握できれば、予測がしやすくなります。なお、それぞれの需要家の最大需要電力が同時刻に発生するわけではありません。ですから、地域の需要家全体を総括した最大需要電力は各需要家の最大電力の和よりも小さくなります。その比率を不等率といいます。さらに、電気の使い方は地域や時間、季節などで変わってきます。そのため、変電所などで、ある期間の平均電力と最大需要電力の割合である負荷率も配電計画に用いられます。

このように、地域における需要家の状況を考慮し、いくつかの諸係数を用いて電力需要の想定を行うことで、配電計画や設備計画が策定され、経済性と信頼性を両立するように配慮していきます。

要点BOX

- 地域の需要家の特性を考慮した計画が必要である
- 需要諸係数を考慮した計画が行われる

需要家の負荷特性

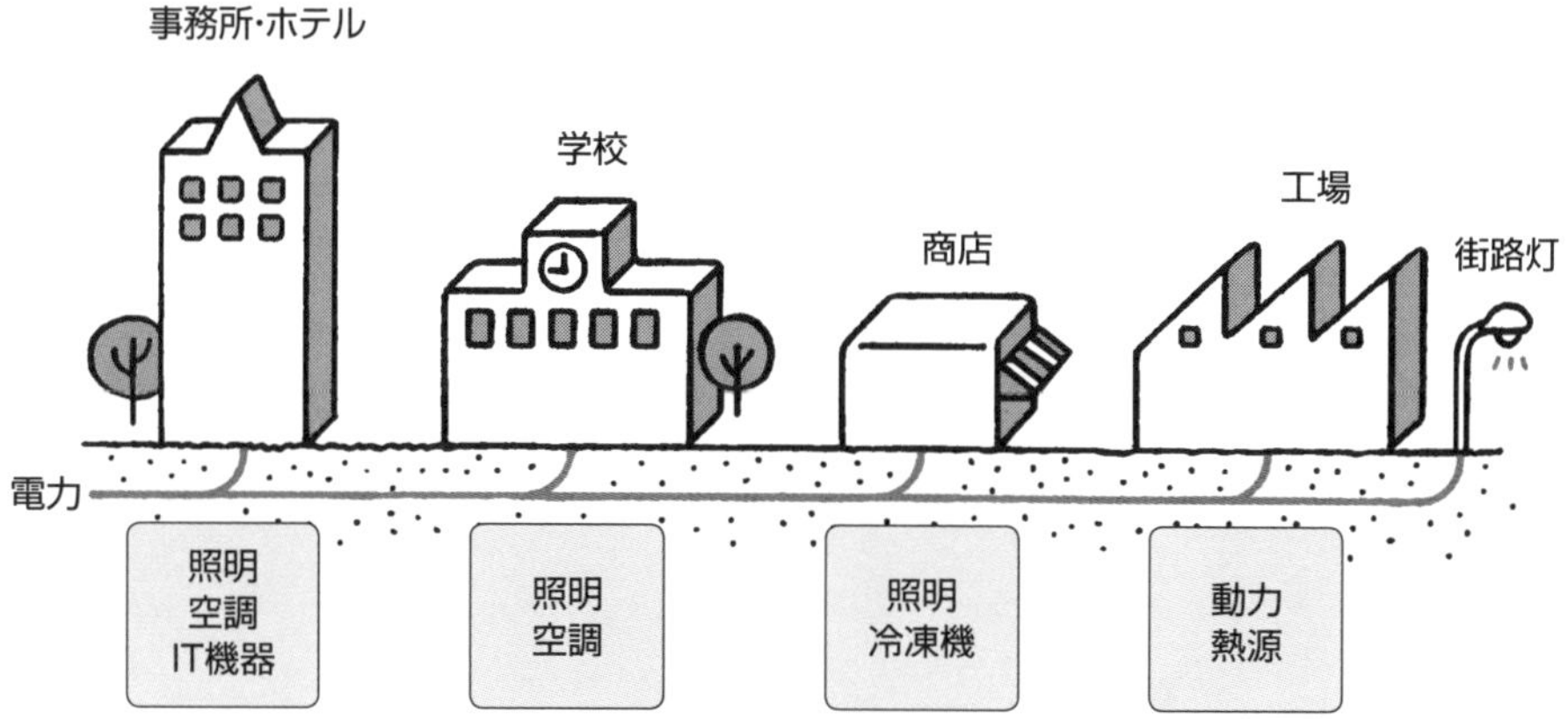

地域特性

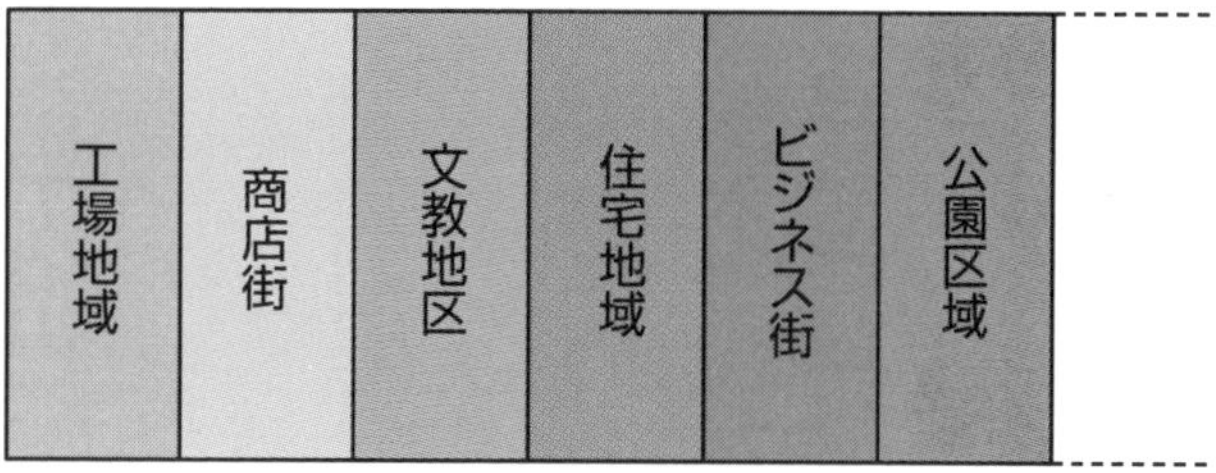

需要諸係数

$$\text{需要率} = \frac{\text{最大需要電力[kW]}}{\text{設備容量[kW]}} \times 100[\%]$$

$$\text{不等率} = \frac{\text{各負荷の最大需要電力の和}}{\text{統括したときの最大需要電力}}$$

$$\text{負荷率} = \frac{\text{ある期間中の平均需要電力}}{\text{その期間中の最大需要電力}} \times 100[\%]$$

42 安定した電力を送るための電圧調整と周波数制御

変動する電圧と周波数の安定化策

電力系統の電圧は供給量と需要量のバランスによって絶えず変動します。電圧の変動が大きくなると負荷の安定性に問題があるだけでなく、電気機器の寿命にも悪影響を及ぼしますので、電圧を一定の範囲に調整する必要があります。電圧調整は発電所側でも行われていますが、配電変電所でも需要家の電圧が規定範囲になるよう電圧調整されています。ほとんどの配電変電所では、負荷時電圧調整変圧器（LRT）が採用されており、電圧調整を行っています。

負荷時電圧調整変圧器とは、変圧器に負荷がかかった状態で変圧器の巻線のタップを切り換える負荷時タップ切換装置がついた変圧器になります。6項でも説明したとおり、二次側電圧は変圧器の巻線数比に比例します。ですから、巻線のタップを切り換えて、巻線数比を変えることにより電圧の調整を行うのが、負荷時電圧調整変圧器です。

また、27項でも説明したとおり、配電線路が長いと電圧降下が発生し、需要家側で規定の電圧よりも低く受電する結果になります。そういった場合を想定して、線路電圧降下補償装置を設けて、負荷電流が大きい場合には変電所からの送り出し電圧を上げ、逆に負荷が軽くなった場合には送り出し電圧を下げる操作を行います。

電力の需要と供給の変動は周波数も変化させます。周波数の変動についても、負荷側に悪影響を及ぼしますので、電力会社では標準周波数に対する変動幅を設けて管理を行っています。周波数変動に対しては発電機側での対応となります。通常は火力発電所の出力を変えることにより一定の範囲内に周波数を制御します。しかし、夜間などの低負荷の場合には、ベース電力用の発電設備だけで電力量がまかなえますので、火力発電設備は動いていません。最近では、そういった場合に、可変速揚水発電所を使って揚水運転時に調整する方法もとられるようになってきています。

要点BOX
●電圧は供給と需要のバランスで変化する
●負荷時電圧調整変圧器は電圧を調整する
●周波数調整は通常は火力発電所で調整する

標準電圧と維持すべき値

標準電圧	維持すべき値
100V	101 ± 6V
200V	202 ± 20V

電圧（電気事業法第26条1項、電気事業法施行規則第44条1項）

負荷時電圧調整変圧器

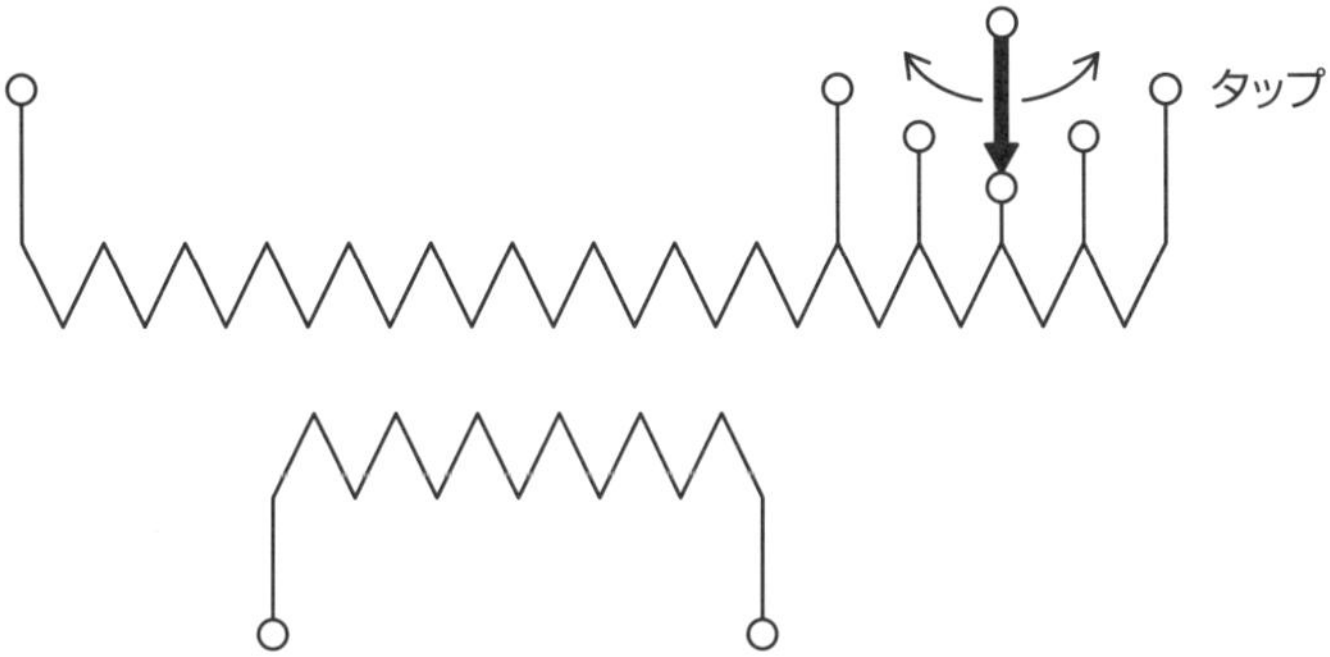

線路電圧降下補償装置

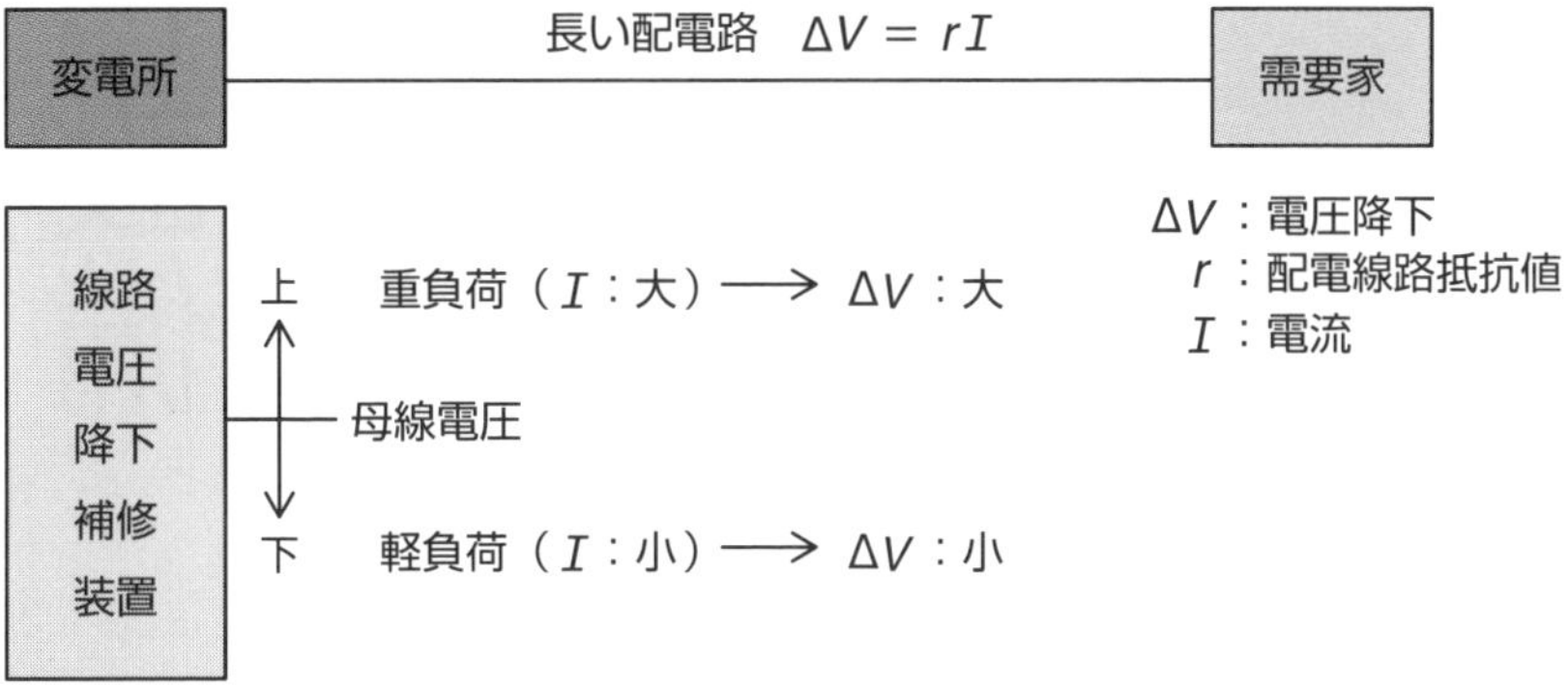

目標周波数

周波数（電気事業法第26条1項、電気事業法施行規則第44条2項）
電気事業者が定める電気の標準周波数に等しい値

日本の電気事業者の目標周波数：
標準周波数（50Hz ／ 60Hz）±0.1～0.3Hz

43 無効電力を調整するための調相設備

無効電力を適切に補償して損失を軽減

電力網にはさまざまな力率の負荷が接続されるために、無効電力が大きくなってしまう場合があります。そういった際に無効電力を調整する設備が調相設備になります。調相設備を導入する基本的な目的は、無効電力潮流を送電線に載せずに、送電線の損失を軽減することです。調相設備として用いられるものには、進相用の電力用コンデンサと遅相用の分路リアクトルがあります。また、進相・遅相の両方に使用できる同期調相機があります。

最近では、電力系統が複雑化しているために、系統の電圧変動現象も同時に複雑化してきています。また、電力系統が巨大化しているため、負荷変動による電圧変動や電圧フリッカの影響が広範囲に拡大する傾向にあります。さらに、重負荷供給系統が増えているため、その系統の電圧不安定現象を抑止し、系統安定度を向上させる必要があるだけではなく、弱小交流系統に直流を適用した場合の電圧安定化なども求められるようになってきています。国際社会的な面からは、地球環境問題が重要性を高めており、再生可能エネルギーの利用が不可欠となってきています。そのため、太陽電池や風力発電、コジェネレーションなどの分散型電源設備が系統に連系されるようになってきており、それらが電力系統に及ぼす影響が大きくなってきています。

そういった電力系統の状況下で安定度を維持するためには、調相制御の応答速度の高速化と、進相から遅相までの連続的な調整が不可欠となってきています。そういった高度な制御を実現するために、静止型無効電力補償装置（SVC）と自励式インバータを用いた静止型無効電力補償装置(STATCOM)が用いられるようになってきています。ただし、これらは、電圧を制御する効果を大きくしすぎると、わずかな電圧変動によって大きく出力を変動させる恐れがありますので、注意しなければなりません。

要点BOX
- ●調相設備の目的は送電線の損失を軽減すること
- ●SVCやSTATCOMが用いられるようになっている

電力用コンデンサによる無効電力補償

交流電力

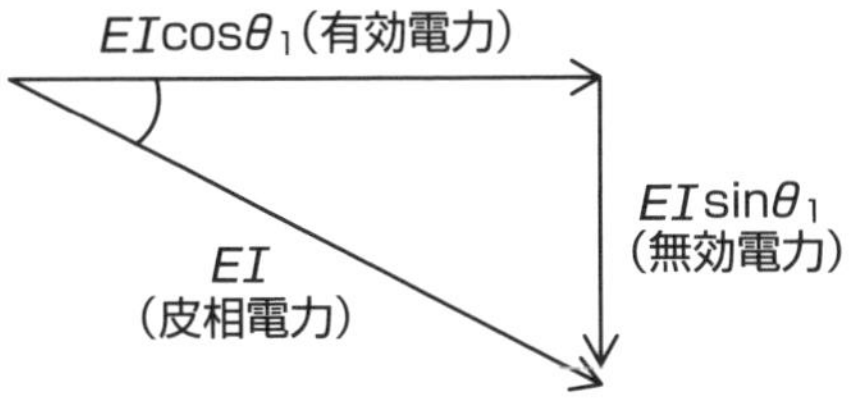

E：電圧
I：電流

電力用コンデンサ設置時

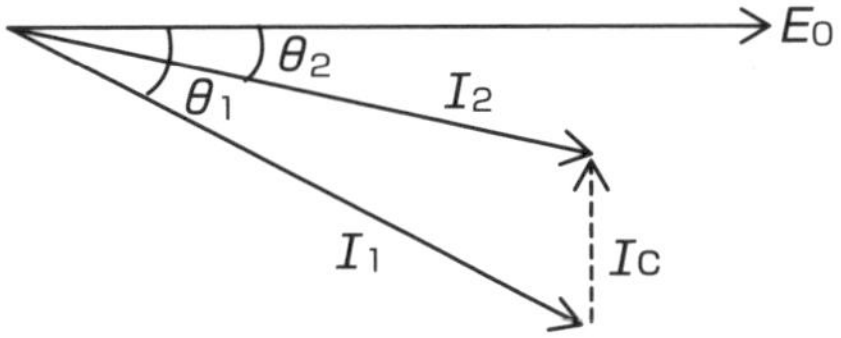

I_1：負荷電流
I_C：コンデンサ電流
E_0：母線電圧
I_2：コンデンサ設置後の負荷電流

$$E_0 I_2 \sin\theta_2 < E_0 I_1 \sin\theta_1$$

調相設備の特徴

項目	電力用コンデンサ	分路リアクトル	同期調相機
初期コスト	小	小	大
ランニングコスト	小	小	大
電力損失	小（出力の0.2％以下）	中（出力の0.5％以下）	大（出力の1.5～2.5％）
保守	容易	容易	難
無効電力吸収能力	進相用	遅相用	進相／遅相用
運用	段階的	段階的	連続的
電圧調整能力	小	小	大

静止形無効電力調整設備（例）

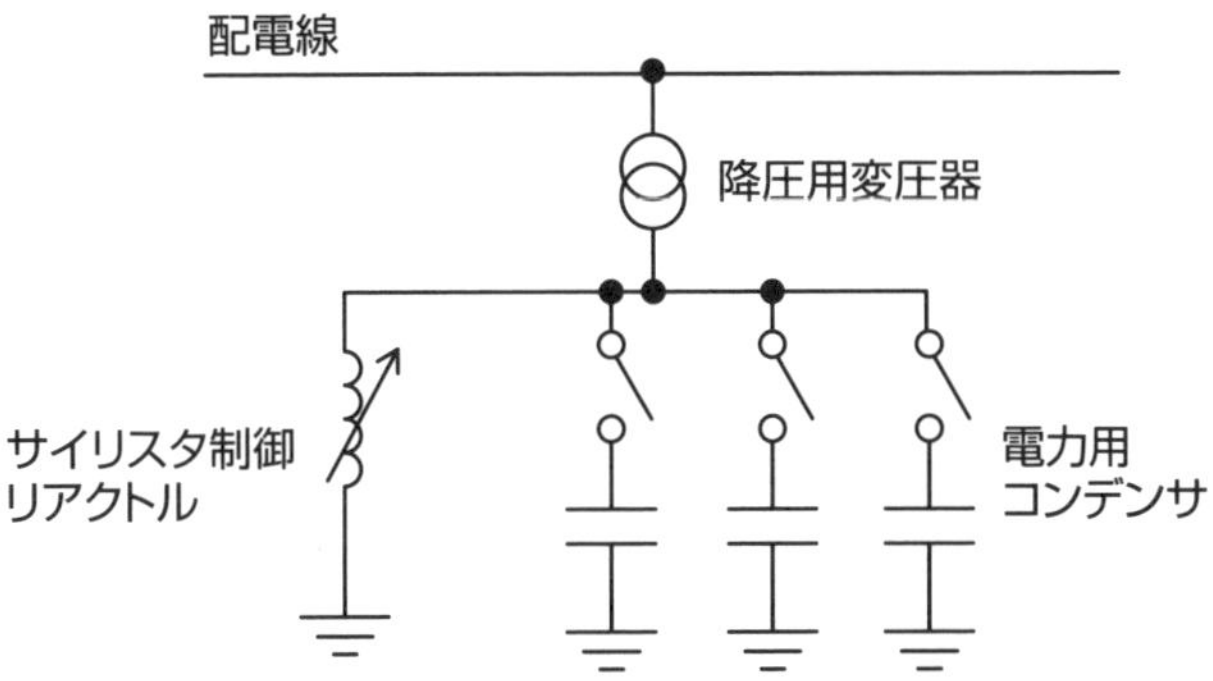

44 電力システムの保全や保護を行うための開閉装置

電路のさまざまな開閉方法

開閉装置は電路の開閉を行う機器の総称ですが、開閉装置には電路の状態や開閉の目的に応じて、いくつかの種類があります。

(1) 断路器

断路器は、電路に定格の電圧がかかっていて、負荷電流が流れていない場合に回路の開閉を行う開閉装置です。

(2) 電力用ヒューズ

電力用ヒューズは、過負荷や電路の短絡時の電流値によって溶断して電路の遮断を行う開閉装置です。一度動作すると新品に交換しなければならないという欠点があります。なお、ヒューズには、高遮断容量を持つ限流ヒューズと、溶断後に発生するアークを絶縁物の分解ガスの噴流によって消弧する非限流ヒューズがあります。

(3) 遮断器

遮断器は、正常時の負荷電流の開閉だけではなく、短絡故障や地絡故障時においても故障電流を迅速に遮断して、電力系統から切り離しを行う開閉装置です。遮断時に発生するアークを消滅させるための手法の違いにより、油遮断器、空気遮断器、真空遮断器、ガス遮断器、磁気遮断器などの種類があります。

(4) 負荷開閉器

負荷開閉器は、平常の負荷通電時の開閉が行えるのに加えて、短絡事故時に短絡電流が遮断されるまでの所定時間の通電に耐えることができる開閉器です。高圧交流負荷開閉器では、通常限流ヒューズ付きのものが使用され、過電流はヒューズで遮断するようになっています。

(5) 高圧カットアウト

高圧カットアウトは、絶縁性能が高い磁器製の筐体内に固定電極を設け、非限流ヒューズを装着できるようにした構造の開閉器です。主に、変圧器一次側の開閉器として用いられています。

要点BOX
- ●断路器は負荷電流が流れていない時に開閉
- ●電力用ヒューズは溶断して電路を遮断する
- ●遮断器は故障電流を遮断できる

開閉装置のしくみ

断路器

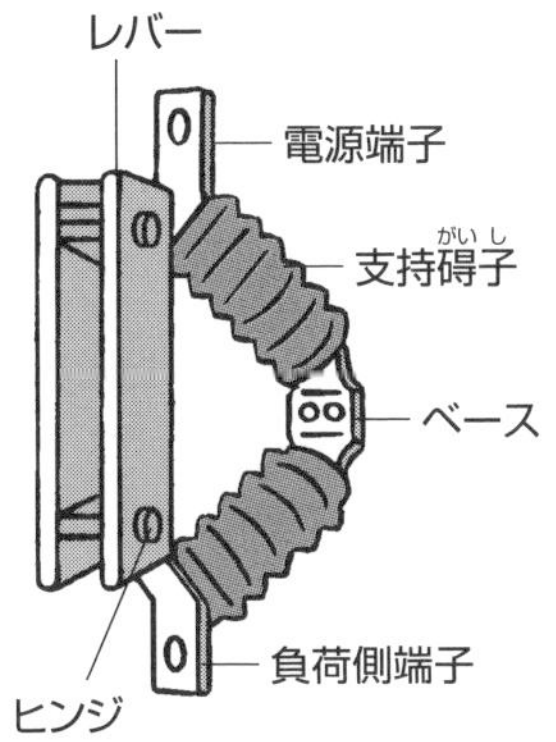

ヒューズ

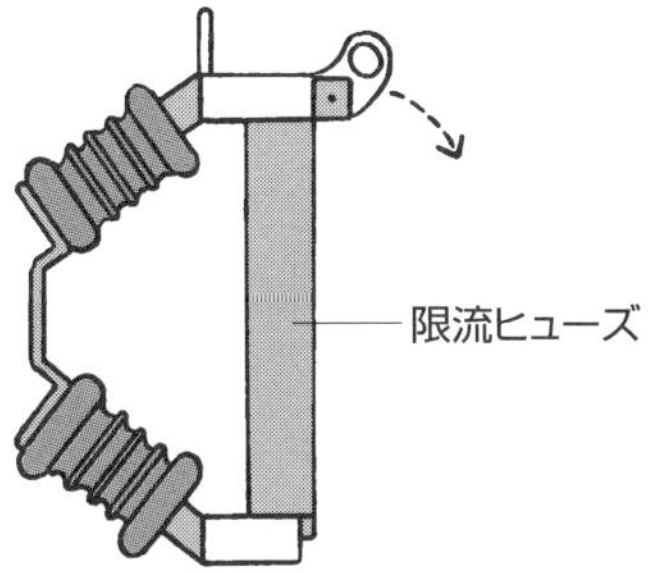

遮断器バルブの構造

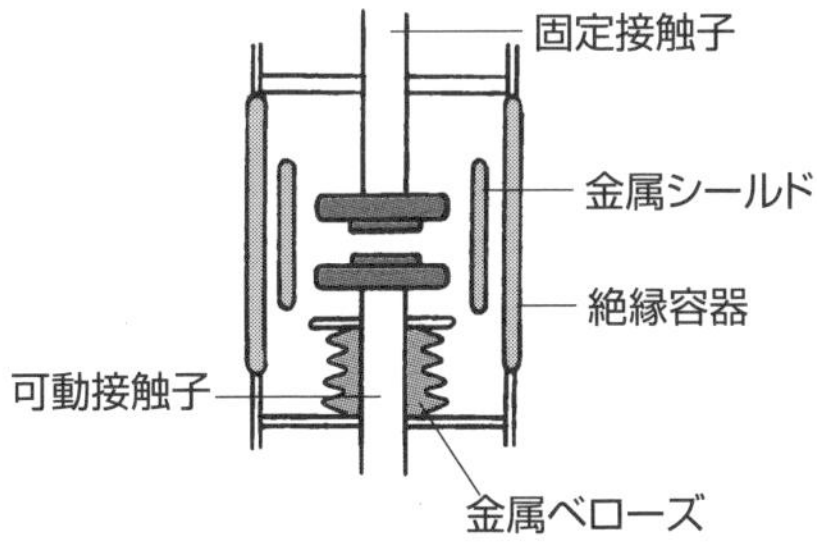

高圧カットアウト

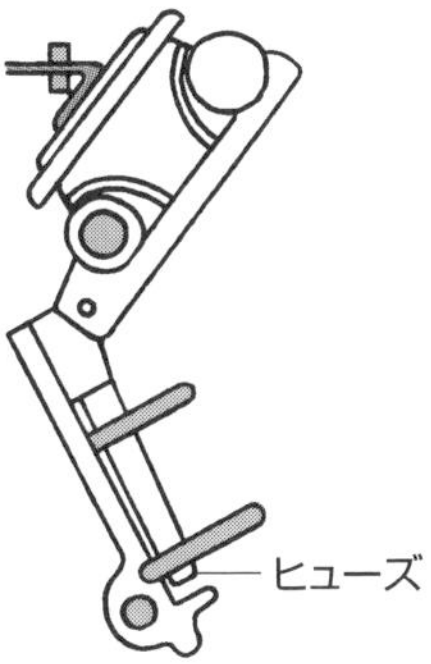

開閉装置の種類

種類	機能	用途
断路器	電流が流れていない状況で開閉できる	保守点検時の回路分離用 電力系統切換の回路分離用
電力用 ヒューズ	過電流や短絡電流の遮断ができる 動作後はヒューズの交換が必要	負荷開閉器との組合わせで利用
遮断器	負荷電流／過電流／短絡電流を開閉できる	回路保護用
負荷開閉器	負荷電流を開閉できる 短絡投入はできるが過電流や短絡電流の開路はできない	頻度の少ない開閉用

45 低い電圧や電流にして電力の状況を知るための手法

電力システムの状態を見える化する

配電電圧は高圧ですので、配電線の電流や電圧を直接測定すると危険が伴います。そのため、電圧や電流を実際の値に比例した低い電圧や小さな電流に変成して読み取る手法が用いられています。そういった目的に使われているのが変成器です。変成器には、次のようなものがあります。

(1) 変流器（CT）

変流器は一次側電流によって誘起された磁束によって二次側電流を発生させる変成器です。変流器の場合には、二次側を開放したりヒューズを設けたりしてはいけません。二次側が開放されると計器に大きな電圧がかかり変流器に接続された機器の絶縁が破壊される危険性があるからです。

(2) 計器用変圧器（VT）

計器用変圧器は、変圧器と同様に一次側の高電圧を二次側電圧（一般的に110V）に変圧する変成器です。

(3) 零相変流器（ZCT）

零相変流器は、地絡事故が起きた際に地絡電流を検出するための変流器です。丸い鉄心内に絶縁された一次側の三相回路導体を貫通させた構造になっています。通常では、三相回路は平衡していますので、二次側には電流が発生していませんが、短絡事故の際には平衡が損なわれ、二次側に電流が発生します。

(4) 接地形計器用変圧器（EVT）

接地形計器用変圧器は、地絡事故が発生した際に、回路に生じる零相電圧検出のために用いられます。

(5) 計器用変圧変流器（VCT）

計器用変圧変流器は、計器用の変圧器と変流器を組み合わせた構造をしており、二次側電圧と二次側電流を検出して、それらの値から電力取引量を計量します。

なお、変成器で変成された電圧や電流は、計器類だけではなく、保護継電器の動作にも使われます。

要点BOX

- ●変成器は実際よりも低い値の電圧・電流に変える
- ●変成器は計器や継電器の動作に用いられる

変成器の種類

変流器（CT）

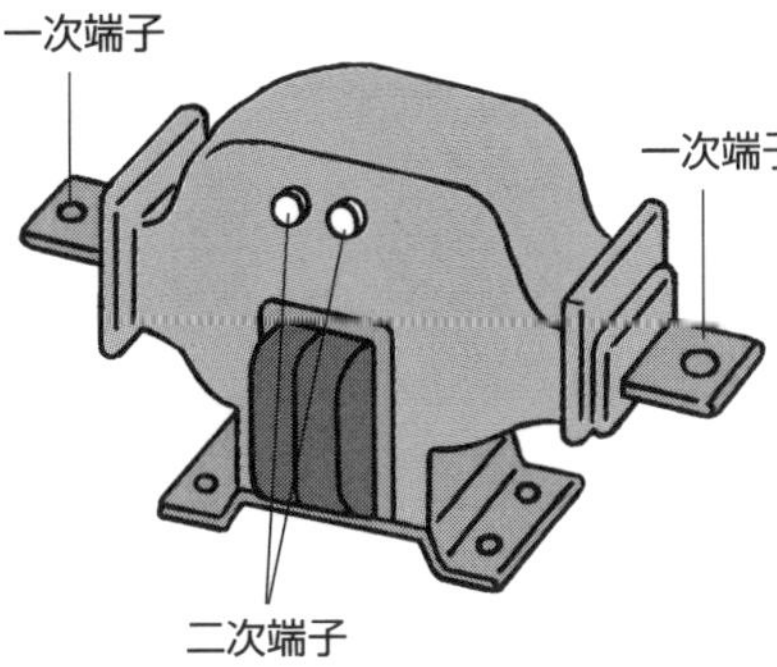

計器用変圧器（VT）

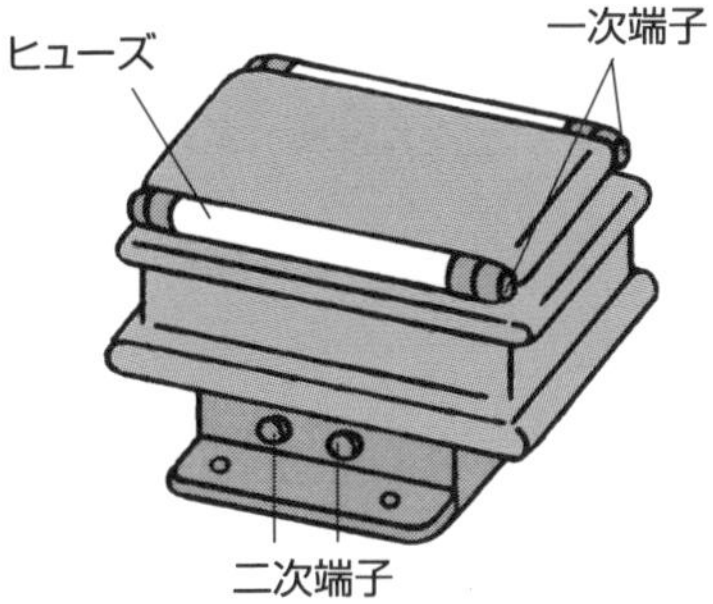

零相変流器（ZCT）

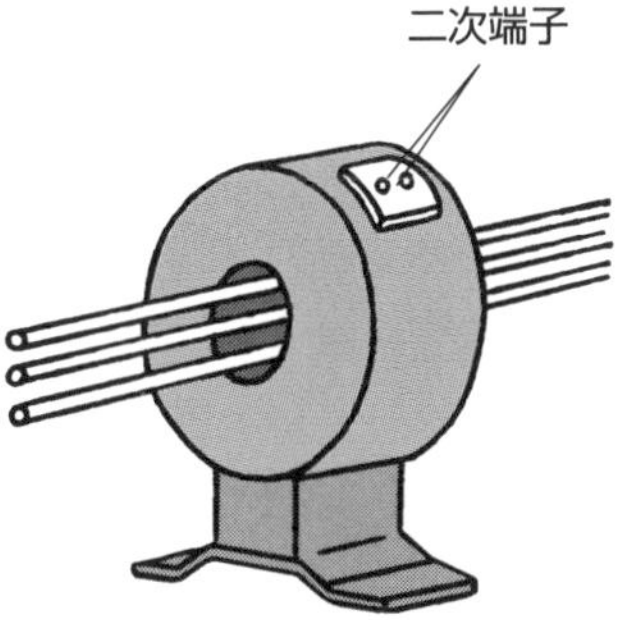

変成器の使用例
（単線結線図表記）

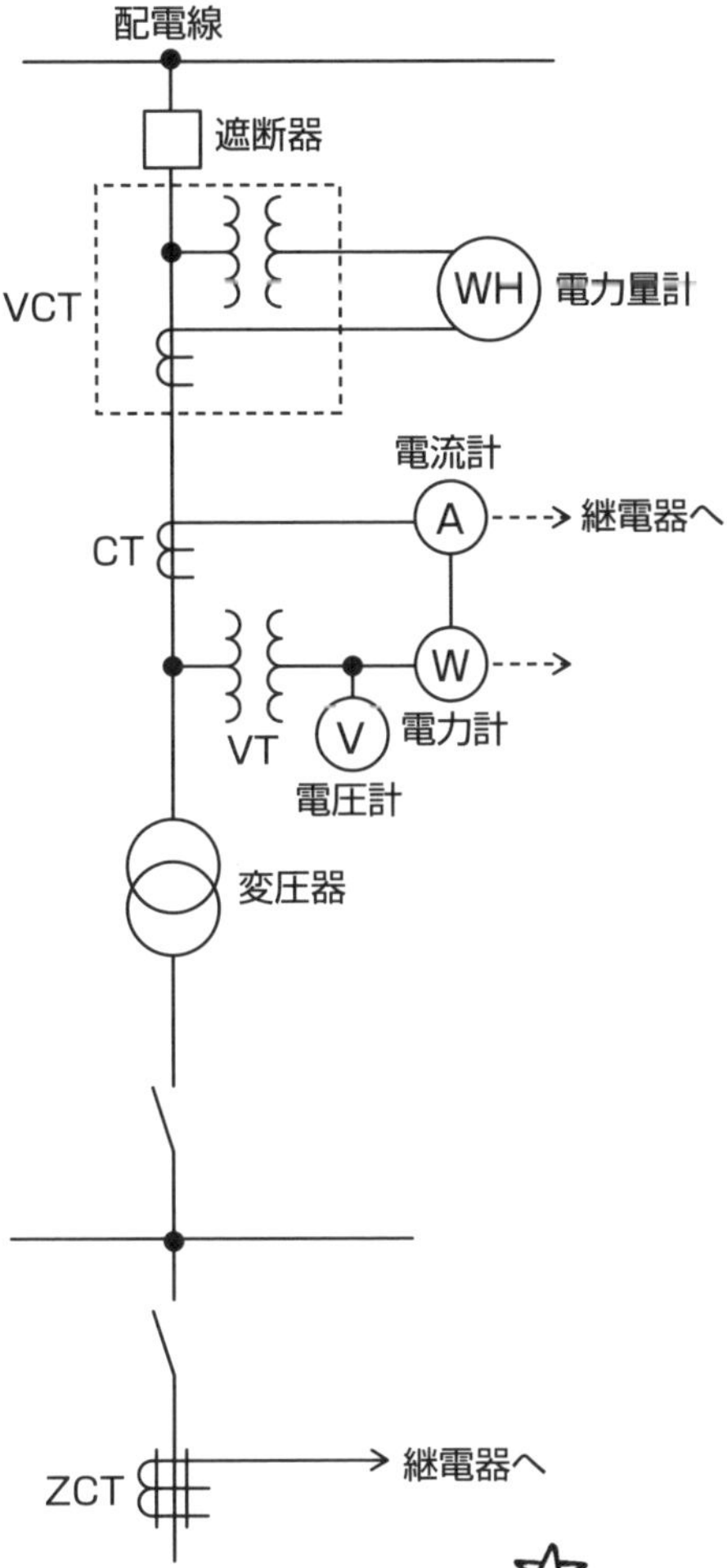

46 障害区域のみを切り離す保護継電方式

主保護継電方式と後備保護継電方式

送配電網を構成する機器の中には、自然の脅威から直接的に影響を受けるものが多くあります。具体的な自然の脅威としては、落雷や台風などによる暴風雨、寒冷地の雪害、海岸域における塩害などがあります。また、電力システムでは多くの需要家に電力を供給しているため、需要家内の事故や電力障害の発生によって供給側が影響を受ける場合も多くあります。このような障害が発生した場合には、異常事態を迅速に検出して、発生した事故区域を最小の範囲で速やかに切り離す作業が必要となります。そういった機能を発揮するのが保護継電器になります。保護継電器は発電所や変電所、開閉所等に設けられており、変成器などから送られてくる情報を用いて、起きている事象の判断を行います。

保護継電方式は、主保護継電方式と後備保護継電方式という考え方からなっています。主保護継電方式は、事故の発生地点を含む最少の区間を速やかに遮断して、故障の拡大を防ぎます。しかし、保護継電器も人工物ですので、主保護がいつも正確に機能するとは限りません。そのため、主保護が適切に機能しなかった際に、時間をおいて動作するのが後備保護になります。なお、保護継電器には目的や機能によって次のようなものがあります。

①過電流継電器：短絡／過負荷保護
②過電圧継電器：地絡事故時の異常電圧保護
③不足電圧継電器：短絡事故／停電保護
④地絡過電流継電器：地絡保護
⑤地絡方向継電器：地絡事故の方向判別
⑥比率作動継電器：変圧器保護
⑦距離継電器：送電線保護

これらの継電器以外に、変圧器に取り付けられた衝撃圧力継電器や温度計など、単独の機器で検出された信号も保護継電方式に組み込まれ、障害が発生した機器を切り離すための動作を行います。

要点BOX
- 保護継電器は事故区間を迅速に切り離す
- さまざまな継電器が組み合わされて保護が行われる

保護協調の考え方

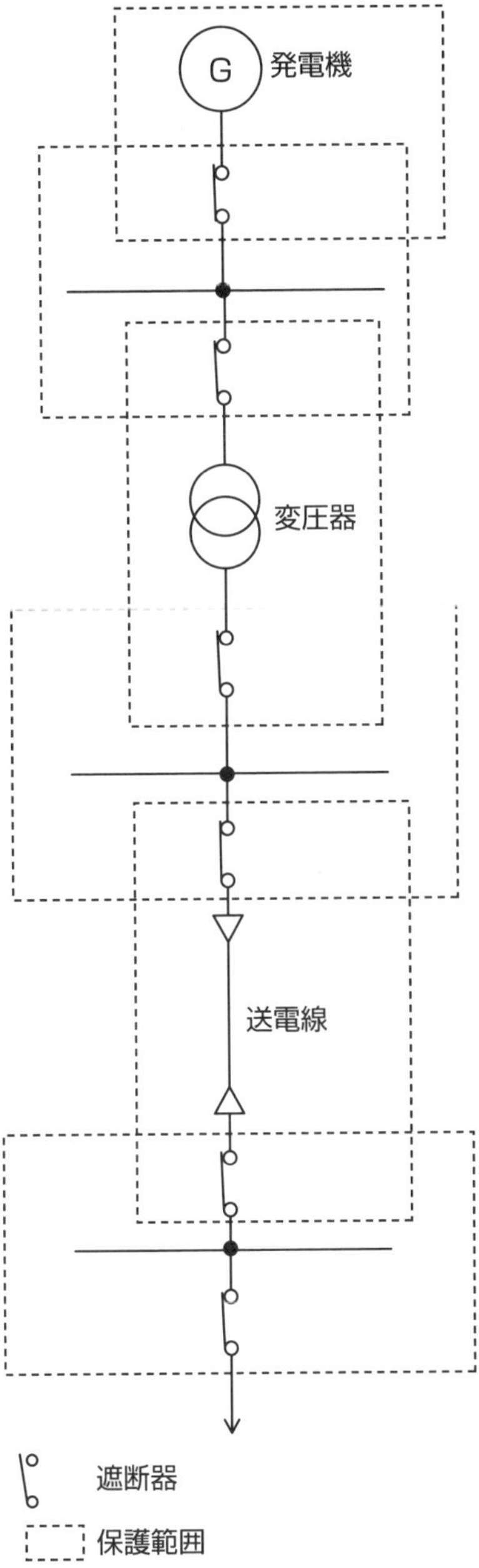

動作時間設定による結果の違い

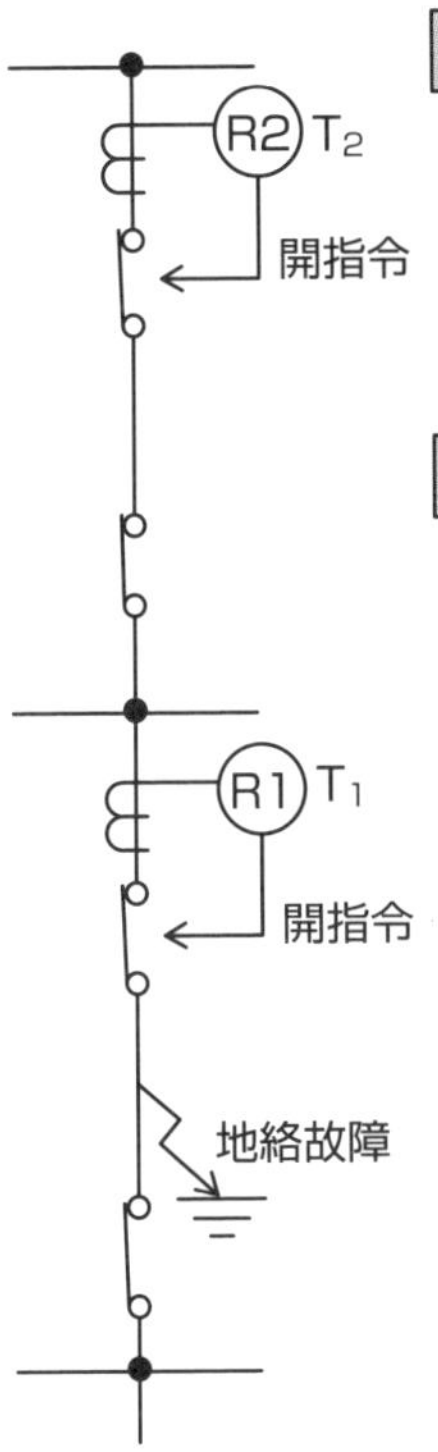

ケース1

T_1 = 0.4秒
T_2 = 0.6秒のとき
R1動作
↓
最小範囲停電

ケース2

T_1 = 0.6秒
T_2 = 0.4秒のとき
R2動作
↓
停電範囲拡大

主保護と後備保護
ケース1
(T_1 = 0.4秒、T_2 = 0.6秒)
R1は主保護
R2はR1の動作失敗時の後備保護

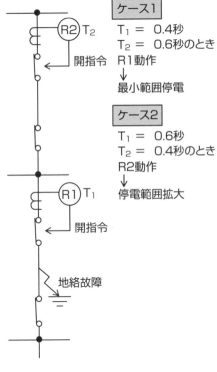

47 小規模需要家に電力を供給する低圧配電方式

需要家の要求に合わせた低圧配電方式

低圧配電線の電気方式や結線は、需要家の負荷特性に応じていくつかの方式から選定されます。なお、どの方式も、保安上の理由から、一線または中性点が接地されます。

(1) 単相2線式

単相2線式は電線2条で配電する方式で、一般的に1線を接地します。この方式は、電灯や電力消費量の少ない機器を利用している需要家への供給方式として用いられています。

(2) 単相3線式

単相3線式は、配電用変圧器の低圧側中性点から中性線を引き出して、低圧巻線外側の電圧線2線と合わせて電線3条で電力を供給する方式です。通常、中性点は接地されます。電圧線と中性線間を100Vとして電灯負荷に供給し、両電圧線間の200Vで動力負荷に供給します。

(3) 異容量三相4線式

異容量三相4線式は、電灯と動力の需要が混在している地域において用いられる方式です。変圧器のV結線の三相3線式200Vに、上記の単相3線式を組み合わせた結線になっています。

(4) 三相3線式

三相3線式は、主に200Vの三相負荷に電力を供給する際に用いられている方式です。次頁の例はΔ結線方式ですがV結線方式やY結線方式もあります。V結線方式は2台の単相変圧器で三相平衡負荷に供給できますので利用されていますが、Y結線方式は特殊な場合にのみ用いられます。

(5) 星形結線三相4線式

星形結線三相4線式は、単相と三相の負荷が混在している需要家に供給するための方式です。この方式では、単相負荷と三相負荷の定格電圧の比が1対$\sqrt{3}$となります。日本では、大規模な集合住宅地域の400V級配電系統として用いられています。

要点BOX

- ●電気方式は負荷特性に応じて選定される
- ●星形結線三相4線式は大規模な集合住宅地域に用いられる

低圧配電線の電気方式

単相2線式

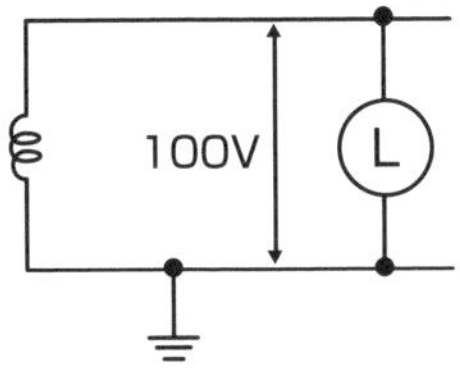

単相3線式

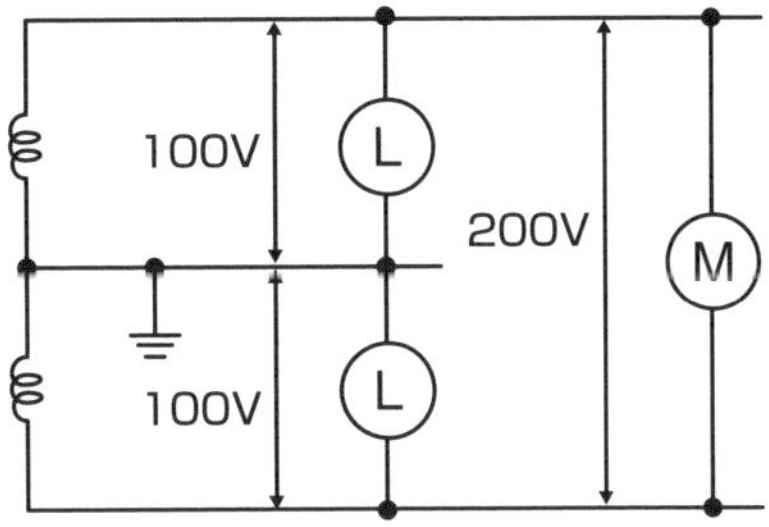

異容三相4線式

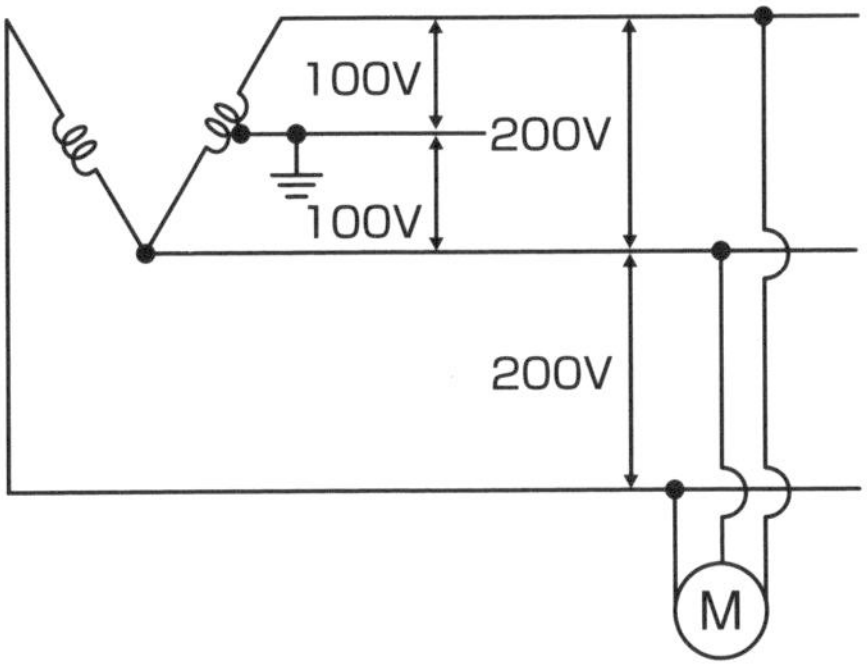

三相3線式

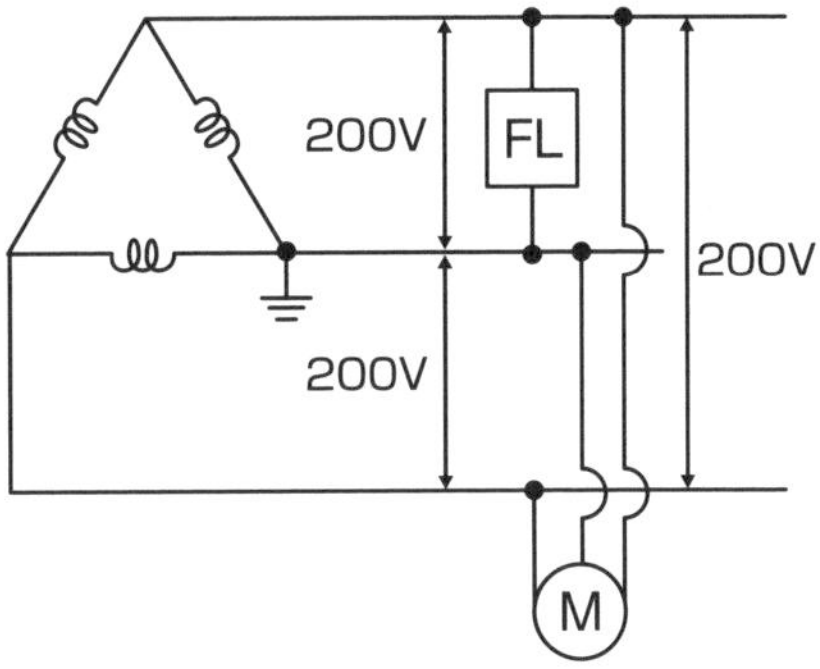

星形結線三相4線式

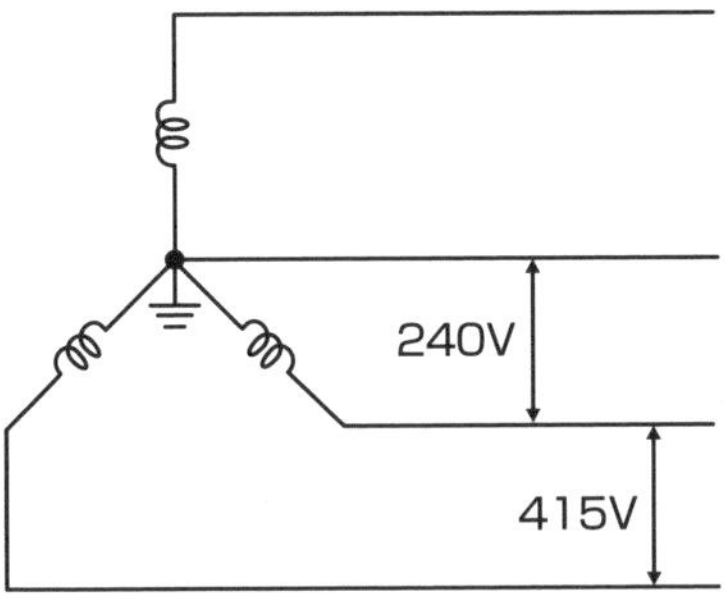

(L)：電灯負荷

(M)：動力負荷

[FL]：200V電灯負荷

48 一般需要家につながる架空配電線路

電柱上にある機器たちの目的

架空配電線は、配電用変電所から需要家まで電力を送り届ける設備で、電線や機器を支える支柱に次のような機器が設置されています。

(1) 架空地線

架空地線は、配電線路の上部に設置されて、遮へい角内の電線に対して、雷によって発生する電線の被害を防止する電線です。この電線から地上の接地極までは、接地線が接続されます。

(2) 電線

配電線の電線には、一次側の電圧を送電する高圧線と、柱上変圧器によって降圧された二次側の電圧を送電する低圧線があります。また、需要家に電気を引き込むための引込線が設けられます。

(3) 碍子《がいし》

碍子《がいし》は、電線と支柱を絶縁するもので、高圧用と低圧用があります。

(4) 柱上変圧器

柱上変圧器は、配電用変電所から送られてくる高圧（6600V）の電力を需要家が使用する低圧（100V、200V）の電力に変換する機器です。

(5) 高圧カットアウト

高圧カットアウトは、変圧器一次側の開閉器として使用され、変圧器の過負荷や内部短絡故障などの際に自動的に内蔵する高圧ヒューズが、高圧配電線から変圧器を切り離す役割をしています。

(6) 柱上開閉器

柱上開閉器は、主に配電線の作業時における作業区分用、または故障時の区間切離し用として使用される開閉器です。

(7) 引込線

引込線は、低圧配電線から需要家に電気を引き込むための電線です。需要家の設備に異常があった場合には、その引込線を分離・遮断するためにヒューズが設けられています。

要点BOX

- ●電柱にはさまざまな配電機器が設置される
- ●柱上変圧器は需要家が使用する電圧に降圧する

架空配電線略図

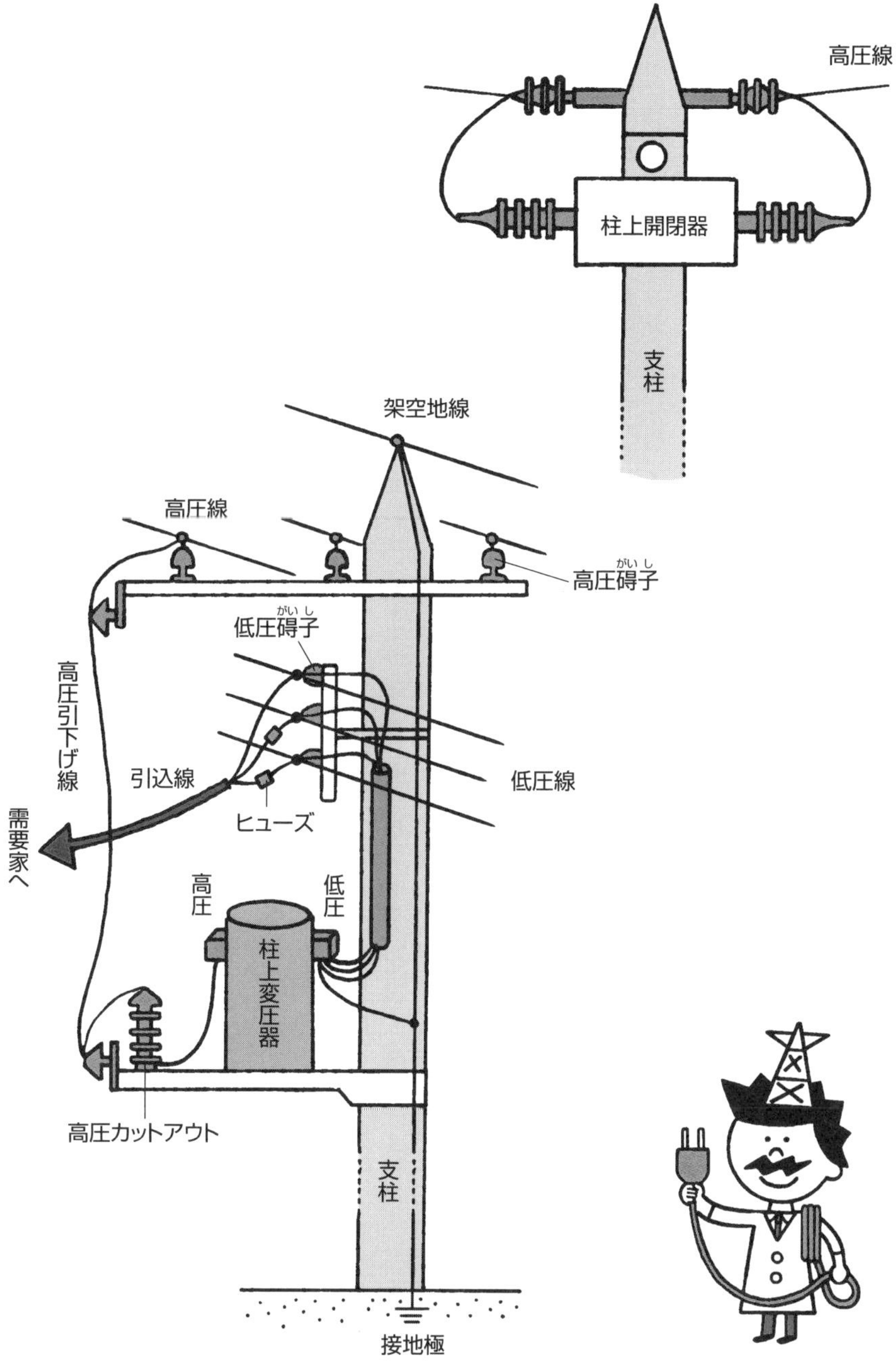
高圧線
柱上開閉器
支柱
架空地線
高圧線
高圧碍子《がいし》
低圧碍子《がいし》
高圧引下げ線
引込線
低圧線
ヒューズ
需要家へ
高圧
低圧
柱上変圧器
高圧カットアウト
支柱
接地極

49 架空配電線路には設置規定がある

配電線による事故を防ぐ規定とは

架空配電線は地上部に露出されて架設されるため、さまざまな施設との交差や近接が生じます。電線は、夏場などの高温期には熱膨張によって伸びますし、台風などのような強風時には、風によって揺らされて位置が動きます。そのため、配電線の架線位置によっては、接触による感電や地絡が発生してしまう危険性があります。その結果、健全な運用の妨げとなる可能性があります。また、交差する施設が道路や鉄道などの運輸施設の場合には、その上を人や車、電車、船などが行き交いますので、施設の上を動くものの高さ分、物体または人体が配電線に近づく結果になります。そういった場合にも障害が生じないようにするためには、一定の離隔距離を確保しなければなりませんので、具体的に数値が定められています。

道路を横断する低圧および高圧の配電線の場合には、道路路面上から6m以上に架線されなければならないとされています。道路上に横断歩道橋が設置されている場合には、横断歩道橋の歩道面からの離隔距離が定められています。この場合には高圧と低圧で離隔距離が違っており、高圧架空電線の場合には3・5m、低圧架空電線の場合には3mとなっています。なお、低圧架空電線を道路以外の場所に施設する場合には、地表面から4m以上の位置とされています。

鉄道や軌道の上を配電線が横断する場合には、レール面から5・5m以上の高さに架線しなければなりません。一方、運河などの船の往来がある場所の上に架線する場合には、航行が予定されている最大の船舶のマストの高さを超えるようにしなければならないとされています。この場合には季節による水面の変化も考慮しなければなりません。また、同様に河川の上を配線するケースで、橋の側面に電線を施設する際には、その造営材からの離隔距離が定められています。この場合には、高圧送電線では60センチ以上、低圧送電線では30センチ以上とされています。

要点BOX
- ●運輸施設上架線は最低高さが定められている
- ●橋側面に架線する場合は造営材との離隔距離が定められている

架空配電線路の設置規定

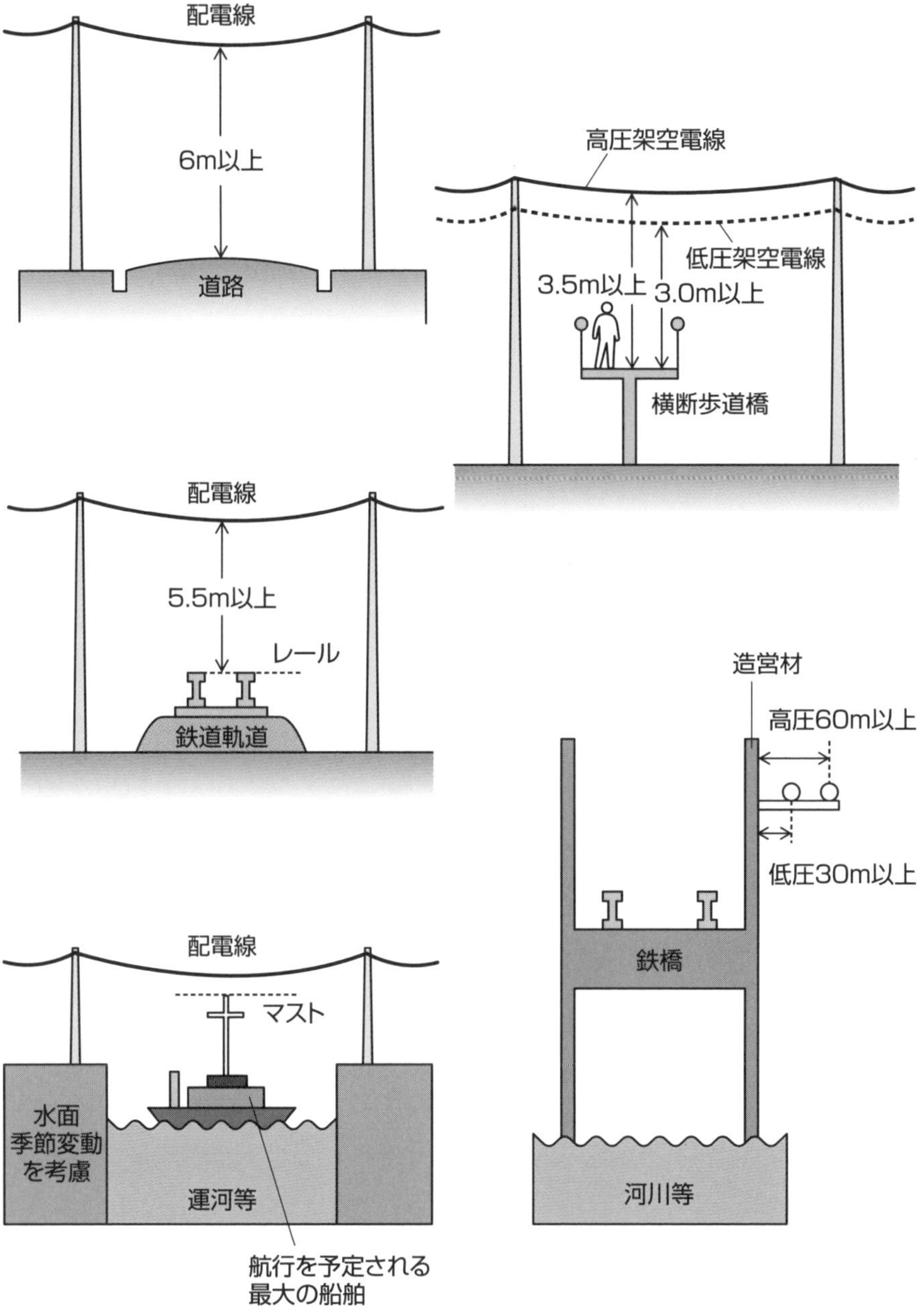

配電線
6m以上
道路
高圧架空電線
低圧架空電線
3.5m以上
3.0m以上
横断歩道橋
配電線
5.5m以上
レール
鉄道軌道
造営材
高圧60m以上
低圧30m以上
鉄橋
河川等
配電線
マスト
水面
季節変動
を考慮
運河等
航行を予定される
最大の船舶

50 都市部の美観と安全を考慮した地中配電線路

自然災害時へのレジリエンスに配慮した配電

都市部で配電する場合には、街並みの景観にも配慮して、地中配電線路方式が用いられています。この方式は架空配電線路方式に比べて建設費用が高いという問題はありますが、台風などの強風による被害は架空配電線路よりも低くなります。しかし、大雨などによる冠水によって被害が発生する恐れがあります。また、維持管理の面では、配電線路の故障が発生した場合に、埋設された配電線路内のどこで故障が起きているのかを発見するのが、架空配電線路に比べて難しくなり、故障の復旧に時間がかかる場合があります。また、道路の下には、水道管やガス管など、他の事業者が使用しているスペースがありますので、計画する際にそれらの事業者との調整が必要となります。幹線道路を横断して配線を埋設する場合には、工事自体が交通の妨げとなりますので、社会的な影響を少なくする工事管理が求められます。

地中配電線路の多くは地中に埋設されていますので、一般の人の目に触れる部分は地上に設置された搭（盤）類になります。外見は鉄製の箱ですので、違いはわかりにくくなっていますが、いくつかの種類があります。

(1) 地上設置高圧配電搭

地上設置高圧配電搭は、高圧の需要家に対する分岐線や引込線を分岐する場合に設置する開閉器箱になります。

(2) 地上設置変圧器搭

地上設置変圧器搭は、開閉器や保護装置を付属した変圧器を収納した配電箱です。低圧の開閉器を同一筐体内に内蔵したタイプもあります。

(3) 地上設置低圧配電搭

地上設置低圧配電搭は、変圧器搭から引き出された低圧の電源を個々の低圧の需要家に分岐するための開閉器箱になります。

これら以外に、変圧器と開閉器を地下に埋設する地中変圧器もあります。

要点BOX

- ●自然災害に対する強靭化
- ●地中配電線路は建設費用が高い
- ●地上には地上設置変圧器搭などが設置される

地中配電線路

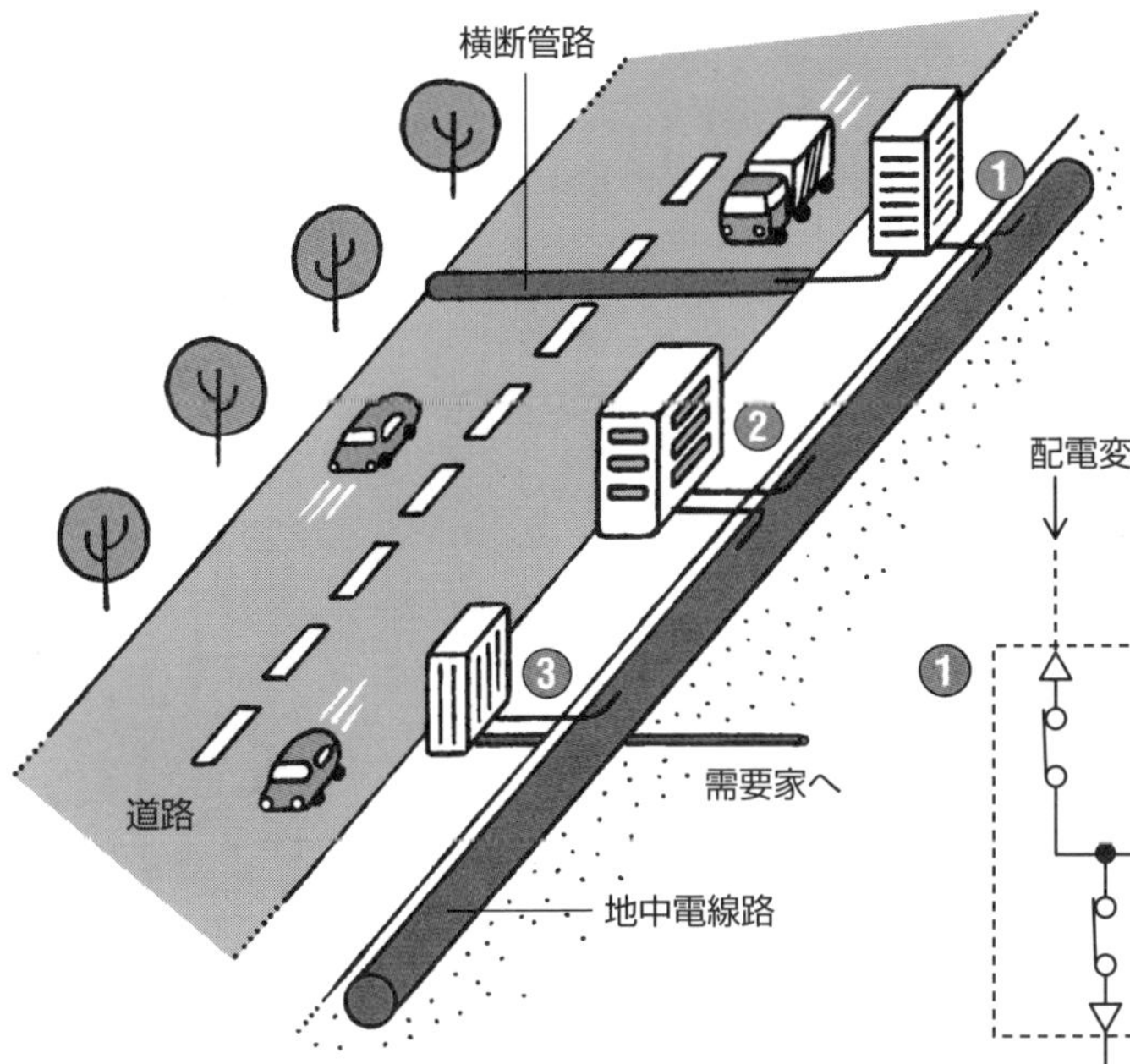

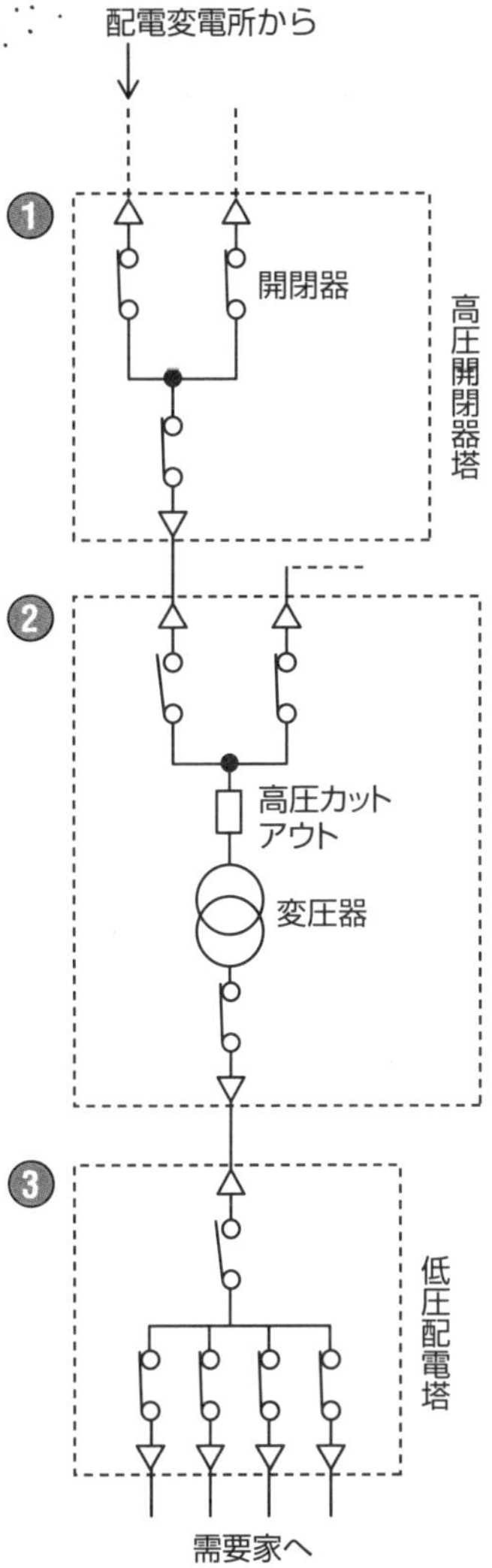

地中電線路の方式

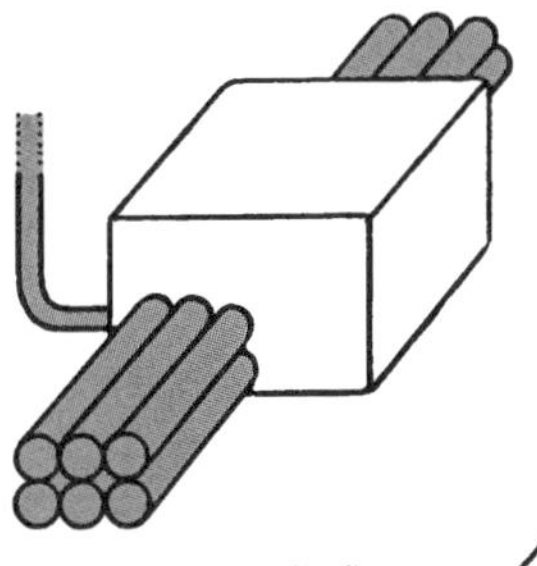
C.C.BOX方式

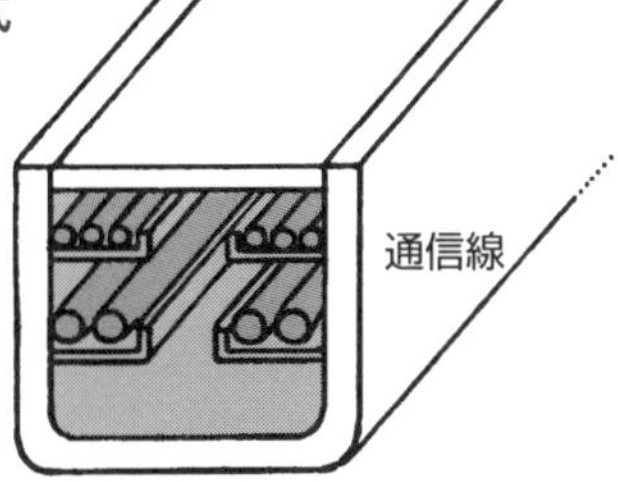

CAB方式

51 地中電線路にはさまざまな保護がされている

地中埋設の方法とそれらの特徴

地中電線路は地上部に電線路が露出しないので景観的には優れていますが、電線路が外圧等により損傷を受ける危険性があります。そのため、そういった危惧をなくす対策が定められています。なお、地中埋設の方法としては、以下のものがあります。

(1) 直接埋設方式

直接埋設方式は、埋設箇所を掘削した後に、ケーブルを布設し、その後に砂や土で埋め戻す方法です。上部からの外圧を防ぐために、堅牢なふたや板をケーブルの上部に設置します。この方式は布設工事費が安く、工期も短いという特長があります。しかし、保守や点検が難しいだけでなく、増設する必要が生じた場合には工事が難しくなります。

(2) 管路埋設方式

管路埋設方式は、合成樹脂管やコンクリート管、鋼管などの中にケーブルを布設する方式です。途中にマンホールやハンドホールを設置して、そこからケーブルを引き入れます。管路を設置する工事費が高くなりますが、ケーブルの保護は十分にできます。予備の管路を計画していると増設は容易にできますが、管路には湾曲制限があります。

(3) 暗きょ方式

暗きょ方式は、地中にケーブル設置用の洞道やふたがつけられる開きょを設けて、その中にケーブルを敷設する方法です。そのため、工事期間も長くなり、建設費用も高くなります。しかし、多くのケーブルを敷設するような場所においては、保守や増設の容易さが得られますので、有利な方式といえます。都市部においては電話やガス、水道などの事業者と共同で共同溝を設ける場合も増えています。共同溝方式であれば、経済的な負担をある程度低減できます。

このように、埋設する方式にはいくつかありますが、埋設されたケーブルの保護のために、埋設深さや方法でいくつかの規定が設けられています。

要点BOX

●直接埋設方式は工期が短く経済的である
●管路埋没方式ではマンホールなどを設ける
●都市部においては共同溝方式が増えている

地中電線路の方式

直接埋設方式

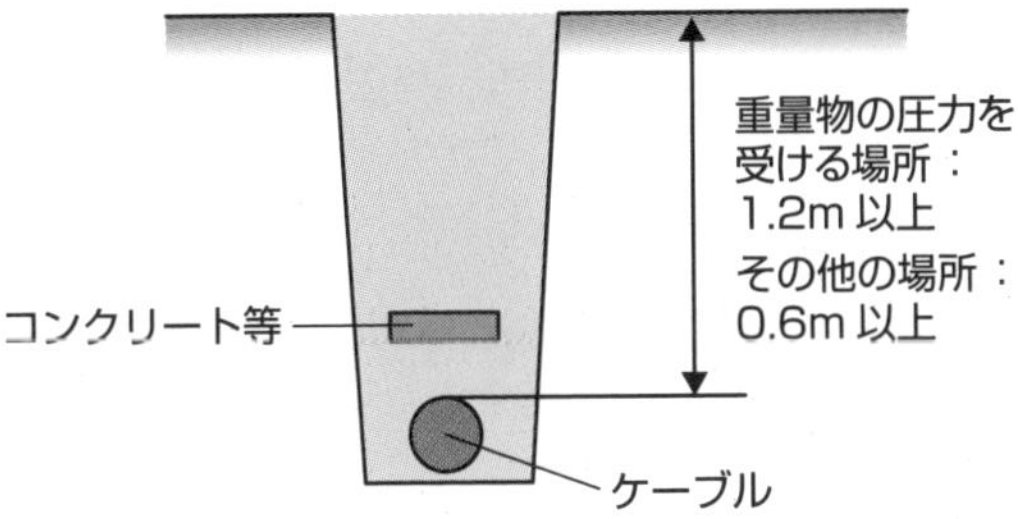

長所　工事期間が短い
経済的

短所　外傷を受けやすい
保守･点検が難しい
増設が難しい

管路埋設方式

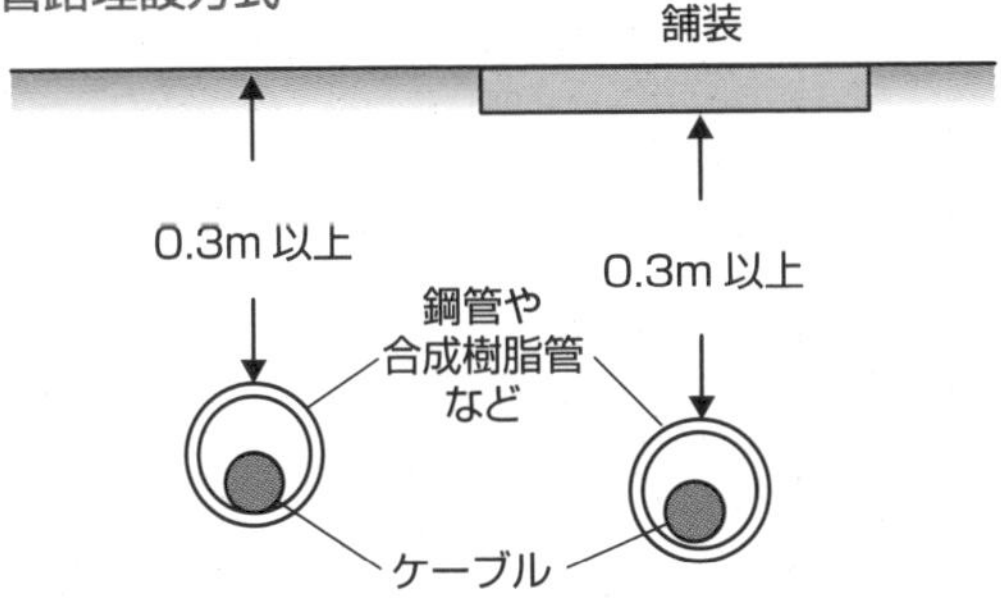

長所　外傷を受け難い
埋設・ケーブル撤去が容易

短所　管路工事費が高い
管路の曲がりに制限がある
ケーブル条数が多いと送電容量に制限がでる

暗きょ方式

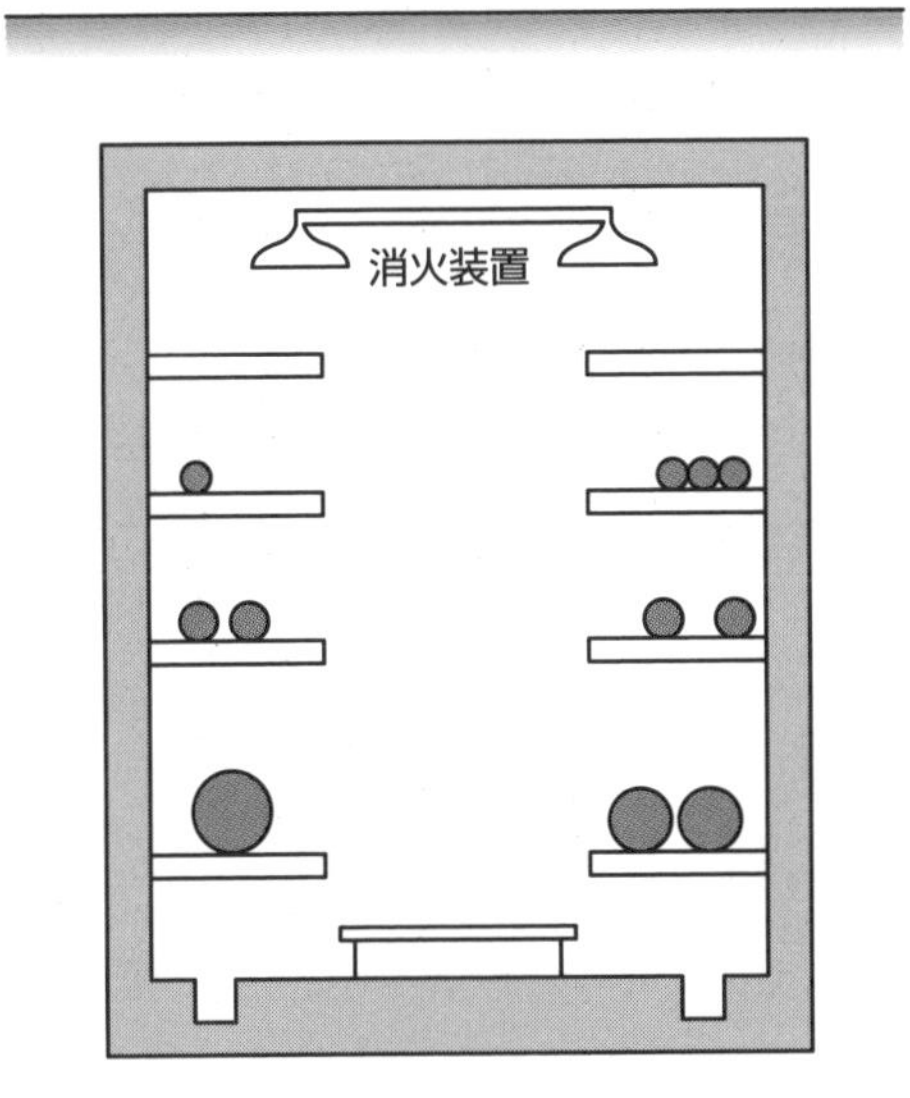

長所　埋設が容易
点検が容易

短所　工事費が高い
工期が長い
火災時の被害が大きい

Column

事故波及防止と再閉路

実際の送配電網は複雑で、分散して配置されている複数の発電所から電力が需要場所に送られてきます。しかも複数の回線を使って送られてきますので、発電所から送電される電力だけを見ても非常に複雑な構成になっています。さらに需要家の数は膨大で、そのニーズも多様です。需要家の中には、電気的に不安定な負荷を多く使っているところもありますので、その状況が同じ配電網につながっている他の需要家に影響を与える場合も少なくありません。そういった点では、配電網は、発電と送配電だけでなく、消費の面からも電力網を適切に維持できるよう管理しなければならないという使命を担っています。しかし、電力システムの事故を完全に回避することはできませんので、事故発生時に事故の波及を防止することも、送配電設備の重要なポイントとなります。

具体的には、需給のバランスが崩れた場合に、系統周波数が変動する場合があります。その場合に、一部の小系統の変動をその外側にある大系統に波及させないためには、問題を発生している系統を電力システムから早急に分離する必要があります。系統の分離や負荷遮断を行った場合にも、電圧の上昇や低下などの現象が生じます。そういった場合には、高速な無効電力制御を行って、電圧を安定させる必要があります。

このように、電力システム上で事故が起きることを完全に防止できない以上、最小限の範囲で事故の影響を抑え込む対策が欠かせません。

一方、事故が発生して停電などの障害が発生した場合に、それが長期化することは需要家に大きな影響を及ぼします。そのため、送電線事故等が発生した際に遮断器を開放した後、一定期間経過後に自動的に再閉路する仕組みが採られています。架空送電線路で起きたアーク事故では、事故遮断後にアークが自然消滅して絶縁耐力が回復します。そういった事故の場合には、できるだけ早期に遮断器を投入して平常運用に戻すことが、電力システムの安定に貢献します。再閉路の手法にはいくつかありますので、系統電圧や系統構成、系統の重要性などを鑑みて検討されなければなりません。

このように、地域や日本の電力網を安定的に運用するために、さまざまな仕組みが電力システムの中でこれまで構築されてきています。

第6章

電気の安全と品質を守るための苦労

52 高調波やフリッカが生み出す障害を防ぐ

電圧変動の要因を考慮した対策

(1) 高調波

高調波とは、基本周波数の整数倍の周波数の波です。東日本の電源周波数は50Hzですので、第3次高調波は150Hz、第5次高調波は250Hzとなります。これらの高調波が発生すると、基本波との合成でひずみ波となりさまざまな障害を発生させます。高調波が発生する原因は、アーク炉やサイリスタなどの変換装置のような、交流波形をひずませる機器が負荷に存在している場合です。最近では、産業用だけでなく家庭用機器にもインバータが多用されていますので、高調波の発生源は非常に多くなっています。その結果、電力系統における高調波含有率が増加しています。この高調波が電力系統や負荷機器に与える障害例を左頁の表にまとめましたので参照してください。

高調波障害による被害防止のための対策としては、次のような方法があります。

①直列リアクトルの耐量をアップする
②力率改善コンデンサを低圧側に設置する
③高調波フィルタを設置する
(アクティブフィルタ、パッシブフィルタ)
④　高調波検出装置を設置し、電路を遮断する。

(2) フリッカ

電力系統にアーク炉や溶接機、圧延機などのように電流値が急激かつ大きく、しかも不規則に変動する負荷が接続された場合には、系統電圧が不規則な変動を起こします。その現象をフリッカといいます。フリッカが起きると、精密機械装置の動作に不具合が生じたりします。また、蛍光灯などの照明にちらつきを生じさせ、それが著しくなると人に不快感を与える結果となります。ちらつきの尺度は、電圧変動の周波数成分で人間が最も感じやすい10Hzの成分に補正したフリッカ許容値ΔV10を用います。電力系統側での対策としては、供給を専用線にしたり、短絡容量が大きな系統にするなどの方法があります。

要点BOX
- ●アーク炉や変換装置によって高調波が発生する
- ●高調波の発生源は増えている
- ●アーク炉や溶接機負荷はフリッカの原因となる

高調波含有率

$$高調波含有率（ひずみ率）= \frac{高調波成分実効値}{基本波成分実効値}$$

高調波障害例

機器	障害の現象	障害の影響
変圧器、コンデンサ、リアクトル	過負荷、過熱、異常音発生	絶縁劣化、寿命短縮
電力量計	測定誤差	電流コイル焼損
過電流継電器	設定レベル誤差、不動作	電流コイル焼損
電力ヒューズ	過熱	溶断
電子応用機器	特定部品の過熱、誤動作	寿命低下
蛍光灯	コンデンサ、チョークの過熱	焼損
誘導電動機	二次側過熱、異常音発生、振動発生、効率低下	回転数の変動、寿命低下
同期機	振動発生、効率低下	寿命低下
無線受信機	特定部品の過熱、雑音発生	寿命低下

ちらつき視感度

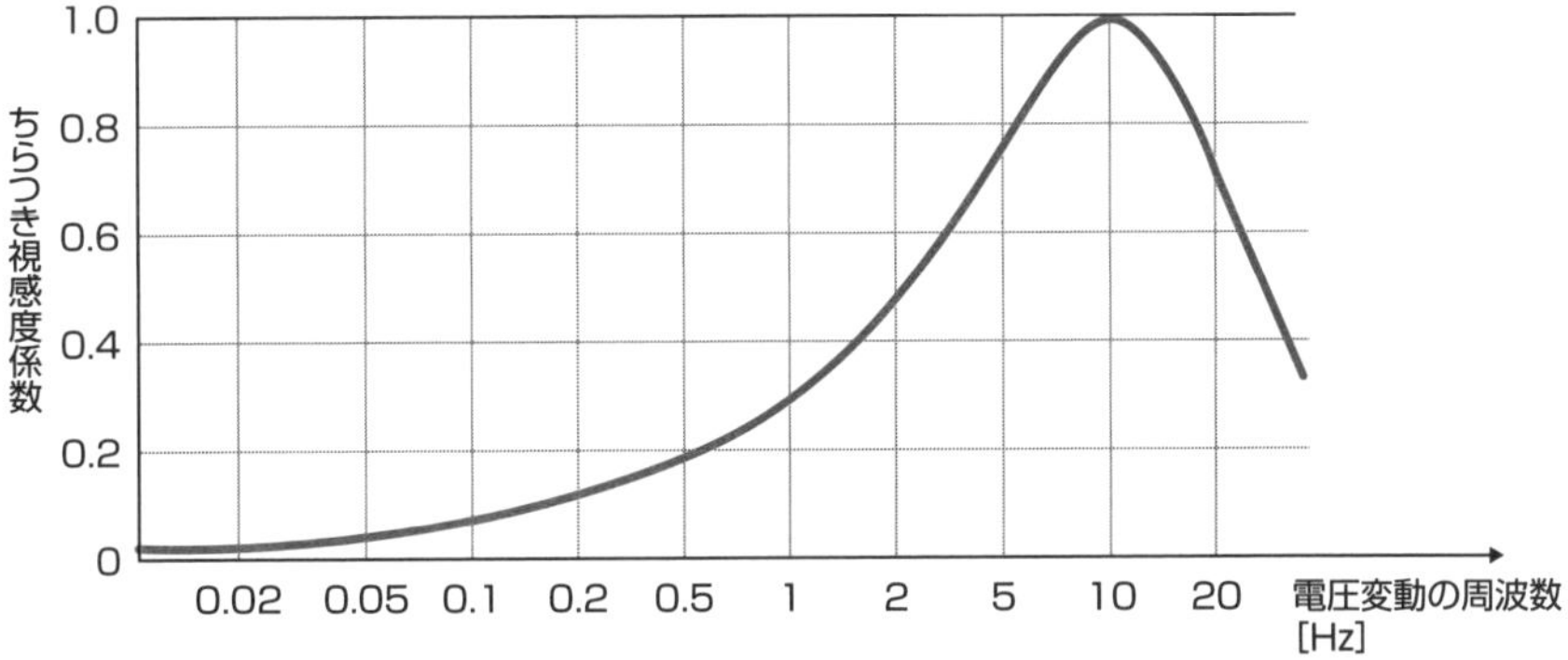

53 人や機器を保護するための接地工事の種類

大地と同電位にする目的とは

接地は、電気分野においては大きなテーマの1つです。接地を施す目的にはいくつかありますが、そのうち重要なものを示しますと、次のようになります。

(1) 感電防止

人が触れるものを同電位にすれば感電は起きませんので、接地によって電位を大地と同じにする方法です。ただし、接地を施していたとしても、落雷時などには、歩幅電圧や接触電圧が発生しますので、万全というわけではありません。

(2) 機器の損傷防止

雷や開閉サージ、共振、他の電圧系統との混触などによって過電圧が発生すると、電気機器の絶縁物や機能を破壊してしまいますので、接地はそういった過電圧の発生を抑制します。

(3) 地絡検出

電力の送配電網では地絡事故は比較的多く発生します。そういった現象を検知して、早期に系統を分離するために、接地は必要となります。

なお、電気設備技術基準・解釈の第17条には、左頁の表に示すような接地工事の種類が定められています。この表を見ると、A種、C種、D種接地工事は、電気機器などの金属外装部などの非充電部に施す接地工事であり、B種接地工事のみは、変圧器の低圧電路自体に施す接地工事であるのがわかります。

また、電気設備技術基準・解釈の第19条では、電路の保護装置の確実な動作の確保、異常電圧の抑制、対地電圧の低下を図るために、必要な場合には、次の場所に接地を施すことができるとしています。

① 電路の中性点
② 特別高圧の直流電路
③ 燃料電池の電路またはこれに接続する直流電路

本条文の第2項第一号では、(1)項で説明した歩幅電圧や接触電圧等の危険が生じないようにすることが示されています。

要点BOX
- ●接地で感電を防止する
- ●接地で過電圧時の機器の損傷を防止する
- ●接地で電路の保護装置の動作を確保する

歩幅電圧と接触電圧

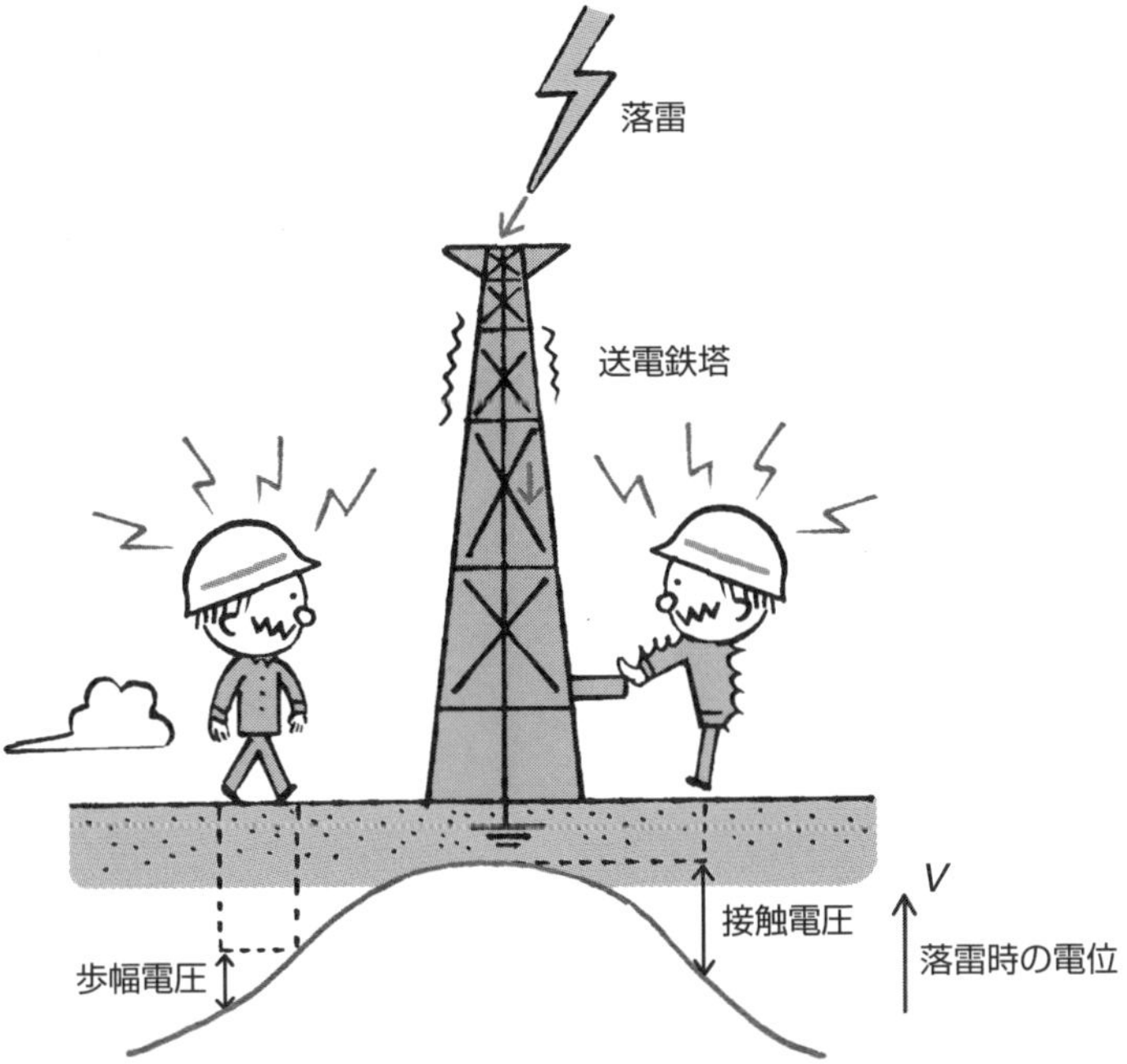

接地工事の種類（電気設備技術基準・解釈　第17条）

接地工事の種類と適用	接地抵抗値
A種接地工事 高圧や特別高圧用の鉄台および金属製外箱への接地	10Ω以下
B種接地工事 変圧器の高電圧側と低電圧側が混触した場合の火災や感電を防止するための接地	$\frac{\text{電圧}^{(注1)}\ [V]}{1\text{線地絡電流}^{(注2)}\ [A]}$ Ω以下 注1：150V（条件によって、300V、600Vを適用するが、詳細は省略する） 注2：変圧器の高圧側又は特別高圧側の電路の1線地絡電流のアンペア数
C種接地工事 300Vを超える低圧用の鉄台および金属製外箱への接地	10Ω以下（低圧電路において、当該電路に地絡を生じた場合に0.5秒以内に自動的に電路を遮断する装置を施設するときは、500Ω以下）
D種接地工事 300V以下の低圧用の鉄台および金属製外箱への接地	100Ω以下（低圧電路において当該電路に地絡を生じた場合に0.5秒以内に電路を遮断する装置を施設するときは、500Ω以下）

54 電気の天敵となる水に対する備え

水に弱い電力設備への対策

水は電気の良導体であり、どこにでも侵入してくる性質を持っているため、電気機器にとっては障害を発生させる要因と考えて、十分な対策を行っておく必要があります。特に最近では、集中豪雨の発生が増えているため、大雨や洪水への対策が重要となっています。また、地球温暖化の影響で海面水位の上昇という問題も現実的になっており、海岸部の施設への水の脅威が高まってきています。水に関する大きな災害への対策としては、主に大雨による洪水対策と高潮・高波対策、大雨に起因する土砂崩れや、地震による津波対策があります。水に起因して起こる障害は、長期化する危険性があるとともに、停電被害などの範囲が大きくなる可能性も秘めており、社会的に大きな損害をもたらします。そのため、計画の段階から十分な検討が必要となります。

水への対策の基本的な考え方は、電力設備を高い場所に設置することですが、地中配電設備などのように、基本的には地中に設けるのが前提となっているものがありますので、そういった設備は大雨による浸水被害や高潮などの被害を受けやすい設備となります。また、原子力発電や火力発電設備は、海水を冷却水として利用するなどの関係から、設備を臨海部に設けます。そのため、高潮や高波の被害を受けやすい設備になります。また、火力発電設備の燃料である天然ガスや石油は海外からの輸入品ですので、受入場所となる海岸部に設けられたタンクの位置の検討も必要です。場合によっては、防波堤や堤防などの新設も必要となります。一方、山中に計画される水力発電設備は、水の流れの中に計画されているため、大雨の際には、その流れの力を直接的に受ける場合が多くなります。さらに、大雨などによって土砂崩れが生じた場合には、ダム施設が土砂によって埋まって発電ができなくなってしまう危険性もあります。そうなると、長期間の機能喪失になります。

要点BOX
- ●水は電気の良導体である
- ●電力設備は基本的に高台に設ける
- ●水による被害は長期化する危険性がある

高床式屋内変電所

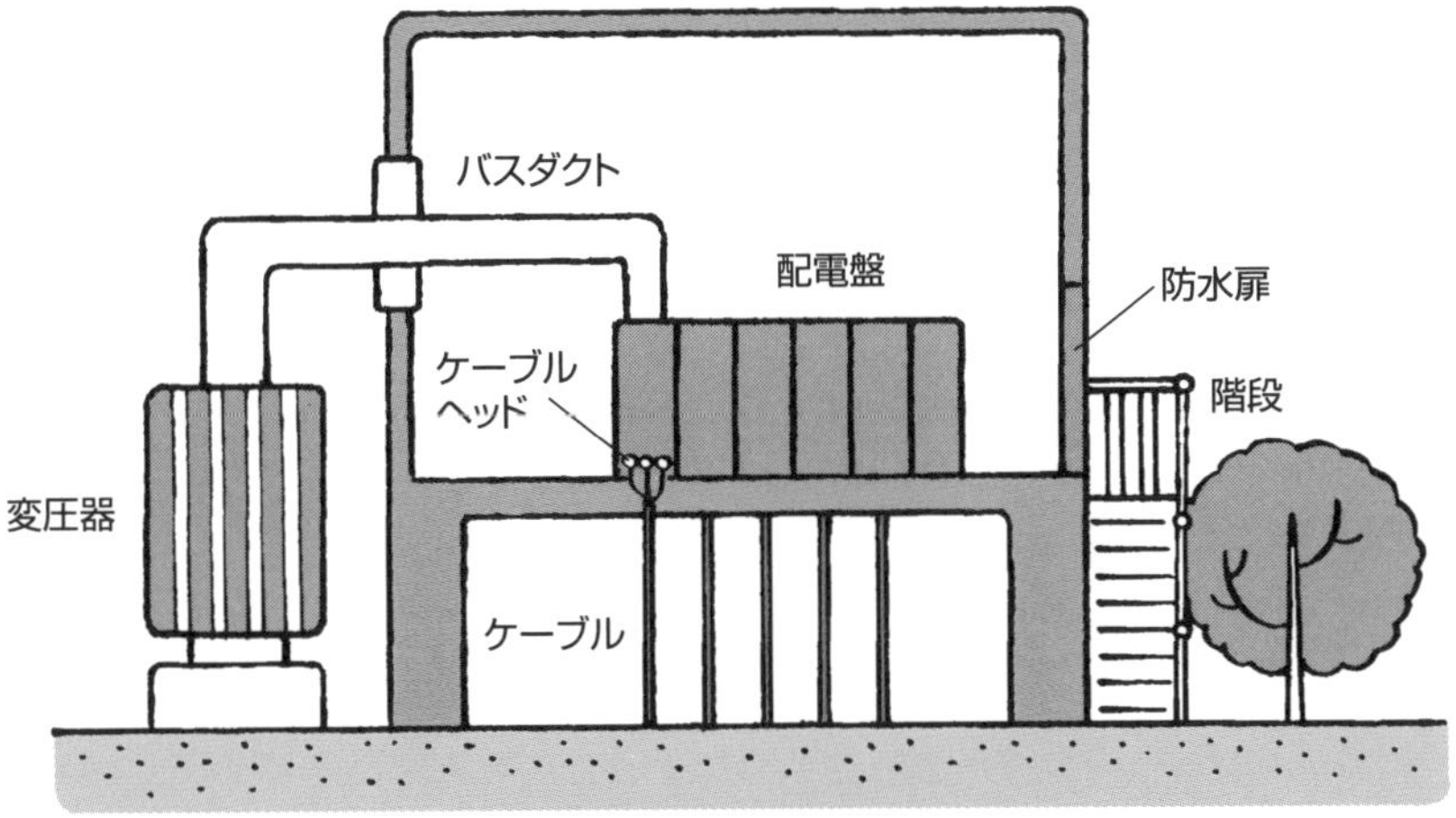

水による被害と対策

電力設備		被害	対策
水力発電所	貯水池	貯水量オーバー	護岸工事、放水
	ダム	土砂流入、ダム損傷	土捨場、流木防止柵設置
	変電所	土砂流入	よう壁設置、流木防止柵設置
	下流域	水位上昇	放流通報設備計画、水位計設置、地域防災訓練
火力発電所	発電所	水没、冷却水取入不能	高台設置、防波堤、海岸堤防
	燃料タンク	水没、ポンプ故障、流木等による損壊	浮力対策、防水壁設置
原子力発電所	発電所	水没	高台設置、堤防嵩上
送電設備	架空	土砂崩れ、洗掘	ルート事前検討、よう壁、石積強化
	地中	水没、土砂流入	ケーブルヘッド位置検討
変電設備	屋外変電所	水没	高台設置、敷地嵩上、ガス絶縁装置採用、防水壁設置
	屋内変電所	水没、トレンチ内泥水侵入	高台設置、窓の改造、高床式構造、防水扉設置、ケーブルダクト密閉化、
	地下変電所	水没	防潮扉設置、防水壁設置
配電設備	架空	地盤崩れによる電柱等の倒壊	基礎強化
	地中線路	水没、土砂流入	ケーブルヘッド位置検討
	地上設置変圧器搭	水没、土砂流入	ケーブルヘッド位置検討
	地上設置配電搭	水没、土砂流入	ケーブルヘッド位置検討

55 地震頻発国として備えなければならないこと

さまざまな視点での地震対策

東日本大震災では津波による被害が大きかったのですが、ここでは、純粋に地震の揺れによる電力システムへの被害とその対策について説明します。発送配変電設備には、地震動によりさまざまな障害が発生しますので、設備別に対策を示します。

(1) 水力発電設備

水力発電は山間部に設けられ、貯水池やダム、水路などの土構造物がありますので、それらは地盤振動に耐えられるように設計されます。その他に水圧管や弁などは地震動によって破損したり、誤動作したりしないようにしなければなりません。構造体内に設置される水車や発電機も同様に、構造物の応答特性を考慮して地盤振動に耐えられるように設計されます。

(2) 火力発電所

火力発電所は、稼働中はボイラ内で加熱を行っていますので、火の扱いに注意する必要があります。また、ボイラ内にはチューブ等が配置されていますので、それが損傷しないように計画しなければなりません。火力発電の燃料はタンクに貯蔵されていますが、最近では長周期地震動による共振で内部の液体が大きく揺さぶられるなどの現象が問題となっています。

(3) 送電線・架空配電線

地震による送電線自体の被害はこれまで少ないのですが、支持碍子《がいし》の折損が比較的多く起きています。また、配電線の電柱については、地盤の沈下や液状化による電柱の倒壊などが起きていますので、それらへの対策が必要となります。また、一般家庭の倒壊や火災などの影響を受ける場合もあります。

(4) 変電所

変電所に設置される電気機器は、地震による揺れで転倒しないように、十分な強度を持ったアンカーで固定されなければなりません。油入変圧器については、油漏れの対策や、揺れによる安全装置の誤動作などによる停電の回避も必要となります。

要点BOX
- ●長周期地震動による被害が懸念されている
- ●地盤の沈下や液状化による被害が発生している
- ●電気機器の転倒防止対策が必要

ボイラーと配管

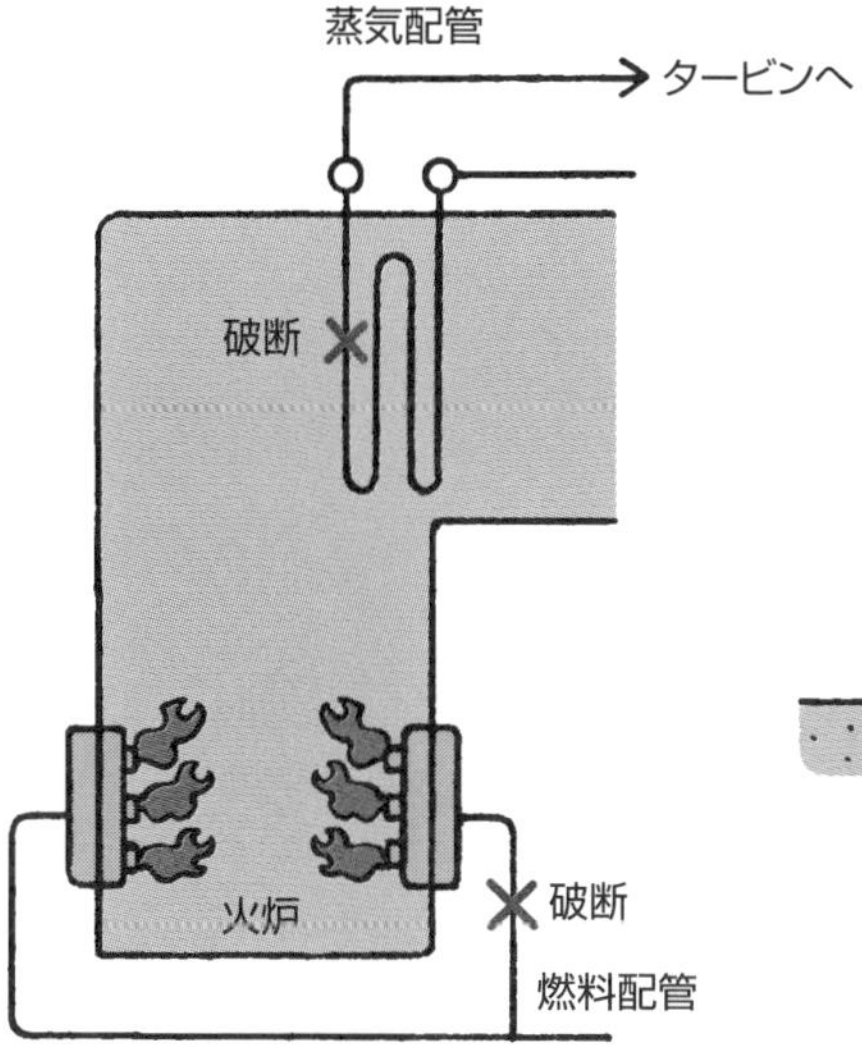

タンクと長周期地震動

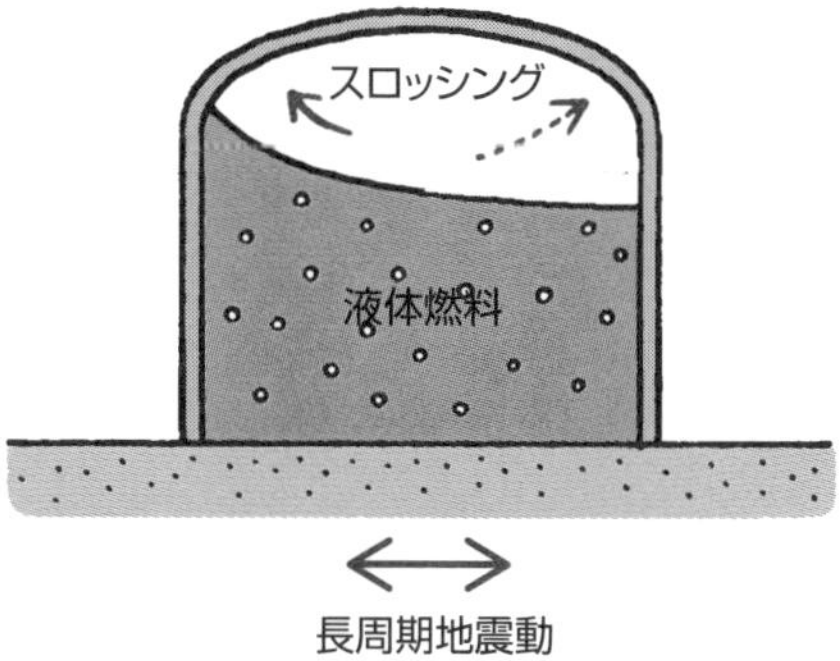

変圧器

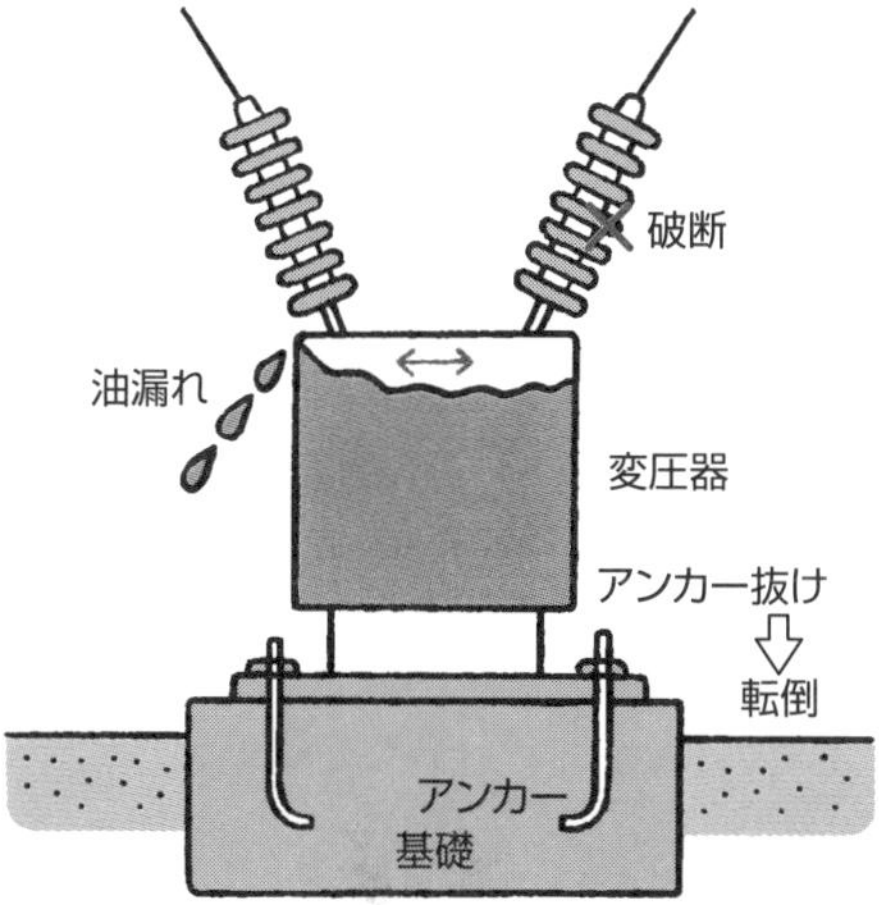

架空配電線

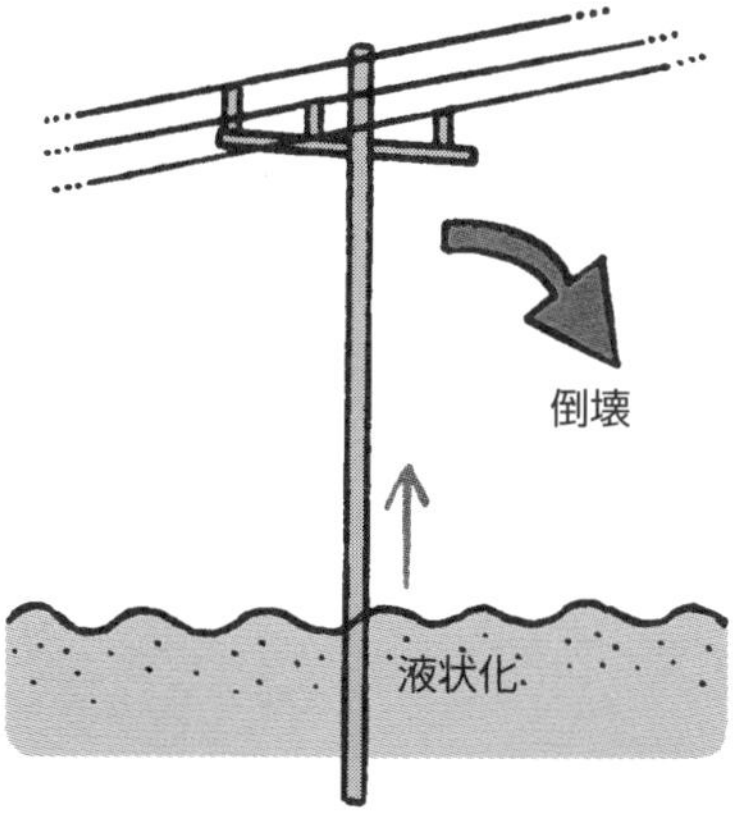

56 生物との共存を図るための備え

生物の習性を知り対策を考える

送配電設備は自然環境の中に設置されるものが多くあるため、鳥獣や植物によって障害が発生する場合が多くあります。

(1) 送電線への被害

送電線は、高い場所に設置されていることから見晴らしが良く、人や動物が近づきにくい安全な場所であるため、繁殖期には鉄塔の中に鳥が巣を作ります。カラスの場合には、針金などの金属も巣の材料として使いますので、短絡事故が発生する場合があります。

(2) 配電線への被害

配電線には、ねずみや蛇などが這い上がってきて地絡事故を起こしますので、対策が必要となります。木柱の電柱を使う場合には、シロアリによって電柱が倒壊する危険性もあります。また、配電線の近くに生えている樹木が成長し、張り出した枝が電線に接触して断線したり、地絡故障を起こしたりするなどの問題も発生しています。

(3) 再生可能エネルギーへの被害

風力発電においては、渡り鳥などが風車翼に当たるという鳥害も発生します。また、太陽光発電では、鳥の糞が太陽電池表面に付着して太陽電池が壊れるなどの問題も発生しています。

(4) 直接埋設ケーブルへの被害

シロアリの被害が大きな地域では、地中に直接埋設したケーブルがシロアリに喰われてしまい、地絡故障を起こす場合があります。そういった場所には防蟻ケーブルや鎧《がい》装ケーブルを使用する必要があります。

(5) 閉鎖配電盤等への被害

ねずみの門歯は伸び続けるために、固いものをかじる習性があります。電気室内や屋内配線路にねずみが入ると、ケーブルをかじって地絡事故を発生させる場合があります。また、ヘビやヤモリなどの小生物がケーブル配管などを通じて電気室内に入る場合があり、それらが端子に触れて、地絡故障を起こします。

要点BOX
- ●繁殖期の営巣行動が地絡事故を起こす
- ●ねずみの習性が地絡事故を起こす
- ●樹木の成長で電線に接触する事故もある

架空送電線の被害

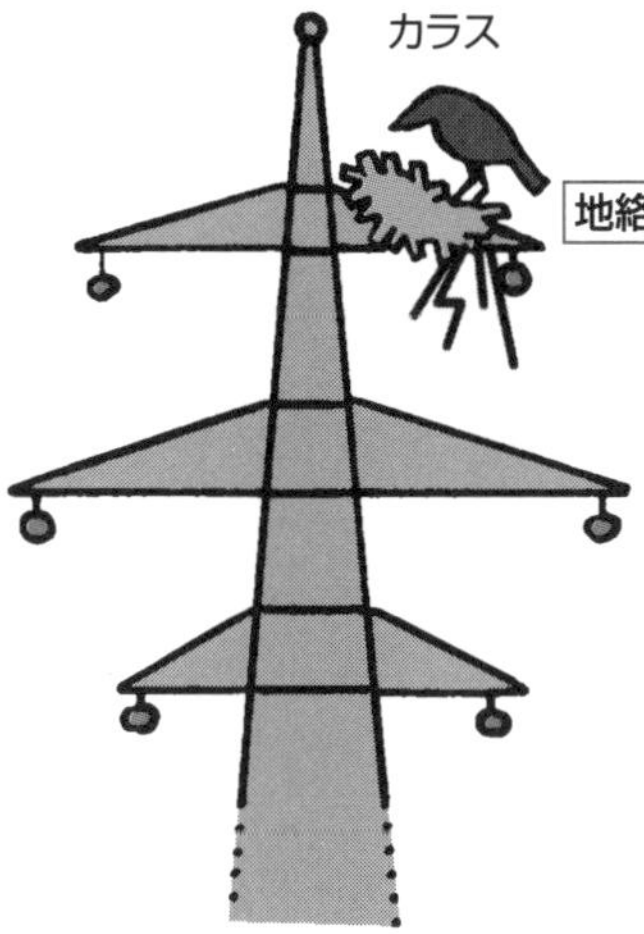

架空配電線の被害

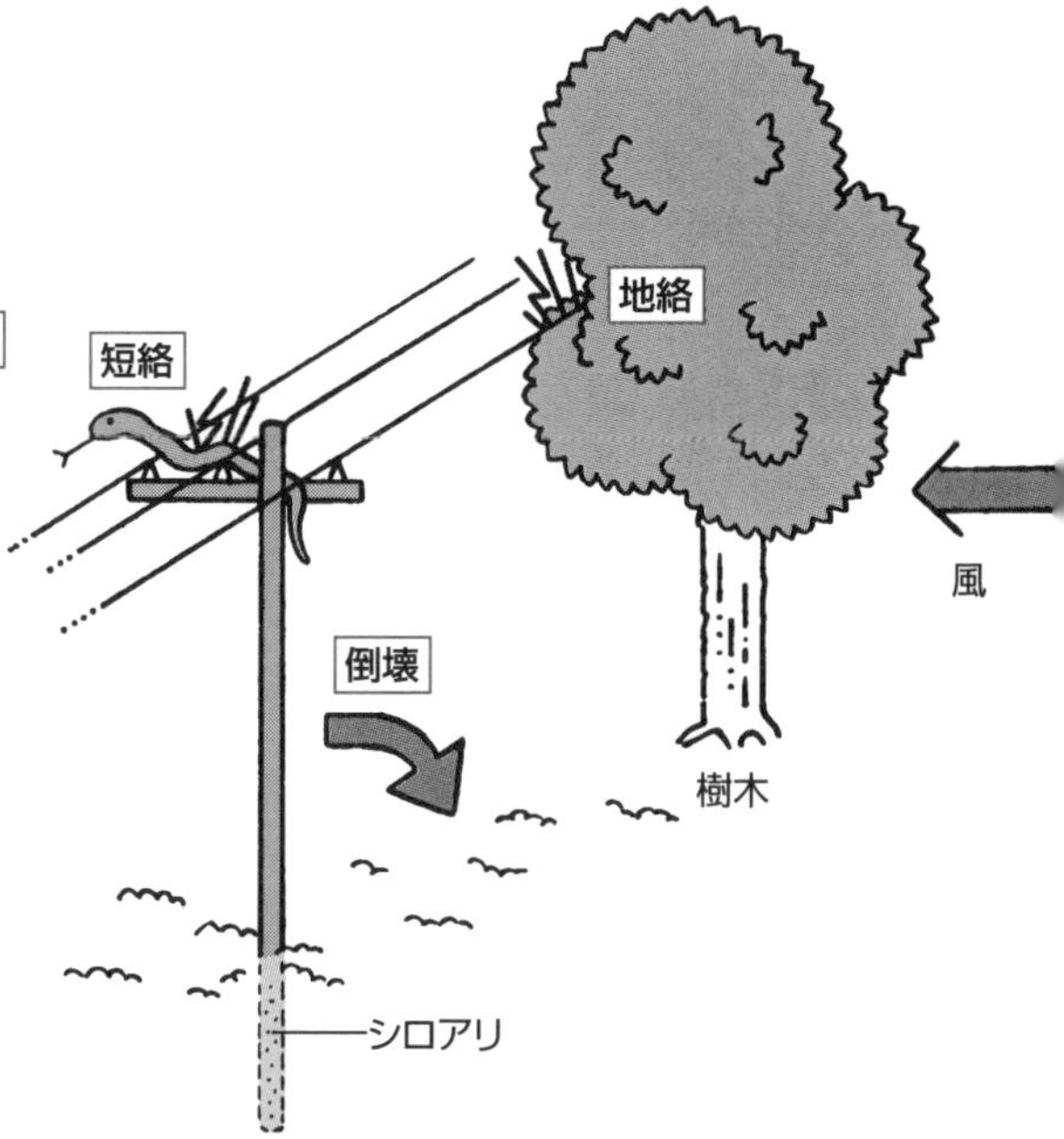

直埋ケーブルの被害

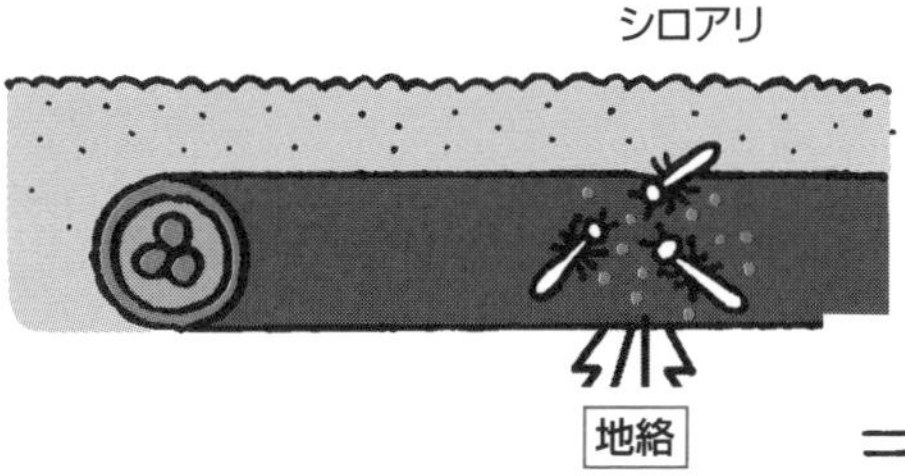

電気室内の被害

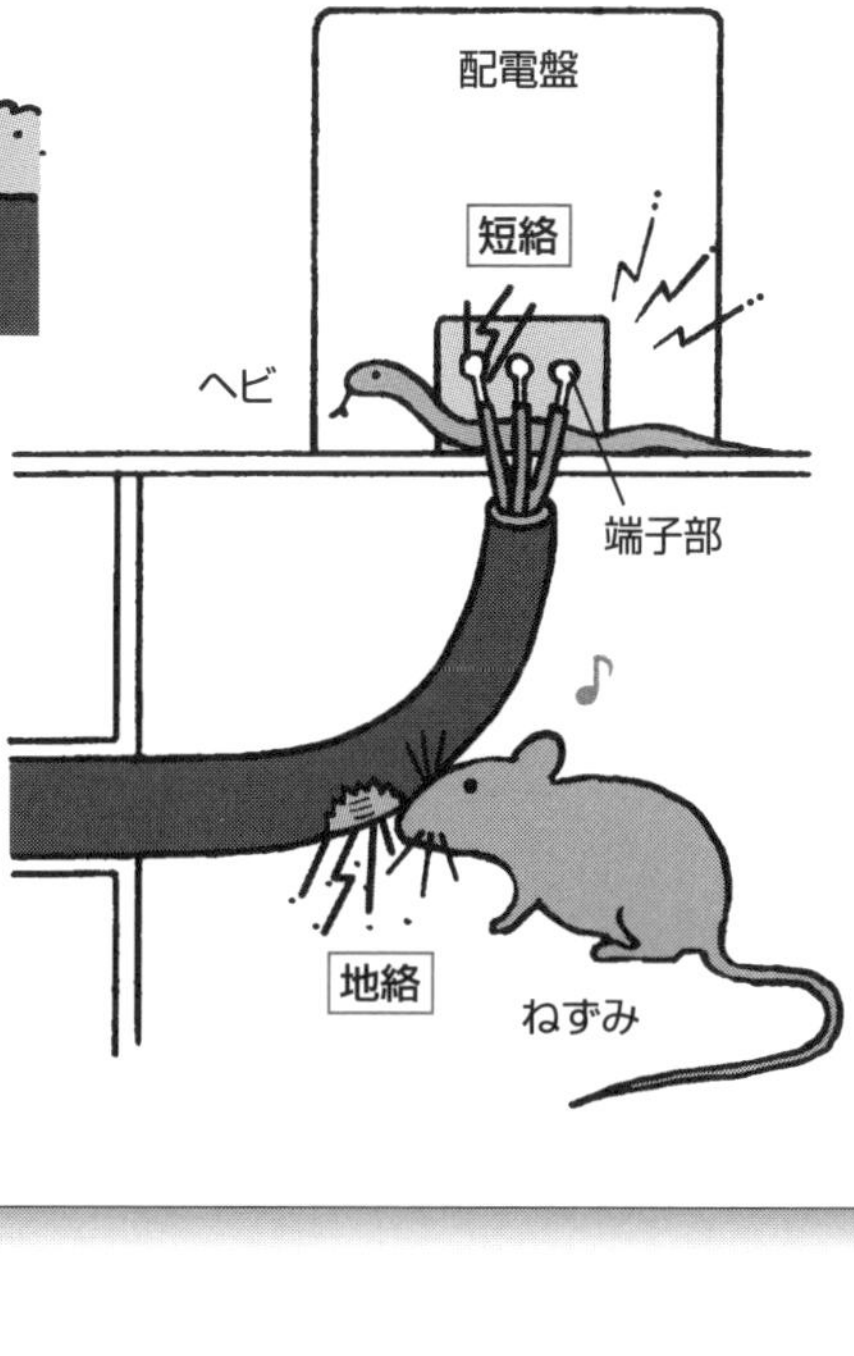

57 広域に分散している電力システムを適切に維持する

保全の手法と巡視による状況把握

電力システムを安定して使用していくためには、保全対策が欠かせません。保全の種類には次のようなものがあります。

①予防保全

予防保全とは、故障などの異常な兆候を見出して未然に防止するための保全で、時間計画保全と状態監視保全があります。

②時間計画保全

時間計画保全は、時間や使用経過時間を定めて行う保全で、定期保全と経時保全があります。

③状態監視保全

状態監視保全は、設備やシステムの状態をモニターして、定められた基準と比較して措置を講じる保全の方法です。

④定期保全

定期保全は、これまでの経験から時間的な周期を決めて行う保全です。

⑤経時保全

経時保全は、設備やシステムが規定された累積動作時間に達した際に行う保全です。

⑥事後保全

事後保全は、故障や停止状態になった際に行う保全で、緊急保全と通常事後保全があります。

⑦緊急保全

重要な設備やシステムで、通常は、予防保全を行い故障が発生しないように注意しているものが、突発的に故障した際に直ちに行う保全です。

⑧　通常事後保全

仮に故障しても代替機などが用意されている設備やシステムに対して、故障後の通常時に行う保全です。

送電線や配電線のように、自然の中に設置され、広い地域をまたがっている設備には、巡視が欠かせません。距離の長い送電線では、ヘリコプターやドローンを使った巡視も行われています。

要点BOX
- ●保全によって故障を少なくする
- ●保全にはさまざまな種類がある
- ●巡視によって状況を確認する

保全の種類

- 保全
  - ① 予防保全
    - ② 時間計画保全
      - ④ 定期保全
      - ⑤ 経時保全
    - ③ 状態監視保全
  - ⑥ 事後保全
    - ⑦ 緊急保全
    - ⑧ 通常事後保全

ヘリコプターによる定期巡視

ヘリコプターによる巡視

↓

異常発見

↓ ヘリコプター巡視用番号連絡

鉄塔への昇塔等対応

↓

正常復帰

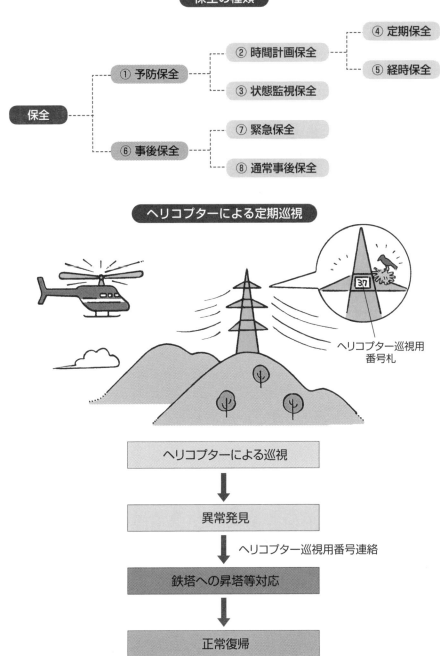

58 全体システムを維持するための劣化診断

個々の設備の適切な更新時期を見極める

電力システムは多くの設備の集合体ですが、個々の設備は使用している間に、設備ごとに違ったスピードで劣化していきます。劣化を放置すると、故障が増えて電力システムの信頼性に影響を及ぼします。故障が、また、故障してしまった後に代替の機器を手配しても、入手に時間がかかったり、補修工事のために広範囲の停電などの影響を発生させたりする危険性もあります。そういった理由から、設備毎の劣化診断を実施して、事前に更新を行うなどの対策が必要となります。

劣化診断の方法は、それぞれの設備で試験方法が違うだけではなく、判断基準も違ってきます。また、設備が置かれている環境条件でも劣化の進行は変わってきます。設備を運転する環境面で個々の設備に影響を与える事項としては、温度環境や圧力環境、設備周辺の粉じんや薬剤の存在などがあります。さらに、使用時間や使用回数によっても変化します。さらに、塗装などの環境耐性を高める改修や、潤滑油の交換などの定期保守の良否も、寿命に大きな差を発生させます。そういった設備の余寿命の判断基準として、過去の実績が大きな拠りどころとなります。そういった点では、新たに開発された機器設備では、明確な判断基準が存在していない場合もありますので、その際には判断が難しくなります。

診断の方法としては、目視検査を始めとして、超音波探傷試験、磁粉探傷試験、染色浸透探傷試験、放射線透過試験、耐圧試験、抵抗測定試験などがあります。このようなデータが定期的にとられていると、測定結果の変化が生じた際には、何らかの異常が発生しているのか、劣化が進行しているのかという判断が行えます。電力システムの中には、法的な定期点検が規定されている設備もありますので、そういった設備に関しては、定められた検査項目を規定された手順に基づいて検査し、所定の報告書としてまとめておくことが求められます。

要点BOX
- ●設備によって試験方法や判断基準が違う
- ●劣化の度合いは設置された環境によっても変化する

電力システムの構成要素

設備名	構成要素
水力発電	ダム、水路、水圧管、ゲート、タンク、水車、発電機等
火力・原子力発電	ボイラ、通風機、空気予熱器、蒸気タービン、ガスタービン、タンク、コンベア、ポンプ、発電機、励磁機、集じん器、潤滑油装置、調速装置、復水器、給水加熱器、制御装置等
風力発電	タワー、主軸、翼、ロータヘッド、ナセル等
地熱発電	地熱井、タービン、発電機、冷却塔、復水器、循環ポンプ等
太陽光発電	太陽電池、架台、インバータ等
架空送電線	鉄塔、電線、碍子《がいし》、電線付属品等
変電所	変圧器、避雷器、遮断器等
配電用変電所	変圧器、配電盤、分電盤、遮断器、負荷開閉器、断路器、コンデンサ、避雷器等

設備と劣化現象

設備名	設備部位	劣化現象
水力発電	水車	亀裂、ひずみ、肉厚減肉
	発電機	絶縁劣化、潤滑油劣化
火力発電	ボイラ	亀裂、腐食、エロージョン、クリープ、摩耗
	タービン	脆化、疲労、クリープ
	発電機	亀裂、応力腐食、絶縁劣化
送電線	電線	錆、腐食、傷
	碍子《がいし》	絶縁劣化、損傷、電食
配電・変電	配電盤	絶縁劣化、継電器不良、避雷器劣化、錆、母線緩み、端末緩み
	ケーブル	絶縁劣化、傷
	遮断器	絶縁劣化、接点不良、摩耗、絶縁油劣化、油漏れ、腐食、摩耗
	変圧器	絶縁劣化、油漏れ、計器不良、錆
	負荷開閉器	ヒューズ劣化、錆、絶縁劣化、変形、接点不良

59 見えない電気の状態を知るための検査機器

電気システムの身体検査方法

電力システムでは、非常に多くの検査機器を使って完成検査や定期検査を行いますが、ここでは電気的な検査機器に絞って説明をしていきます。電気というのは見えないうえに、一定以上の電圧の電気は危険性を伴うため、実運用されている設備を検査する際には、細心の注意が必要となります。また、送電線や配電線では、送電端と受電端間の距離が長い場合もありますので、両端での情報交換が密接にできていないと、大きな事故を引き起こす可能性があります。そういった長尺の設備の場合でも、架空電線のように外から見える場合には、故障点などが確認しやすいといえます。しかし、地中送電線のように、直埋または管路に布設したケーブルの場合には、事故点や劣化した場所の判定は目視ではできません。

見えない所でも、事故の場合には事故を起こしている区間や設備がわかりますので、そこを経験で学んだ方法によって詳しく検査していけば、故障の原因が特定できます。しかし、定期保守のような場合には、まだ故障という具体的な事象が起きているわけではありませんので、劣化の診断には時間がかかります。そのため、計画的な運用停止を行いながら時間をかけて行う方法がとられています。発電所などでは、法的に定期的な検査を受けることが定められています。時間をかけて検査を行わなければならないという条件から、定期的な検査は電力の繁忙期となる夏冬の期間を避けて、春や秋の電力需要の閑散期に計画されます。

発送配電設備の計画の際に、完全に停電できるだけの冗長性や予備力を持っている設備は、完全な停電状態で保守作業が行えますが、家庭などの需要家に配電されている配電線の場合には、冗長性などが計画されていない区間もあります。そういった場所では、電圧がかかったまま、いわゆる活線作業を行う場合も増えています。そのため、ロボット工法も使われるようになってきています。

> 要点BOX
> ●電力機器には多くの検査機器が使われる
> ●計画保守は閑散期に実施する
> ●活線作業にロボット工法も使われている

電気的な検査機器と用途

計器	用途
絶縁抵抗計	感電事故や停電事故を防止するために、ケーブルや機器の絶縁抵抗値を測定する。良否判定基準は、内線規定の「低圧電路の絶縁性能」で規定されている。
高電圧絶縁抵抗計	高圧電路の絶縁抵抗を測定するために使用する計器で、ケーブルの水トリー劣化診断に有効である。
活線絶縁抵抗計	電気設備の保守を行う場合に、停電できない施設が増えてきているため、無停電で絶縁抵抗が計りたい場所で有効な計器である。
接地抵抗計	接地が適切に機能するためには、接地抵抗値が規定値以内でなければならない。接地工事の種類と接地抵抗値については、電気設備技術の基準の解釈に定められている。
耐電圧試験器	電気設備が稼動中に絶縁破壊を起こさないように、絶縁耐力を試験するために用いられる。試験方法は、電気設備の技術基準の解釈に定められている。
絶縁油試験装置	絶縁油の性能試験のために、tanδと静電容量を測定する際に使用する。
相チェック	三相電路を受電した場合に、相順を確認するために用いる。
コンテスタ	100Vコンセントの極性や接地の有無を確認するために用いる。
検電器	電気設備を点検する際などに、電線や機器の活線状態を確認するために用いる。
高調波モニタ	高調波による障害が増えてきているが、高調波の発生時間や潮流方向を測定する際に用いる。
パワーハイテスタ	省エネルギー対策としてデマンド管理を行いたい場合に、デマンド値を測定するために用いる。

60 電力システムを安定的に利用するための計画策定

設備寿命を考慮した更新計画

どんな設備でも永遠に使い続けることはできません。設備毎に正常に使える期間である耐用年数がありますので、期間を考慮して適切に更新することが望ましいといえます。その耐用年数の考え方にはいくつかあります。設備を資産としての視点で見ると、資産の減価償却期間としての年数があり、それを法的な耐用年数といいます。また、設備を正常に使用するために必要な修繕費や改修費が更新費用を上回ると、経済的な視点では改修をする意味がなくなるため、それを経済的な耐用年数といいます。なお、純粋に設備の物理的な劣化を判断根拠とする物理的な耐用年数があり、これによって更新の判断をする設備は多くあります。最近では、情報化とともに設備機能の高度化が急速に進んでいるため、設備によっては社会的なニーズに機能が対応できなくなり、設備として陳腐化してしまう場合があります。それを機能的耐用年数といいます。

電力システムの場合には、物理的耐用年数での更新が行われる設備が多くあります。劣化が顕著に現れる設備であれば、検査等によって更新という判断が容易に行えます。しかし、電気設備には遮断器などのように、通常は閉状態となっており、動作回数自体が少ない設備もあります。そのような設備は、劣化の状態が具体的に現れないことも多いために、更新の判断が遅れる場合があります。そういった設備としては、遮断器以外にもコンデンサや変圧器などがあります。事故時に動作すべき遮断器が正しく機能しないと、その後備保護となる上位の遮断器が動作せざるを得なくなり、事故の影響が拡大してしまう危険性を持っています。また、変圧器の故障の場合も、冗長性を持っていないと故障の解消には時間がかかりますので、故障が発生してから復旧までの影響が多大となる可能性があります。そういった理由から、推奨の更新期間がいくつかの設備では示されています。

要点BOX
- ●耐用年数には複数の考え方がある
- ●推奨の更新期間を参考にして更新を計画する
- ●経済性と安全性のバランスを考える

耐用年数の考え方

種類	内容
法的耐用年数	固定資産の減価償却費算出のために定められた法的耐用年数
物理的耐用年数	構造や設備の物理的な劣化の面から決められる耐用年数
経済的耐用年数	継続して使用するために必要な修繕費や改修費が更新費用を上回る年数
機能的耐用年数	使用目的や社会的なニーズに対応できなくなり、機能的に陳腐化する年数

推奨更新年数

設備名	推奨更新年数	設備名	推奨更新年数
高圧受電設備	20年	高圧断路器	25年
柱上高圧気中開閉器	15年	遮断器	20年
計器用変成器	25年	計器用変圧器	25年
高圧交流負荷開閉器	15年	高圧限流ヒューズ	10年
高圧電磁接触器	15年	避雷器	15年
変圧器	25年	高圧ケーブル	20年
高圧進相コンデンサ	15年	直列リアクトル	25年
低圧配電盤	20年	配電用遮断器	20年
保護継電器	15年	指示計器類	15年
中央監視制御装置	10年	UPS	5年

Column

シミュレーションと訓練の重要性

電力の安定供給には多くの障害があります。架空送電線に限ってみると、4割程度は雷に起因したものですが、それに続いて多いのが、鳥や樹木、小動物による接触事故で、2割弱になります。それ以外としては、風雨による被害と氷雪による被害が続き、それぞれ1割程度になっています。これらの総計が8割を超えますので、自然界から受ける障害の多さがわかると思います。残りの半分程度を占めるのが、公衆や作業者による過失と、設備の保守不良などが原因で発生する障害になります。

そういった過去の障害例を参考にしてさまざまな対策が採られてはいますが、自然現象や生物などから受ける障害を完全になくすことはできません。しかも、自然災害から受ける障害は、気象状況が悪いときに発生しますので、修復作業を行う際の環境が悪い場合も多くなります。そういった環境下で、停電時間を短くするために保守要員は出動していきますが、豪雪などの場合には、どうしても天候が回復してからでないと対応できません。そのために、予備のルートや設備が必要となります。また、電力事故の場合には、現象が瞬時に広範囲に及ぶ事故になる可能性があります。また、事故発生時に即座に現場を確認できるわけではありませんので、経験等による判断によって一次対策が実施されます。そのため、判断力の強化が欠かせませんので、判断力強化のために、シミュレーション装置を用いた教育が行われます。

一方、人が介在する事故というのは、自然現象による事故と比べて、起きている事故の原因想定が難しいという問題を持っています。そのため、現場を確認してからでないと対応できない事例が多くあります。

2006年に旧江戸川で起きたクレーンによる送電線の切断事故は、クレーンのアームを上げたまま航行していて、送電線に接触し切断するという、一個人のミスで大規模な停電が広範囲で発生しています。こういった際の現場の迅速な対応力についても、保守要員の訓練が必要なのは言うまでもありません。

こういった事故事例による影響の大きさを考慮すると、電力システムを標的とする事件が起きると、社会的に大きな問題に波及すると考えられます。そのため、今後は、サイバー攻撃を含めたテロ対策への対応が必要になります。

第7章

電力の安定供給を実現するためのしくみ

61 電力を安定して供給するためのしくみ

中央給電指令所の役割

電力を安定して供給するためには、発電設備と送配電設備という大規模な仕組みを一体として運用する必要があります。また、電力は同時同量という、発電電力と需要電力が一致しなければならないという原則があります。そのため、日々の需要想定が重要となります。需要想定は季節や曜日によっても変わってきますし、天候や気温によっても変化します。

平常時であれば、需要の想定量に合わせて、供給する発電量の時間的な増減を計画していきます。しかし、実際の運用では想定との誤差が発生しますので、供給予備力の計画も必要となります。予備力の中には、数分間で供給力を増加できる水力発電のような運転予備力と、起動するまでに数時間を要する火力発電のような待機予備力があります。

需要変動に対して、個々の発電所が独自に出力調整をすると、電力系統全体では適切な調整にならないため、電力系統全体の需給調整を行う中央給電指令所が電力会社には設けられています。中央給電指令所の指令は発電所や基幹給電制御所に向けてなされます。また、電力広域的運営推進機関とも連絡が行われます。指令を受けた基幹給電制御所は、変電所や給電制御所に指令を発します。給電制御所は66kV以下の大口工場に指令を発すると同時に、66kV以下の発電所や変電所の操作を行います。

給電指令の目的は、電力の品質を維持しつつ、安定して需要家に電力を供給することです。そのため、具体的には次の点を考慮しながら行われます。

①周波数を適正に維持するため、需要と供給のバランスを保つ

②電力供給を維持するため、電力潮流を運用限界内に保つ

③電圧を適正に保つ

また、電力設備が人身に危害を及ぼす場合や、電力設備に被害が生じた場合には対策を行います。

要点BOX

- ●需要変動に対して電力系統全体の調整を行う
- ●中央給電指令所の下に基幹給電制御所と給電制御所が配置されている

需給調整

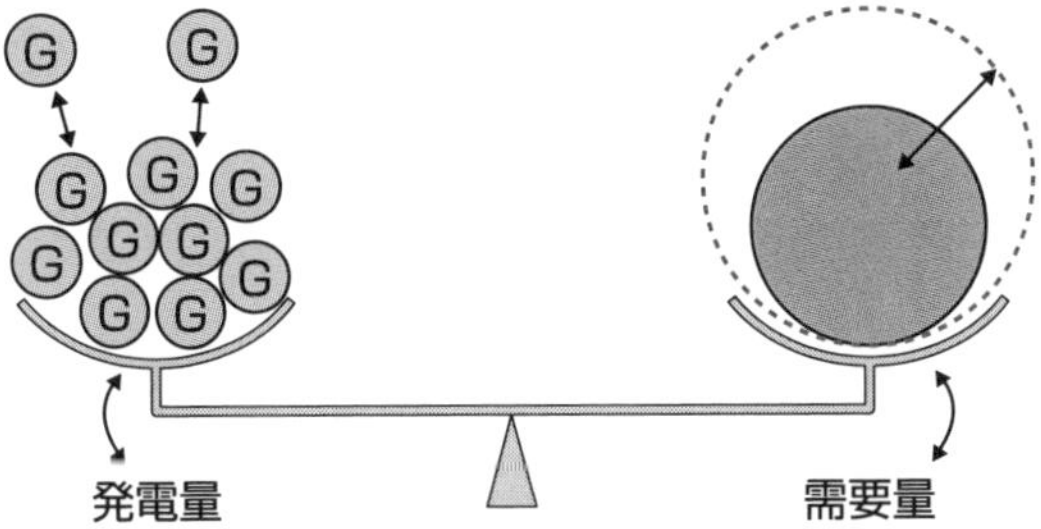
G
発電量
需要量

需要予測（例）

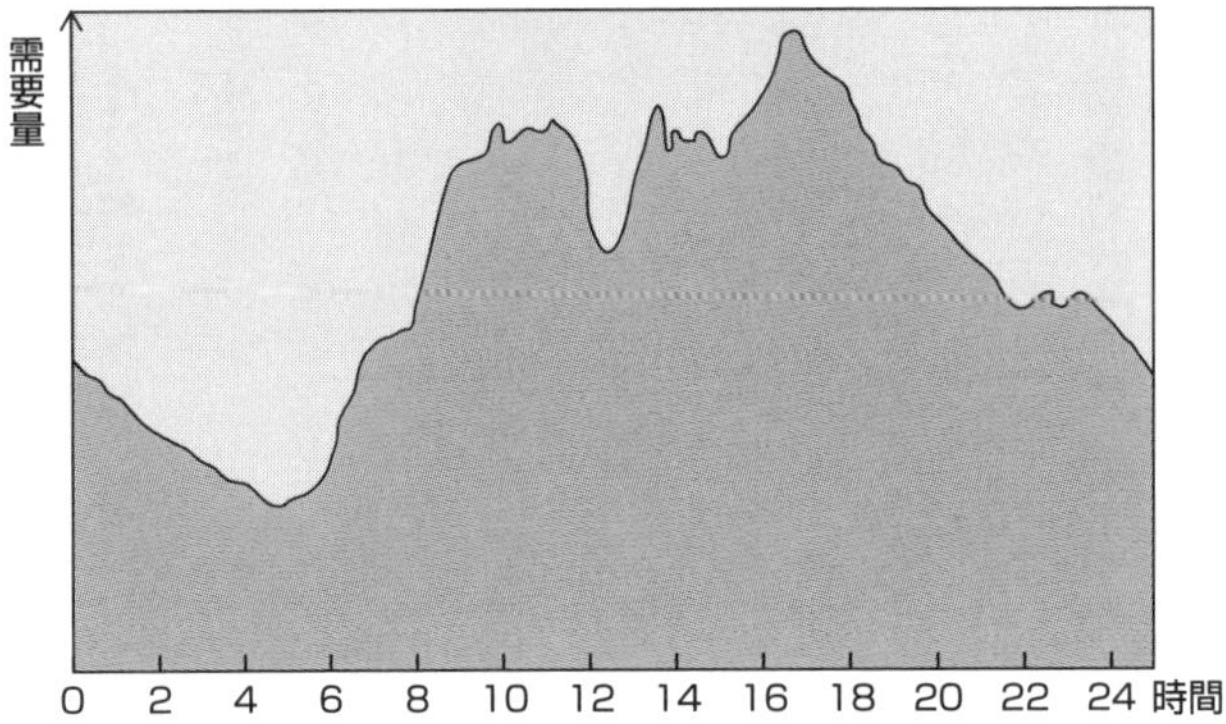
需要量
0
2
4
6
8
10
12
14
16
18
20
22
24
時間

電力系統の制御方法

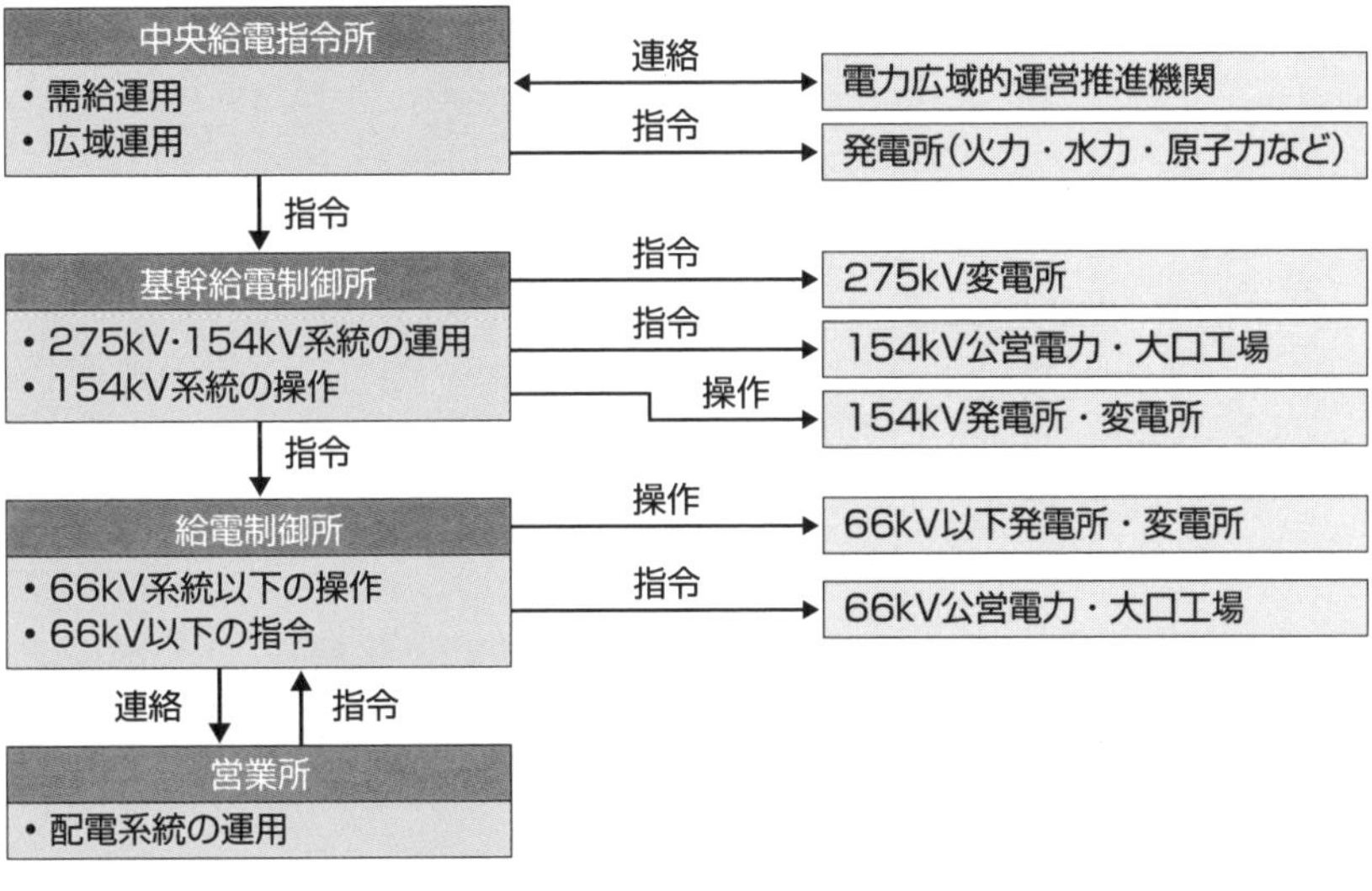
中央給電指令所
・需給運用
・広域運用
連絡
電力広域的運営推進機関
指令
発電所（火力・水力・原子力など）
指令
基幹給電制御所
・275kV·154kV系統の運用
・154kV系統の操作
指令
275kV変電所
指令
154kV公営電力・大口工場
操作
154kV発電所・変電所
指令
給電制御所
・66kV系統以下の操作
・66kV以下の指令
操作
66kV以下発電所・変電所
指令
66kV公営電力・大口工場
連絡
指令
営業所
・配電系統の運用

62 ブラックアウト（大規模停電）を回避する

予備率の確保と計画停電

わが国では、2018年の北海道胆振東部地震に伴いブラックアウト（大規模停電）が発生しました。最初の要因は、地震によって北海道最大の火力発電所の機器に損傷が生じて運転が停止したことでした。それに加えて、水力発電所につながる送電線が切れたことが重なり送電が止まりました。これらの発生により、電力網の周波数が低下し、その結果、風力発電までもが停止したため、最終的には、ブラックアウトにまで至りました。

通常では、そういったことが起きないように、発電できる最大電力量は、需要量よりも余裕を持たせるように事前に計画されます。それを「供給予備力」といいます。電気の周波数を安定して維持するためには、最低でも供給予備率（式は左頁参照）を理想的には7〜8％、最低でも3％確保する必要があります。供給予備率が変動する要因としては、下記のものがあります。

①荒天や曇天で太陽光発電の出力が低下
②地震や水害などで発電所が停止
③大規模な送電線が断絶し送電できない
④気温が急激に上昇・低下しエアコン使用量が増加
⑤関心が高いスポーツなどのイベント

しかし、最近では、原子力発電の再稼働が進んでいない現状と、火力発電の老朽化によって供給予備力が不足する傾向にあります。そのため、「でんき予報」が公表されるようになりました。供給予備率が5％を下回る場合には、「準備情報」、「注意報」、「警報」が左頁の基準で発令されます。それに対して、需要家には節電要請が出されます。こういった事態は、火力発電の新設が期待できないため、原子力発電の再稼働が進まない限り、長期に続くと考えられます。最終的には、東日本大震災直後に経験した方もいると思いますが、「計画停電」が実施されることになります。計画停電の実施例を左頁に示します。

要点BOX
●供給予備力は最低でも3％確保
●節電要請に需要家も協力する必要がある
●最終的には計画停電が実施される

供給予備力と供給予備率

供給予備力 = ［ピーク時供給量］ − ［予想最大電力需要量］

$$供給予備率(\%) = \frac{供給予備力}{予想最大電力需要量} \times 100$$

電力不足が想定される際の対応

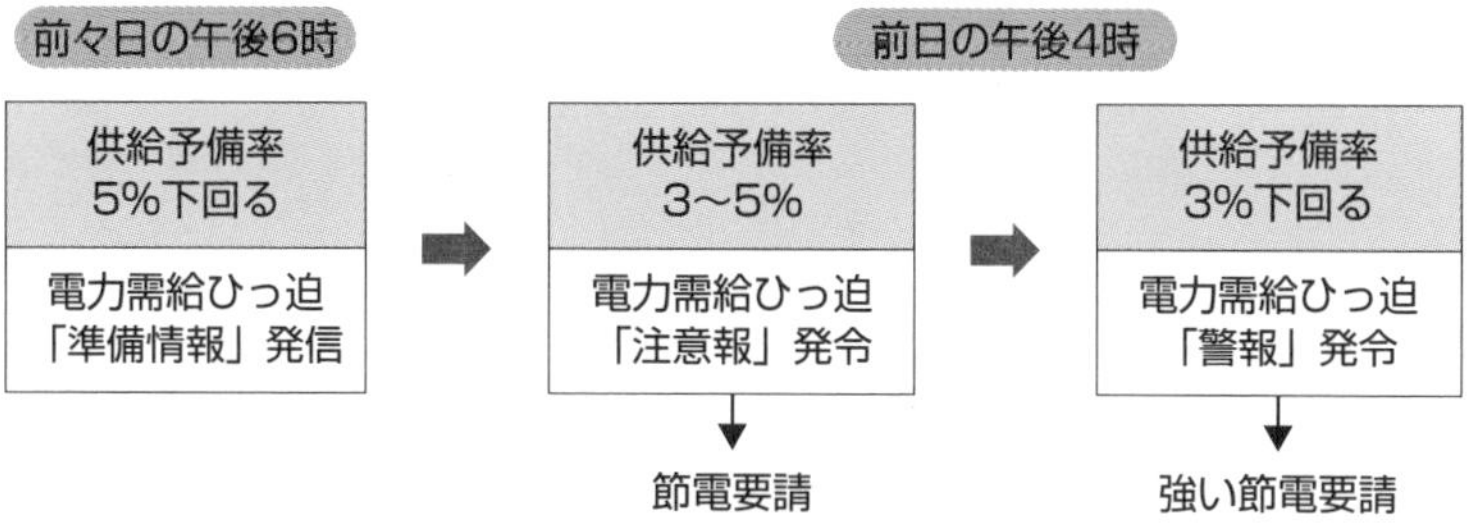

でんき予報

でんき予報（使用率）	92%未満	92%以上97%未満	97%以上
	安定した需給状況	やや厳しい需給状況	大変厳しい需給状況

計画停電実施例

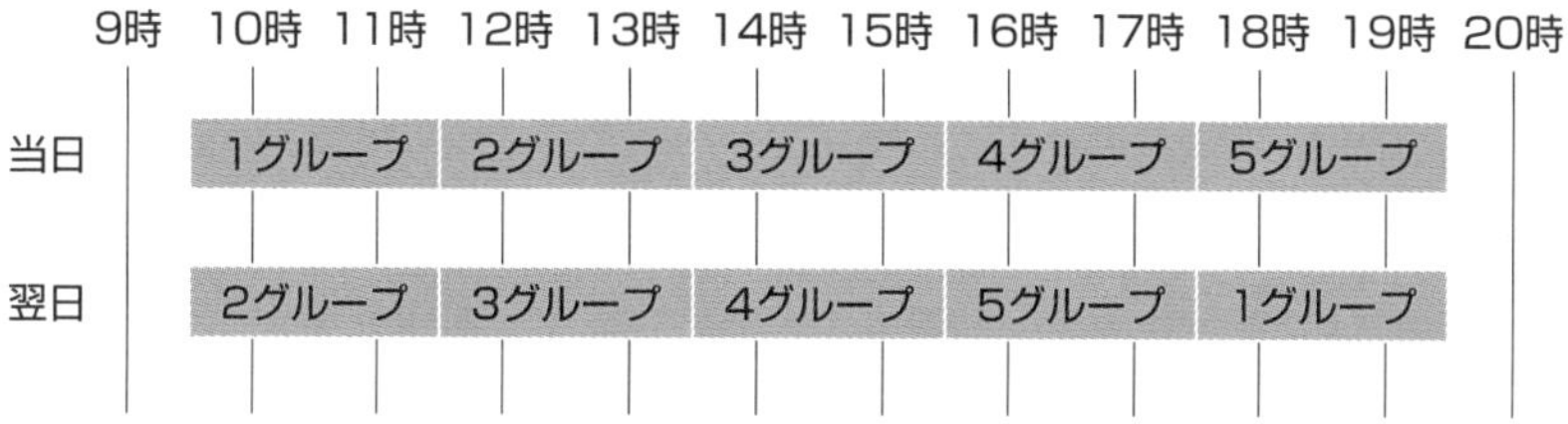

同一地域での計画停電エリア

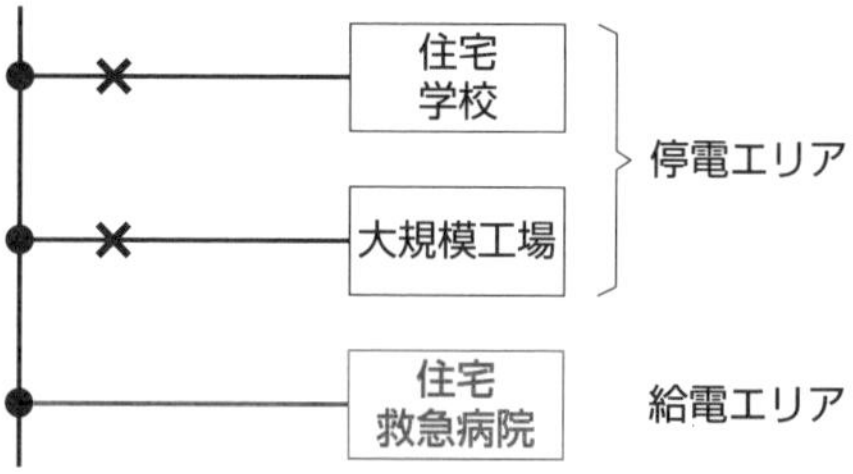

63 送電能力を有効に活用するために

N-1電制とノンファーム型接続

複数の重複する設備の1つが故障（N-1故障）しても電力の供給に支障を起こさないという考え方は、国際的に広く用いられており、N-1基準といわれています。送電線でもその考え方が取られていますが、わが国の送電線のほとんどは1回線送電線ですので、実際には、送電能力の50%しか使っていませんでした。最近では、再生可能エネルギーの設置が進んでも、送電線の空き容量がないため連系できないという事例も増えてきています。だからといって送電線は容易には増設できません。そういった状況から、通常は送電線の両回線とも100%で送電し、故障時に発電側の出力を抑制するか、どこかの発電所の出力を遮断するという考え方（N-1電制）をとることにより、これまで以上に多くの電力を送電することができるようになりました。

また、系統に接続されている電源は、需要量や気温などの状況によって送電量が変わるだけではなく、再生可能エネルギーなどは、気象状況によって発電量が変化するため、常に送電設備の容量を使い切っているわけではありません。これまでの送電線の利用方法としては、発電した電力を流すために必要となる送電系統の容量を、接続契約を申し込んだ時点で確保しておく方法、いわゆる、ファーム型接続で電力系統を運用していました。それでは、時間帯によっては、電力系統に実際には余裕があっても、電力を送電できないという問題がありました。それに対して、ノンファーム型接続は、電力系統に余裕がなくなったときは、発電の出力制御を行うことを条件に、送電線の空いている時間帯にだけ接続契約をする方式で、最近採用されるようになりました。

また、運転コストが高い電源の出力を下げ、安い電源を優先的に連系させるという、市場主導型の「メリットオーダー」という手法も取られるようになってきています。

要点BOX
- ●N−1電制による送電量増加
- ●ノンファーム型接続で送電量増加
- ●市場主導型の送電線利用にシフト

N-1電制の効果

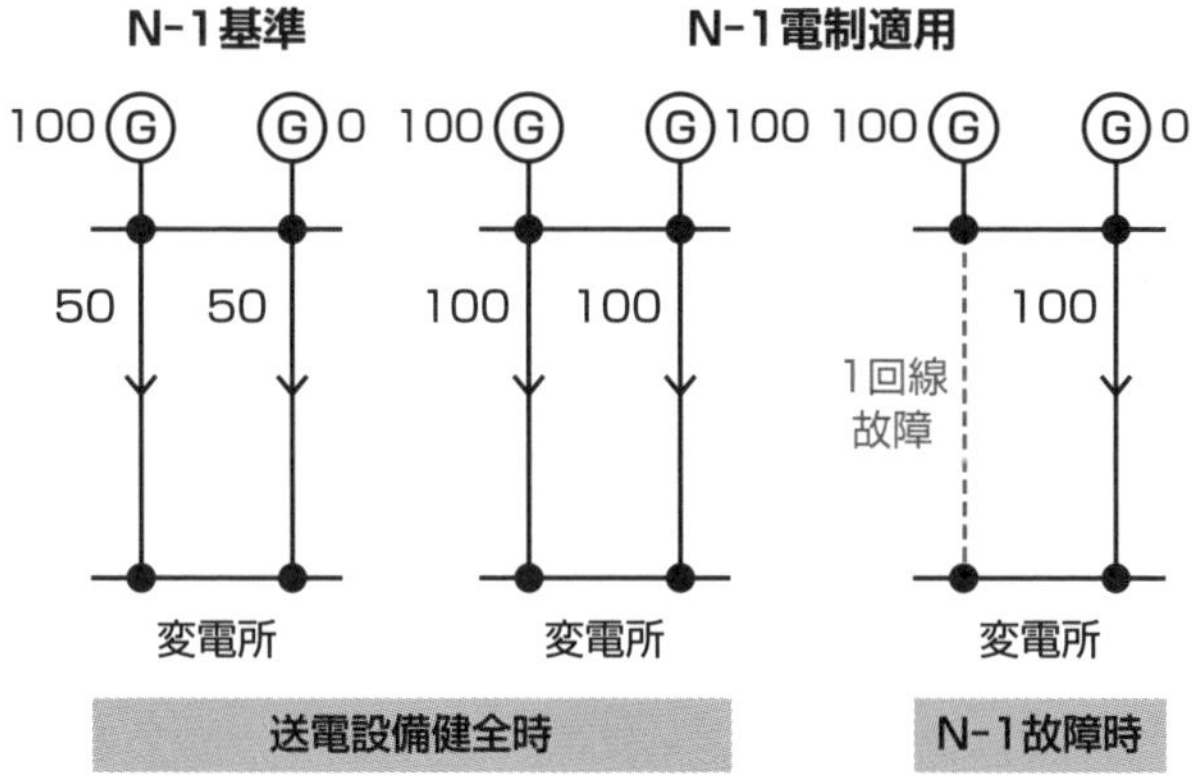

ノンファーム型接続による送電線利用イメージ

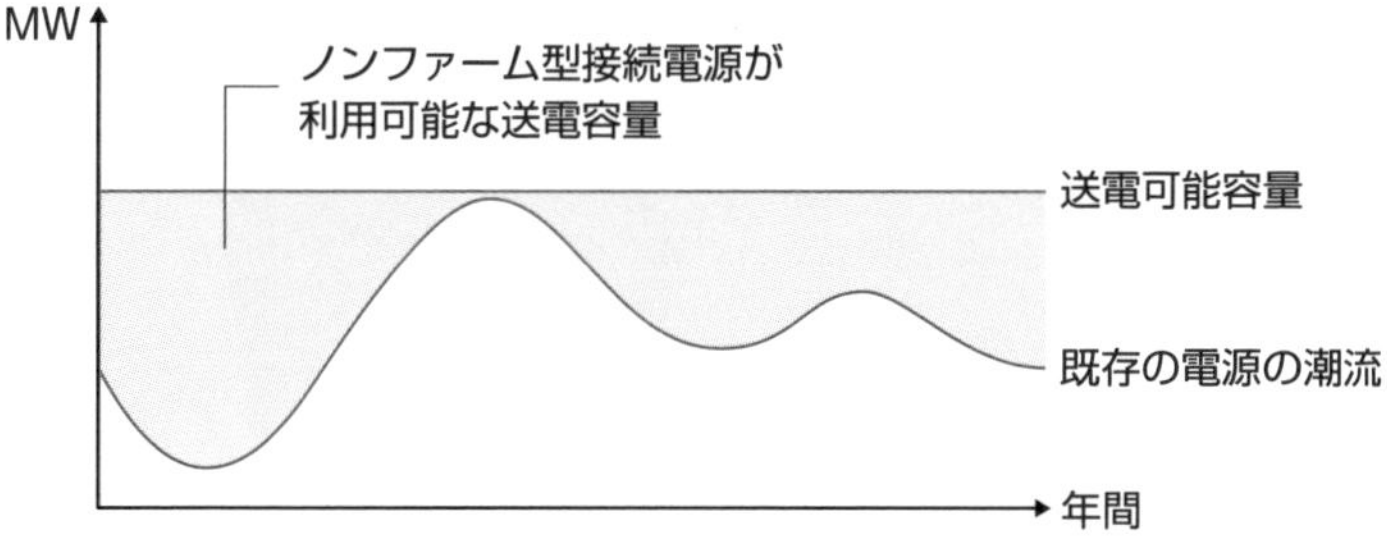

出典：2030年度におけるエネルギー需給の見通し

メリットオーダー

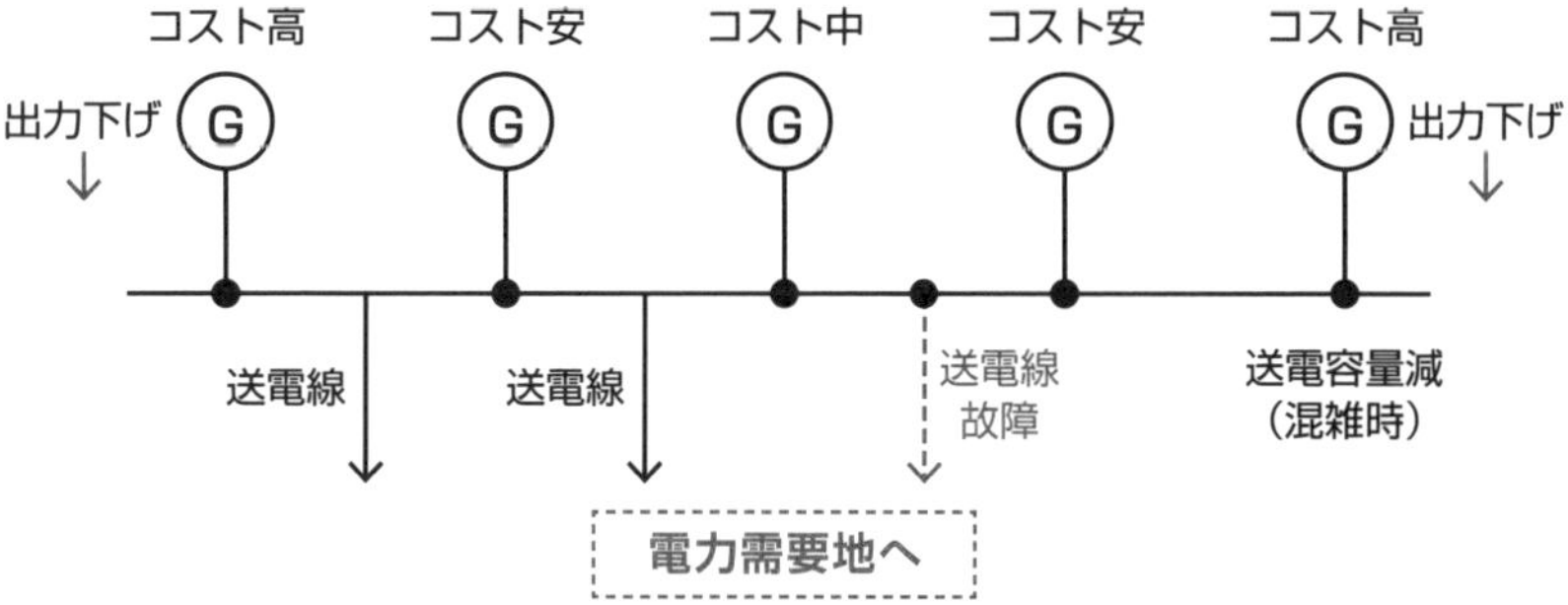

64 賢く電力使用量を制御する

アグリゲーターと仮想発電所

2030年代には、再生可能エネルギーによる電力設備が一層多くの比率を占めるようになります。そうなると、同時同量が原則の電力需給関係から、気象条件と時間帯によって再生可能エネルギーの余剰電力が発生するタイミングが多く発生します。その際に、余剰分となる電力を無駄にしないためには、需要量を増加側にシフトさせる「上げDR（ディマンド・リスポンス）」を実施する必要があります。また、逆に需給逼迫時等には、需要を抑制する「下げDR」も行う必要があります。こういった電力の需要と供給のバランスを保つ動作を実現するためには、発電者側だけではなく、需要家の需要量の調整も今後求められていくことになります。そういった点では、需要家の設備を電力資源として活用するという考え方をとる必要があります。需要制御の方法としては、電気料金設定によって電力需要を制御する方法（電気料金型）と、需要家が電力会社などの要請に応じて電力需要の抑制等をすることによって対価を得る方法（インセンティブ型）があります。

そういった利用ができるものとして、下記のものが考えられます。

①蓄熱システム
②定置型蓄電池（業務・産業用）
③コジェネレーションシステム
④空調機（ビル用マルチ）
⑤生産計画の変更

また、そういった役割をになう事業者として「アグリゲーター」という事業者も生まれています。アグリゲートとは英語で集めるという意味です。具体的には、需要家等の分散型電源の電力を集めて需要家に供給を行ったり、蓄電池等の分散型リソースと組み合わせて需給管理を代行する事業者になります。そういった機能がもたらす結果から、仮想発電所（VPP）とも称されます。

要点BOX
- ●「上げDR」と「下げDR」の実施
- ●需要家の需要設備を電力資源として活用する
- ●アグリゲーターは仮想発電所（VPP）

ディマンド・リスポンス

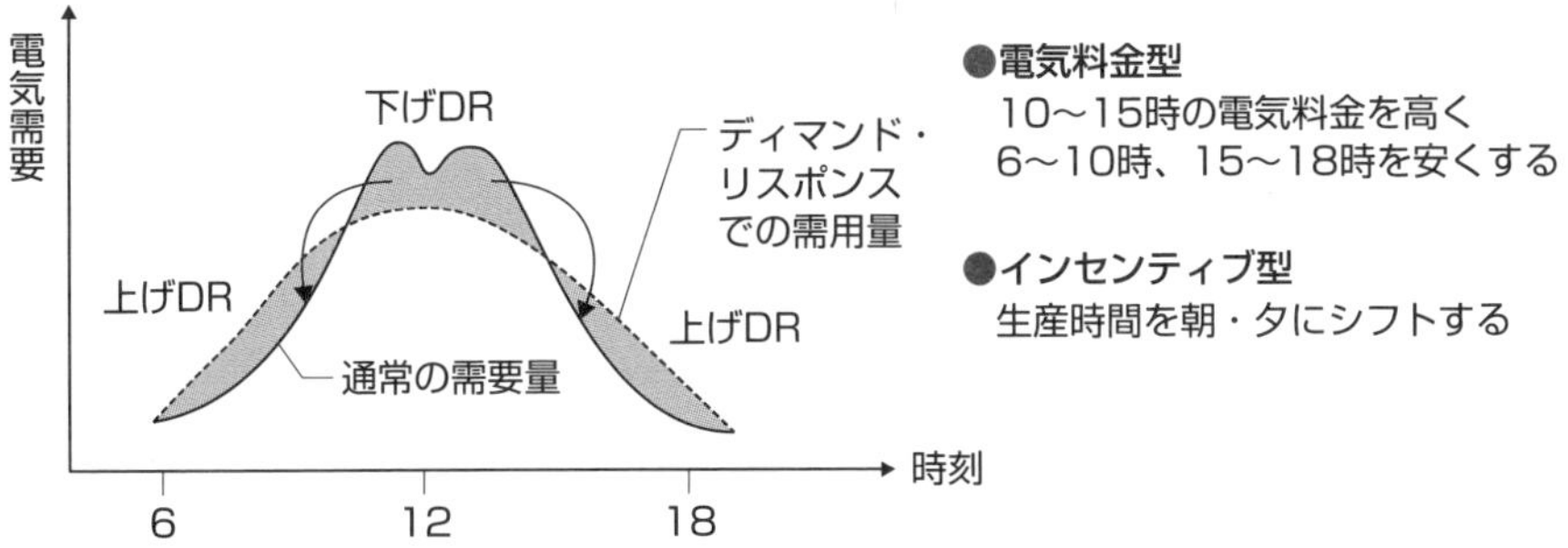
電気需要
下げDR
上げDR
上げDR
ディマンド・リスポンスでの需用量
通常の需要量
時刻
6
12
18
●電気料金型
10～15時の電気料金を高く
6～10時、15～18時を安くする
●インセンティブ型
生産時間を朝・夕にシフトする

仮想発電所(VPP)のイメージ

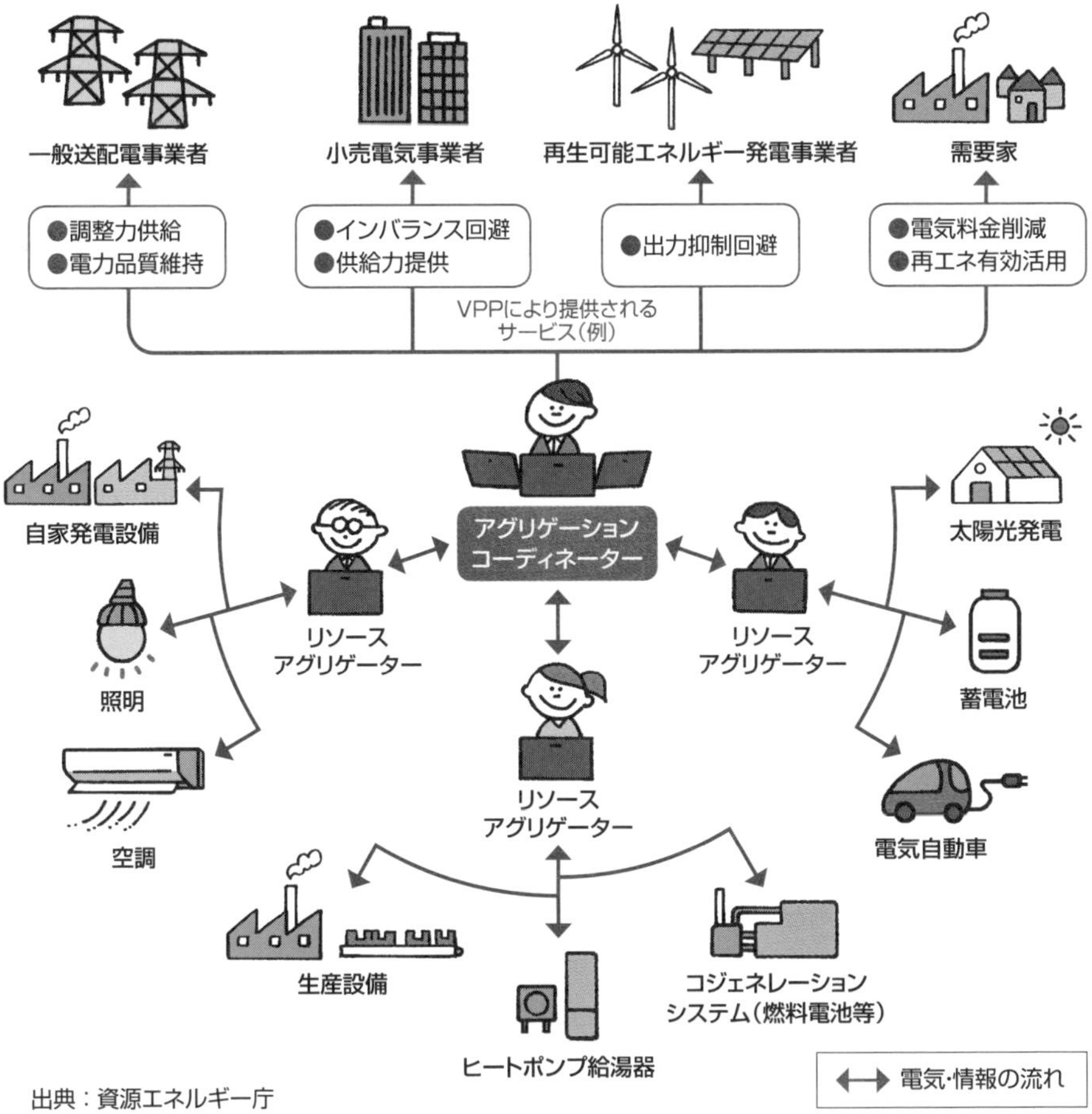
一般送配電事業者
小売電気事業者
再生可能エネルギー発電事業者
需要家
●調整力供給
●電力品質維持
●インバランス回避
●供給力提供
●出力抑制回避
●電気料金削減
●再エネ有効活用
VPPにより提供されるサービス(例)
アグリゲーションコーディネーター
リソースアグリゲーター
リソースアグリゲーター
リソースアグリゲーター
自家発電設備
照明
空調
太陽光発電
蓄電池
電気自動車
生産設備
ヒートポンプ給湯器
コジェネレーションシステム(燃料電池等)
電気･情報の流れ

出典：資源エネルギー庁

65 電力を有効活用するための大容量電池

余った電力の時間シフト法

発電した電力を有効に活用するためには、需要家の協力も大切ですが、電力会社としての対応も推進しなければなりません。そのため、大規模な電力を貯蔵する技術である新型電池が待望されています。

(1) ナトリウム硫黄(NaS)電池

ナトリウム硫黄電池の単電池は円筒構造をしており、単電池の電圧は2Vになっています。内部の構成は、正極反応物質に硫黄を使い、負極反応物質にナトリウムを使っていますので、ナトリウム硫黄電池と呼ばれています。この電池の作動温度は300℃程度ですので、利用するためには単電池を暖めなければなりません。そのため、単電池をいくつか集合させて、断熱構造の容器内に収容した形のモジュール電池を作り、充放電時に発生する熱で容器自体を作動温度に維持する仕組みになっています。なお、ナトリウム硫黄電池は、材料に危険物質が含まれるために消防法に従った施設設計が必要です。そのため、基本的には電力会社の電力平準化対策としての利用が中心になっていくと考えられます。

(2) レドックスフロー電池

レドックスフロー電池は、正極と負極にカーボンフェルトを使い、電解液にバナジウム(V)イオン水溶液を用いた電池です。容積的には電解液タンクの容量が大部分を占めていて、電池セル内をタンクから送られてくる電解液が循環する間に充放電が行われる仕組みになっています。電解液タンクは、反応部分である電池セルスタックと分離して設置できますので、充電容量はタンクの容量で変えられます。

レドックスフローとは、還元(Reduction)と酸化(Oxidation)を起こす物質を循環(Flow)させることからつけられた名称です。電池セルスタックには、正極・負極ともに価数の違うバナジウムイオン水溶液が流れており、イオン交換膜で正極と負極は分離されています。

要点BOX

- ●ナトリウム硫黄電池は消防法に従った設計が必要
- ●レドックスフロー電池の充電容量はタンクの容量で変えられる

ナトリウム硫黄(NaS)電池の構造

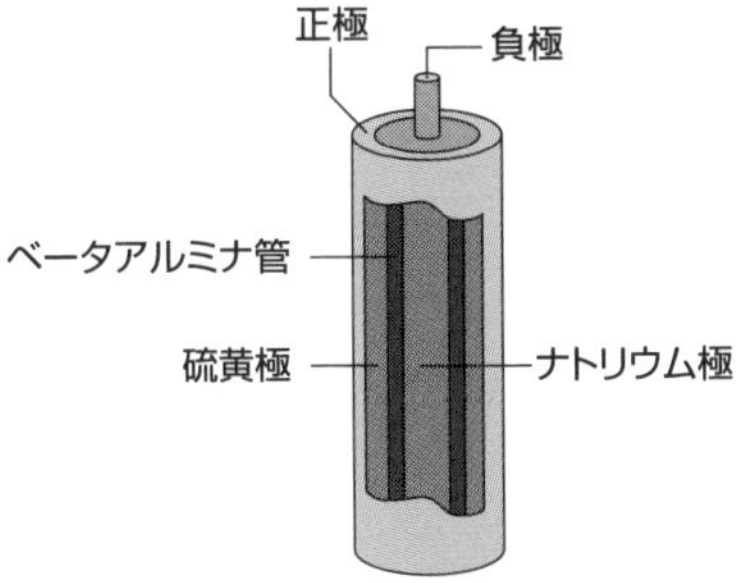

(a)単電池

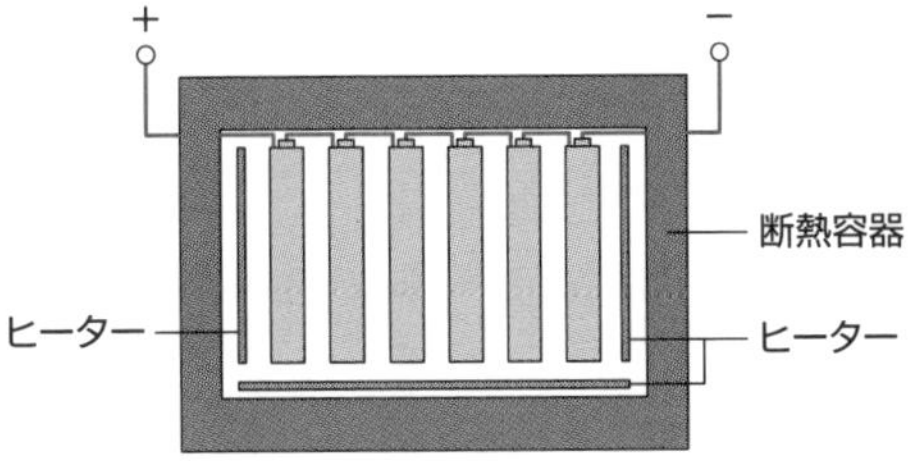

(b)モジュール電池

レドックスフロー電池の仕組み

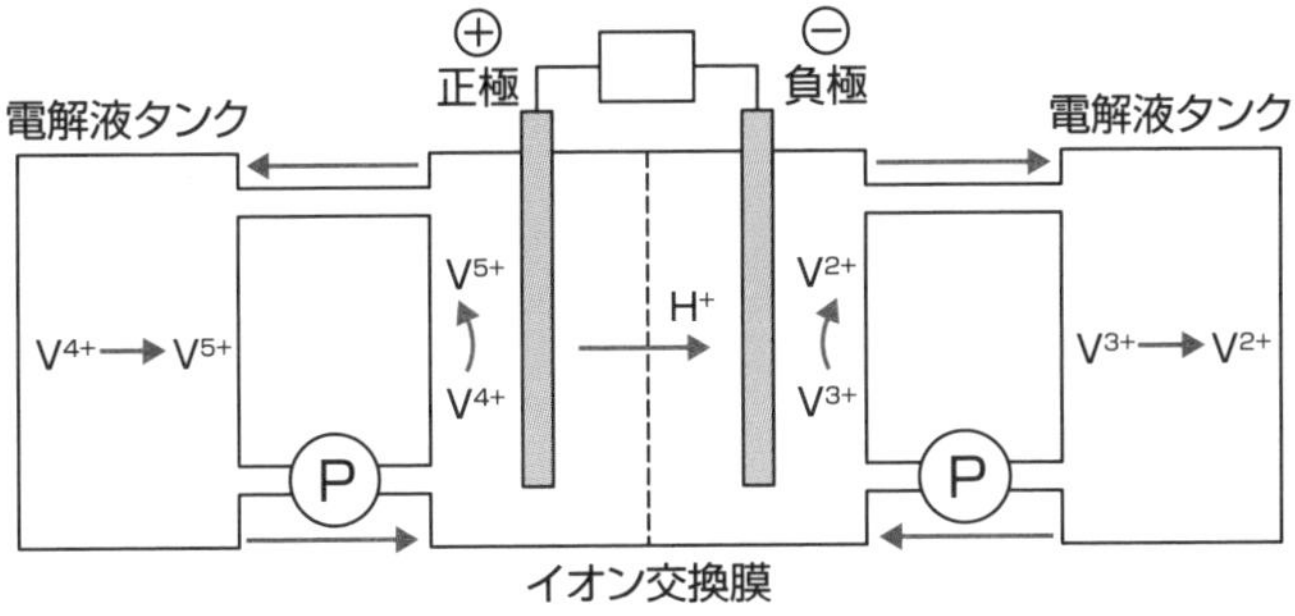

充電時

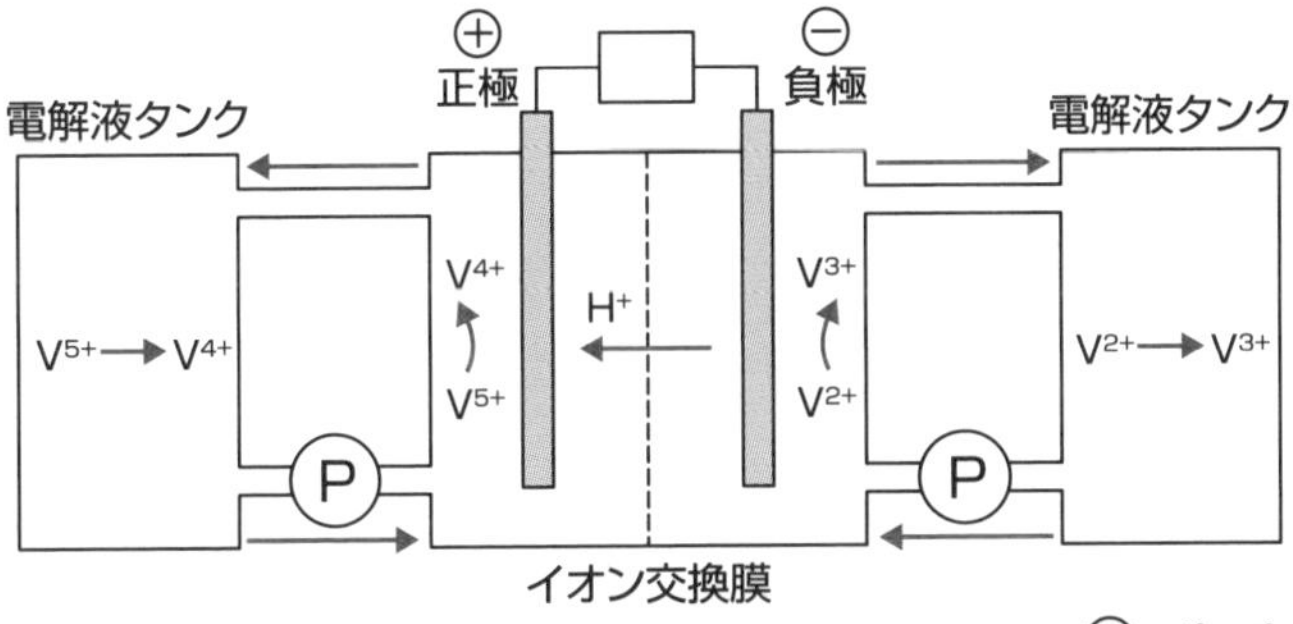

放電時

Ⓟ：ポンプ

66 非同期電源主流時の周波数維持

系統安定度を高める方法

今後の電力システムは、再生可能エネルギーの比率が高い時代になっていきます。2030年代の想定では、電力設備の30％強が再生可能エネルギーになると想定されています。再生可能エネルギーの主力となる太陽光発電や風力発電は、インバータで交流に変換し系統に連系されます。こういったインバータ電源は非同期電源になります。インバータは、系統の交流周波数に追従した交流周波数を生成しますので、系統側の周波数が低下すると、それに追従して低い周波数の交流に変換します。それが継続されると、周波数が限度よりも下回り、電源が次々と脱落して、最終的には、ブラックアウトを生じさせる可能性があります。

一方、火力発電などの同期電源は、慣性力（一定の時間同じ速度で回り続けようとする力）と同期化力（周波数が変わっても同じ周波数に戻る力）を持っていますので、系統周波数が低下傾向を示しても、周波数を維持しようとする機能を持っています。再生可能エネルギー設備比率が30％強となる時代では、CO_2を発生しない再生可能エネルギー電源が優先して使用されますので、気象状況や時間帯によっては、電力を供給する非同期電源の比率が設備容量以上に高くなると想定されます。非同期電源の比率が50％を超えると、電源の脱落等によって、連鎖的に他の電源が脱落する危険性があるといわれています。そういった事態を避けるためには、次のような対策が必要とされています。

①同期調相機の活用
②M（同期電動機）G（同期発電機）セット
③仮想同期発電機（同期化力を持つインバータ）

①と②の対策はコスト的な負担が大きいという問題点があります。そのため、次世代インバータとして③の対策である同期化力を持つインバータの開発が進められています。

要点BOX
- ●インバータ電源は非同期電源
- ●非同期電源が50％超になるとリスクがある
- ●系統安定のためには同期電源が必要

インバータ電源（非同期電源）

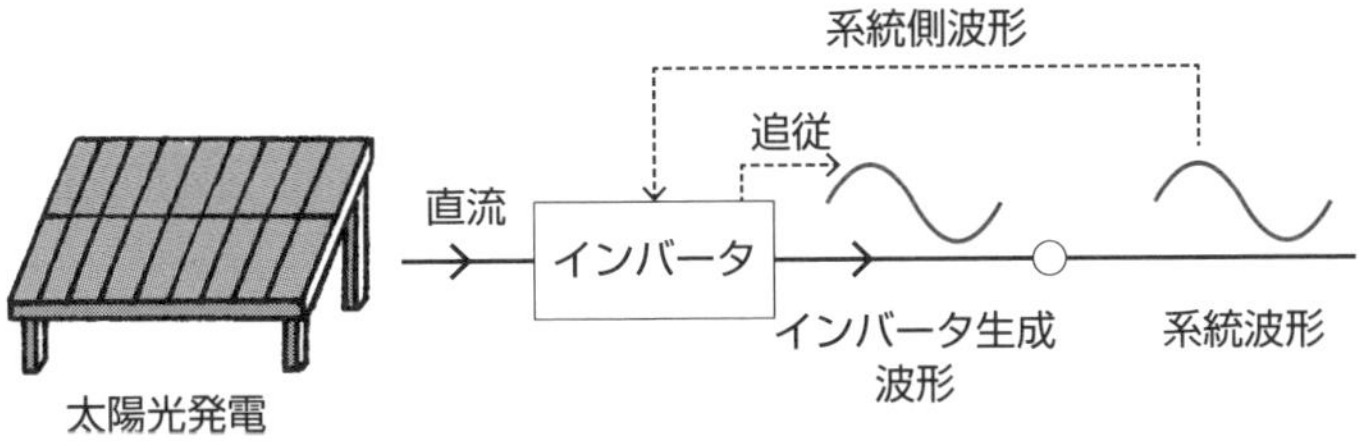

一日の電力需要

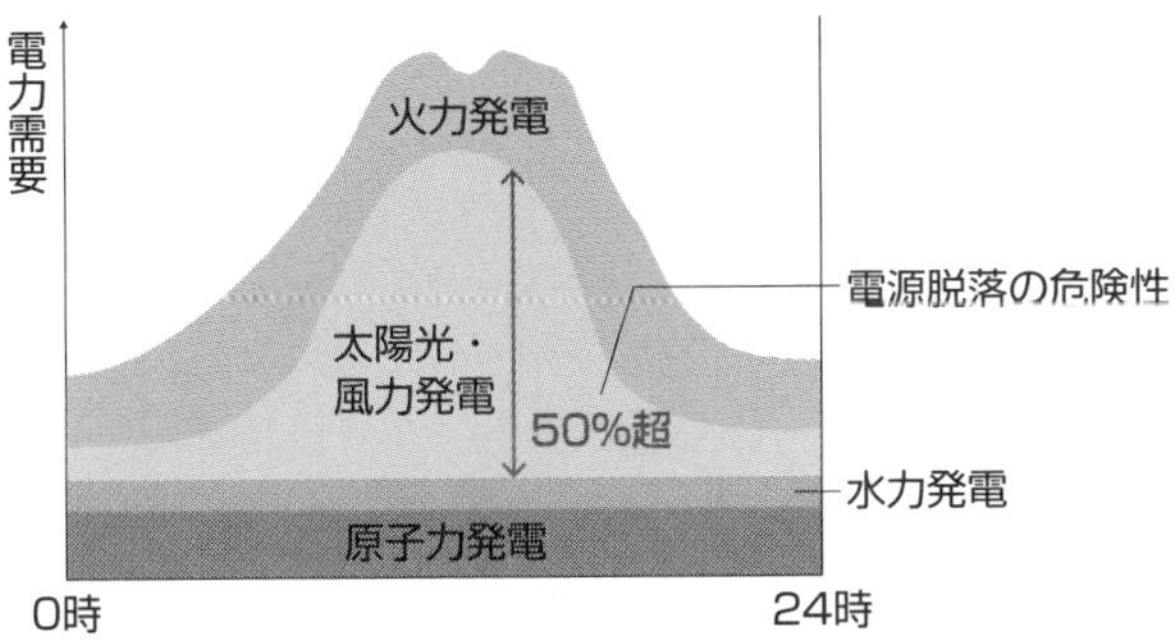

同期調相機

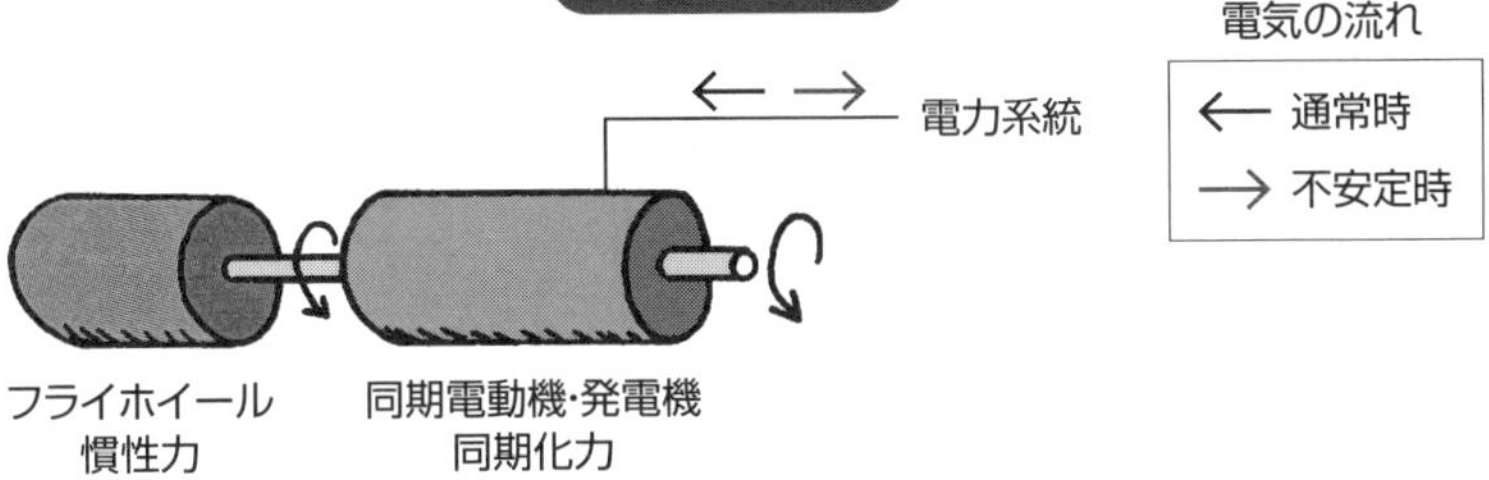

MGセット

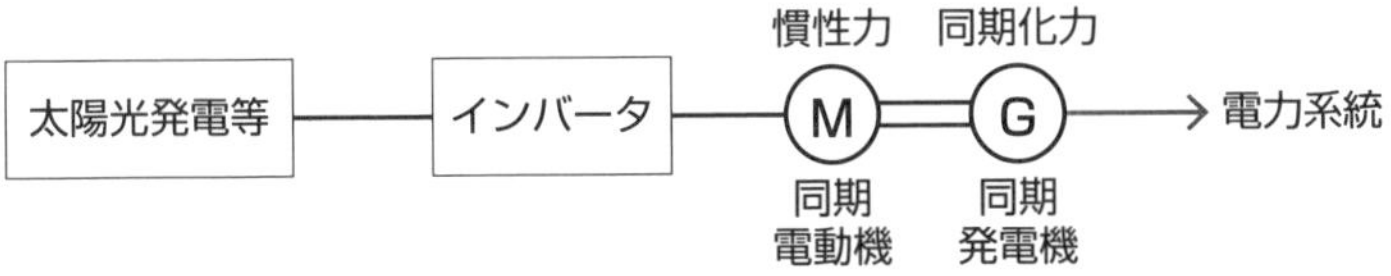

67 安定供給を行うための情報交換方法

散在する設備の一体運用のために

電力の需給調整や、電力設備の事故発生時における停電範囲の拡大を防ぐ制御を行うには、広域に分散している発電所や変電所などの間をつなぐ情報交換が必要になります。これらの情報は、電力システム全体の安定運用には欠かせないものであるため、電力会社は独自の電力用通信設備を持っています。その通信設備で扱う情報には次のものがあります。

(1) 電力系統保護用

保護継電器などの情報を用いて、送電線事故区間の切り離しや、過負荷事故の防止などに活用しています。これによって、電力系統の安定化を図ることを目的としています。

(2) 電力系統運用用

情報は、周波数制御や電力系統の監視を行ったり、水位や雨量などの気象情報の伝達を行ったりする目的で用いられています。また、給電指令の伝達や配電線の自動化にも用いられています。

(3) 電力設備保守用

電力システムには多くの設備があるため、その保守に関する現場との連絡や、ダムや設備を画像によって監視するために用いられています。

(4) 一般事業用

情報通信設備は、電気事業を円滑に行うための業務支援用や、テレビ会議などの業務効率化を目的として用いられています。また、大口需要家の自動検針のデータ送信用としても用いられています。

電力用通信設備で用いられる通信媒体としては、光ファイバやメタル線だけでなく、電力線を通信回線として用いる電力線通信（PLC）が有線通信として用いられています。無線通信としては、マイクロ波通信や移動無線が用いられているだけではなく、災害時においては衛星通信が利用できるようになっています。また、気象については気象衛星からの情報を活用する仕組みも構築されています。

要点BOX

- 電力の安定供給には情報交換が欠かせない
- 電力用通信には有線だけではなく無線も用いられている

電力用通信設備の概要

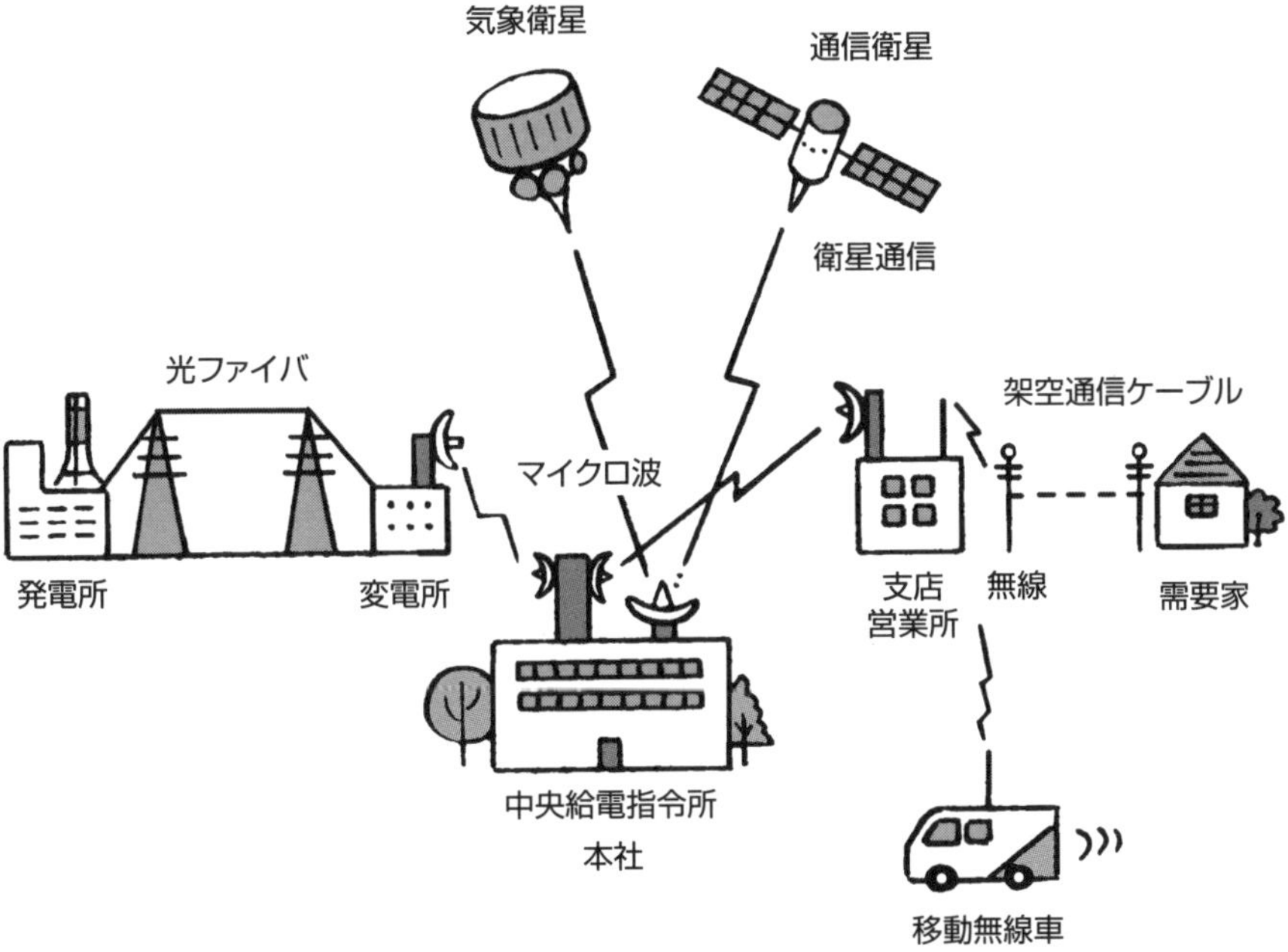

電力用通信で扱う情報

利用目的	利用情報
電力系統保護用	転送遮断、再閉路、系統安定化、故障区間検出など
電力系統運用用	給電指令、機器遠隔監視、水位観測、雨量観測、気象情報、自動給電など
電力設備保守用	保安用電話、図面転送、現場との連絡、ダム監視など
一般事業用	情報連絡、データ通信、自動検針、テレビ会議など

68 需要家と発電事業者が築くスマートグリッド

エネルギー政策と新しい電力システムの概念

これまでの電力システムの基本的な考え方は、電力の利用者が求める需要電力に合わせて、電力会社が発電設備の容量を調整するという考え方でした。それが、需要量と関係なく発電をする再生可能エネルギーの量が増えると同時に、電力会社の新規設備投資が難しくなり、予備発電設備を多くできないという資金的な問題から、利用者にも発電容量に合わせて需要量を調整してもらうという考え方がでてきました。それを実現する手法の1つがスマートグリッドです。スマートグリッドの技術的な定義はまだ定かにはなっていませんが、概念図としては、左頁の上図に示したとおり、ITによる制御がその中核となります。それによって、次のようなメリットが得られます。

① 特定地域内でのエネルギーの最適運用ができる
② 負荷需要増に柔軟に対応できる
③ 新エネルギーシステムを効果的に運用できる
④ 停電や瞬時電圧低下に対する信頼性を上げられる
⑤ 環境負荷の低減が図れる

また、スマートグリッドを実現するためには、需要家側におけるエネルギーマネジメントシステムの高度化が欠かせません。

具体的には、ビルディングエネルギーマネジメントシステム（BEMS）、ホームエネルギーマネジメントシステム（HEMS）、工場エネルギーマネジメントシステム（FEMS）、地域エネルギーマネジメントシステム（CEMS）などが導入されています。

なお、エネルギーシステムを考えるためには、日本のエネルギー政策の基本的視点を忘れてはなりませんので、ここで確認のために示しておきます。新しいエネルギー基本計画の中では、S+3Eが提唱されています。

(1) 安全性の確保（Safety）
(2) 安定供給の確保と強靭化（Energy Security）
(3) 経済効率性の確保（Economic Efficiency）
(4) 環境適合性の確保（Environment）

要点BOX
- ●発電量と需要量の相互調整
- ●エネルギーマネジメントシステムの高度化
- ●S+3E：エネルギー政策の基本的視点

スマートグリッドの概念図

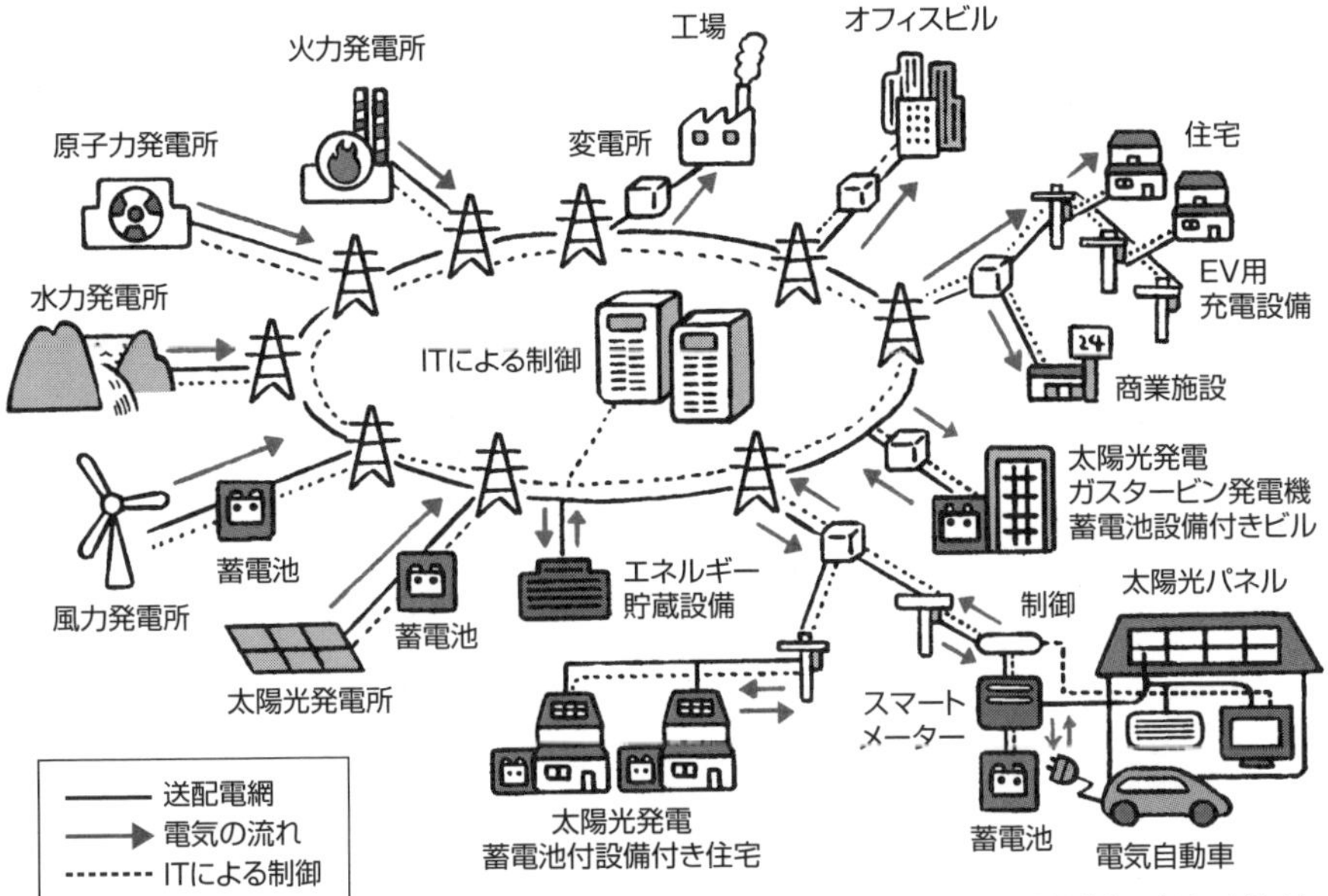

出典：経済産業省「次世代エネルギーシステムに係る国際標準化に向けて」（改変）

エネルギー政策の基本的視点

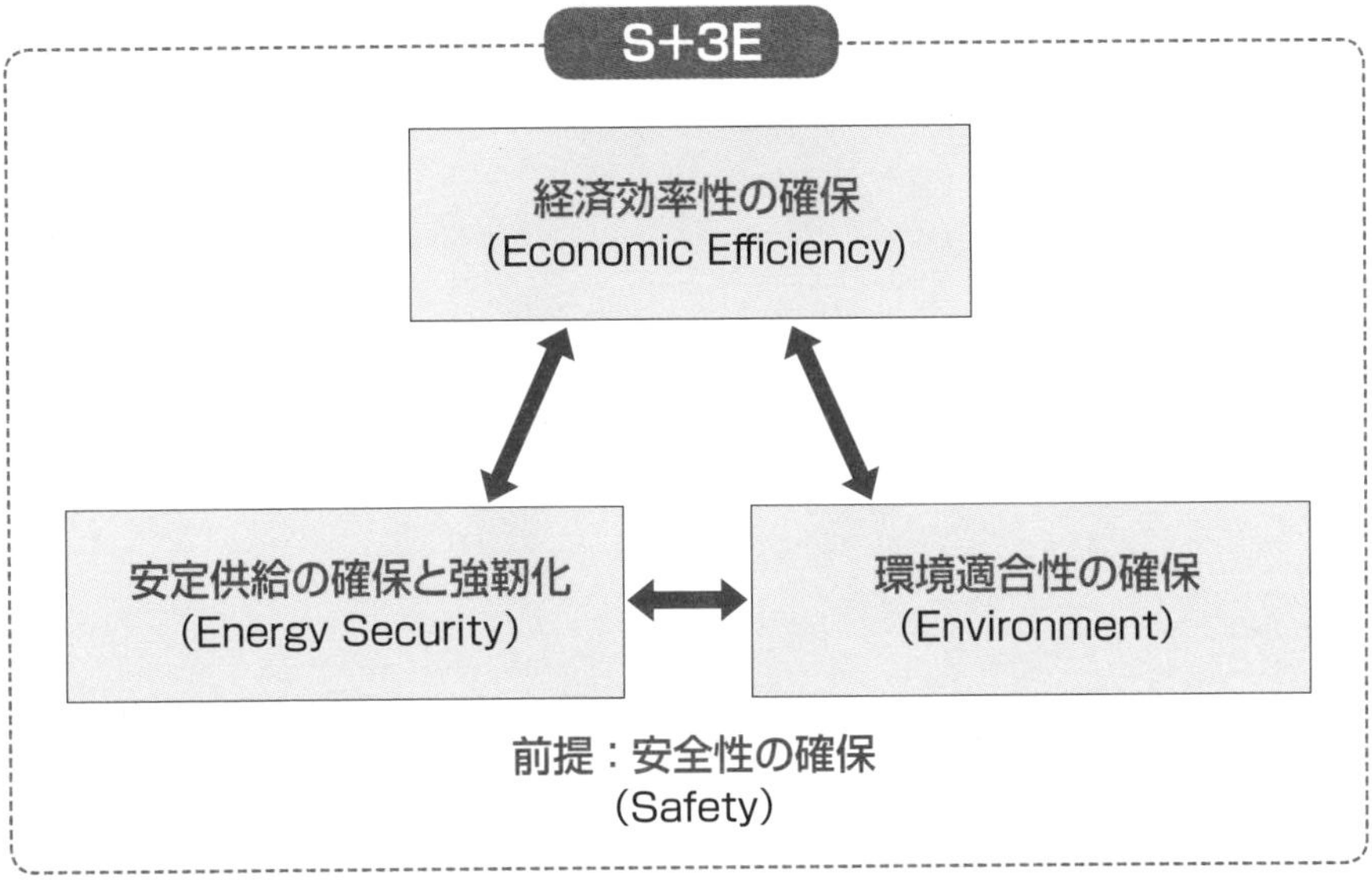

Column

電力分野の変革はこれからが正念場

電力分野では、電力の自由化を含めて大きな変革が最近行われてきています。世界的には、地球温暖化の対策として、再生可能エネルギー中心の社会に舵が切られました。しかし、気がつけば太陽光発電設備は中国製が90％程度を占めており、風力発電でも欧州製と中国製がほとんどとなっています。そのため、わが国で再生可能エネルギーを導入する際には、他国の技術に頼らなければならない状況となっています。

また、ロシアのウクライナ侵攻によってエネルギー価格は高騰しており、電気料金等の上昇が多くの物の値段を上げており、生活にも大きな影響がでてきています。わが国の場合には、再生可能エネルギーの導入価格は高止まりしていますし、火力発電の老朽化により、発電効率も下がってきており、新たな投資が必要となってきています。また、再生可能エネルギーの欠点を補って、安定的な供給体制を築くためには、蓄電池や周波数安定のための設備投資なども必要となってきており、長期的に電力価格は高止まりすると想定されています。

このような状況で、2050年のカーボンニュートラルに向けて、カーボンプライシングなどの新たな仕組みの導入も考えられますし、水素やアンモニアの活用のためには、新たな技術や産業の創出も必要となってきます。そういった社会変革に、どうやって対応していくかは、待ったなしの状態となっています。

なお、島国であるわが国では、欧州のような、国をまたがった送電線網の整備はできませんし、狭い国土では再生可能エネルギーの導入量にも限界があります。そういった点では、ハンディを背負っての変革対応となるのは間違いありません。しかし、これまで技術立国としてわが国は成長を遂げてきましたので、新しい挑戦を続けて、エネルギーの分野で新しい潮流を作っていくことはできるはずです。そのためには、若い人たちが活躍できる機会を増やすことが必要ですし、新たな政策や施策が迅速に取られていく必要があります。そのためには、これまで以上に産官学が協調してこの状況に対処していく必要があります。

電力システムについては、今後10年で大きな技術革新と社会変革が実施され、大きな変貌を遂げることが不可欠です。その結果として、技術の進歩だけではなく、都市再生や地方活性化などの効果が生じることを期待します。

【参考文献】

電気工学ハンドブック第7版 電気学会 オーム社
電気学会大学講座 発電工学［改訂版］吉川榮和 電気学会
火力発電総論 瀬間徹編 電気学会
電気学会大学講座 送配電工学［改訂版］道上勉 電気学会
絵とき電気設備技術基準・解釈早わかり 電気設備技術基準研究会編 オーム社
技術士（第一次・第二次）試験「電気電子部門」受験必修テキスト 第4版 福田遵 日刊工業新聞社
トコトンやさしい実用技術を支える法則の本 福田遵 日刊工業新聞社
トコトンやさしい電気設備の本 福田遵 日刊工業新聞社
トコトンやさしい電線・ケーブルの本 福田遵 日刊工業新聞社
第6次エネルギー基本計画 資源エネルギー庁
エネルギー白書2022 資源エネルギー庁
2030年度におけるエネルギー需給の見通し 経済産業省
クリーンエネルギー戦略中間整理 経済産業省
日本のエネルギー 資源エネルギー庁

今日からモノ知りシリーズ
トコトンやさしい
発電・送電の本 第2版

NDC 544

2014年7月25日　初版1刷発行
2022年12月2日　初版4刷発行
2023年11月10日　第2版1刷発行

©著者　福田　遵
発行者　井水 治博
発行所　日刊工業新聞社
東京都中央区日本橋小網町14-1
(郵便番号103-8548)
電話　書籍編集部　03(5644)7490
販売・管理部　03(5644)7403
FAX　03(5644)7400
振替口座　00190-2-186076
URL　https://pub.nikkan.co.jp/
e-mail　info_shuppan@nikkan.tech
印刷・製本　新日本印刷(株)

●DESIGN STAFF
AD――――――――志岐滋行
表紙イラスト―――――黒崎　玄
本文イラスト―――――カワチ・レン
ブック・デザイン ――― 岡崎善保
(志岐デザイン事務所)

●
落丁・乱丁本はお取り替えいたします。
2023 Printed in Japan
ISBN　978-4-526-08305-1 C3034

●著者略歴
福田　遵(ふくだ　じゅん)

技術士(総合技術監理部門、電気電子部門)
1979年3月東京工業大学工学部電気・電子工学科卒業
同年4月千代田化工建設㈱入社
2000年4月明豊ファシリティワークス㈱入社
2002年10月アマノ㈱入社、パーキング事業部副本部長
2013年4月アマノメンテナンスエンジニアリング㈱副社長
2021年4月福田遵技術士事務所代表
公益社団法人日本技術士会青年技術士懇談会代表幹事、企業内技術士委員会委員、神奈川県技術士会修習委員会委員などを歴任
日本技術士会、電気学会、電気設備学会会員
資格：技術士(総合技術監理部門、電気電子部門)、エネルギー管理士、監理技術者(電気、電気通信)、宅地建物取引士、認定ファシリティマネジャー等

著書：『トコトンやさしい電線・ケーブルの本』、『トコトンやさしい電気設備の本』、『トコトンやさしい熱利用の本』、『トコトンやさしい実用技術を支える法則の本』、『例題練習で身につく技術士第二次試験論文の書き方 第6版』、『技術士第二次試験「口頭試験」受験必修ガイド 第6版』、『技術士第一次第二次試験「電気電子部門」受験必修テキスト第4版』、『技術士第一次試験「基礎科目」標準テキスト第4版』、『技術士第二次試験「総合技術監理部門」標準テキスト 第2版』(日刊工業新聞社)等